"十四五"职业教育国家规划教材

智能制造领域核心技术技能人才培养系列
新形态一体化教材

智能制造单元集成调试与应用

主　编　陈岁生　温贻芳　许妍妩
副主编　雷红华　庞　浩　姚　蝶　郭文星

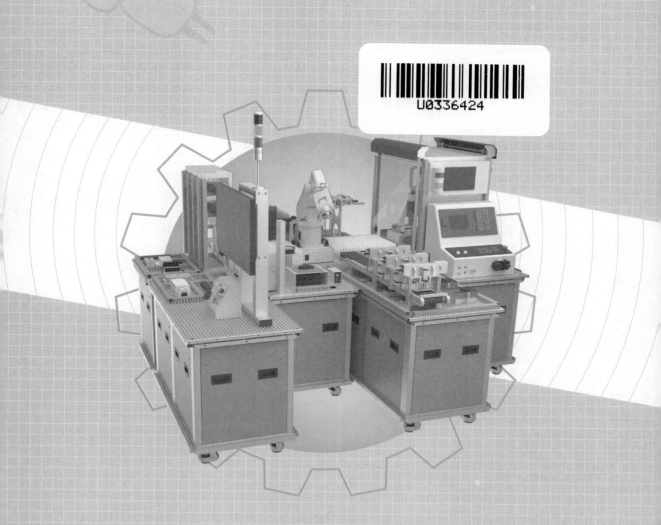

中国教育出版传媒集团
高等教育出版社·北京

内容提要

本书是"十四五"职业教育国家规划教材。

本书主要介绍先进制造业数字化生产设备中典型的智能制造单元,以及其在一定生产工艺要求下的集成调试思路和应用方法。以汽车行业轮毂生产为背景,围绕工件的仓储、数控加工、打磨、检测及分拣等工序阶段,讲述相关智能制造单元的功能及构成、涉及的关键应用技术,分析各个制造单元集成应用的控制系统总体结构及通信方式,讲解如何对单一制造单元进行智能化改造,如何实现单元间的两两集成,进而逐步完成由多个单元组合而成的数字化制造系统的集成调试,应用集成系统完成复杂工艺流程。

本书运用丰富的图文实例对讲授内容进行描述。在每个项目后附有知识测评,方便知识的温习。本书可将北京华航唯实机器人科技股份有限公司的 CHL-DS-11 型智能制造单元系统集成应用平台作为实训载体设备进行教学工作。同时华航唯实也提供虚拟仿真资源,可进行虚拟仿真教学。

本书实现了互联网与传统教育的完美融合,采用"纸质教材+数字课程"的出版形式,以新颖的留白编排方式,突出资源的导航,扫描二维码,即可观看微课、动画类数字资源,随扫随学,突破传统课堂教学的时空限制,激发学生的自主学习,打造高效课堂。资源具体下载和获取方式请见"智慧职教"服务指南。选用本书授课的教师可发送电子邮件至 gzdz@ pub.hep.cn 获取教学资源。

本书适合作为高职智能制造专业群相关专业(如智能控制技术、工业机器人技术、机电一体化技术、电气自动化技术等专业)的教材或企业培训用书,也可作为中高职院校相关专业学生的实践选修课教材,还可供工程技术人员参考。

图书在版编目(CIP)数据

智能制造单元集成调试与应用 / 陈岁生,温贻芳,许妍妩主编. --北京:高等教育出版社,2020.7(2024.4 重印)
ISBN 978-7-04-053523-5

Ⅰ.①智… Ⅱ.①陈… ②温… ③许… Ⅲ.①智能制造系统-系统集成技术-高等职业教育-教材 Ⅳ.①TH166

中国版本图书馆 CIP 数据核字(2020)第 023715 号

智能制造单元集成调试与应用
ZHINENG ZHIZAO DANYUAN JICHENG TIAOSHI YU YINGYONG

策划编辑	曹雪伟	责任编辑	孙 薇	封面设计	李树龙	版式设计	杜微言
插图绘制	于 博	责任校对	刘娟娟	责任印制	刘思涵		

出版发行	高等教育出版社	网 址	http://www.hep.edu.cn
社 址	北京市西城区德外大街 4 号		http://www.hep.com.cn
邮政编码	100120	网上订购	http://www.hepmall.com.cn
印 刷	高教社(天津)印务有限公司		http://www.hepmall.com
开 本	787mm×1092mm 1/16		http://www.hepmall.cn
印 张	19		
字 数	400 千字	版 次	2020 年 7 月第 1 版
购书热线	010-58581118	印 次	2024 年 4 月第 9 次印刷
咨询电话	400-810-0598	定 价	46.80 元

"智慧职教"（www.icve.com.cn）是由高等教育出版社建设和运营的职业教育数字教学资源共建共享平台和在线课程教学服务平台，与教材配套课程相关的部分包括资源库平台、职教云平台和 App 等。用户通过平台注册，登录即可使用该平台。

- 资源库平台：为学习者提供本教材配套课程及资源的浏览服务。

登录"智慧职教"平台，在首页搜索框中搜索"智能制造单元集成调试与应用"，找到对应作者主持的课程，加入课程参加学习，即可浏览课程资源。

- 职教云平台：帮助任课教师对本教材配套课程进行引用、修改，再发布为个性化课程（SPOC）。

1. 登录职教云平台，在首页单击"新增课程"按钮，根据提示设置要构建的个性化课程的基本信息。

2. 进入课程编辑页面设置教学班级后，在"教学管理"的"教学设计"中"导入"教材配套课程，可根据教学需要进行修改，再发布为个性化课程。

- App：帮助任课教师和学生基于新构建的个性化课程开展线上线下混合式、智能化教与学。

1. 在应用市场搜索"智慧职教 icve" App，下载安装。

2. 登录 App，任课教师指导学生加入个性化课程，并利用 App 提供的各类功能，开展课前、课中、课后的教学互动，构建智慧课堂。

"智慧职教"使用帮助及常见问题解答请访问 help.icve.com.cn。

教育部工业机器人领域职业教育合作项目
配套教材编审委员会

主任：

金文兵

常务副主任：

许妍妩

副主任（按笔画排序）：

马明娟、王晓勇、朱蓓康、汤晓华、巫云、李曙生、杨欢、杨明辉、吴巍、宋玉红、张春芝、陈岁生、莫剑中、梁锐、蒋正炎、蔡亮、滕少锋

委员（按笔画排序）：

于雯、马海杰、王水发、王光勇、王建华、王晓熳、王益军、方玮、孔小龙、石进水、叶晖、权宁、过磊、成萍、吕玉兰、朱志敏、朱何、朱洪雷、刘泽祥、刘徽、产文良、关彤、孙忠献、孙福才、贡海旭、杜丽萍、李卫民、李峰、李烨、李彬、李慧、杨锦忠、肖谅、吴仁君、何用辉、何瑛、迟澄、张立梅、张刚三、张瑞显、陈天炎、陈中哲、尚午晟、罗梓杰、罗隆、金鑫、周正鼎、庞浩、赵振铎、钟柱培、施琴、洪应、姚蝶、夏建成、夏继军、顾德祥、党丽峰、侯伯林、徐明辉、黄祥源、黄鹏程、曹红、曹婉新、常辉、常镭民、盖克荣、董川川、蒋金伟、程洪涛、曾招声、曾宝莹、楼晓春、雷红华、廉佳玲、蔡基锋、谭乃抗、滕今朝

参与院校（按笔画排序）：

上海大众工业学校、山东交通职业学院、山西机电职业技术学院、广州工程技术职业学院、广州市轻工职业技术学院、无锡机电高等职业技术学校、长沙高新技术工程学校、长春市机械工业学校、东莞理工学校、北京工业职业技术学院、吉林机械工业学校、江苏省高淳中等专业学校、安徽机电职业技术学院、安徽职业技术学院、杭州职业技术学院、金华职业技术学院、南京工业职业技术学院、南京江宁高等职业技术学校、威海职业学院、哈尔滨职业技术学院、顺德职业技术学院、泰州职业技术学院、徐州工业职业技术学院、浙江机电职业技术学院、黄冈职业技术学院、常州刘国钧高等职业技术学校、常州轻工职业技术学院、惠州城市职业学院、福建信息职业技术学院、福建船政交通职业学院、镇江高等专科学校、镇江高等职业技术学校、襄阳职业技术学院

参与企业：

北京华航唯实机器人科技股份有限公司

上海 ABB 工程有限公司

上海新时达机器人有限公司

前　言

　　党的二十大报告中提出："建设现代化产业体系。坚持把发展经济的着力点放在实体经济上,推进新型工业化,加快建设制造强国、质量强国、航天强国、交通强国、网络强国、数字中国。实施产业基础再造工程和重大技术装备攻关工程,支持专精特新企业发展,推动制造业高端化、智能化、绿色化发展。"智能制造是制造强国建设的主攻方向,其发展程度直接关乎我国制造业质量水平。发展智能制造对于巩固实体经济根基、建成现代产业体系、实现新型工业化具有重要作用。随着全球新一轮科技革命和产业变革突飞猛进,新一代信息、生物、新材料、新能源等技术不断突破,并与先进制造技术加速融合,为制造业高端化、智能化、绿色化发展提供了相关技术支持。

　　2021 年 12 月 21 日,工业和信息化部、国家发展和改革委员会、教育部等八部门联合印发了《"十四五"智能制造发展规划》,规划中明确指出要大力发展以智能焊接机器人、智能移动机器人、半导体(洁净)机器人等工业机器人为代表的智能制造装备,强化人才培养,推进产教融合型企业建设,促进智能制造企业与职业院校深度合作,探索中国特色学徒制,优化学科专业和课程体系设置,加快高端人才培养。

　　由于数字化制造系统完成一套相对复杂和完整的工艺流程,涉及的工艺设备、应用技术门类众多,这就要求集成调试人员不仅要具备所学专业的技术技能,也要对实现专业间交叉配合的技术领域有所了解,形成系统集成的观念和思维。在职业院校尤其是高职课程的设置上,非常需要一门课程来填补这一方面的空白。在此背景下,制造业行业企业与职业院校深度合作,共同开发了以"理实一体、工学结合"为指导思路,采用"任务驱动教学法"和"细胞式"教学理念的智能制造领域核心技术技能人才培养系列教材,本书即为系列教材之一。

　　"智能制造单元集成调试与应用"是智能制造专业群中各个专业的拓展课程,可作为学生顶岗实习前的课程设计类课程来开设。课程内容根据高职教学特色将集成调试操作和编程相关的理论知识与实操任务同时整合到教学活动中,理论基础与实训教学有效衔接,以培养学生的综合职业能力。

　　本书由杭州职业技术学院、苏州工业职业技术学院、襄阳职业技术学院、九江职业技术学院、北京华航唯实机器人科技股份有限公司等校企联合开发。杭州职业技术学院的陈岁生、苏州工业职业技术学院的温贻芳、北京华航唯实机器人科技股份有限公司的许妍妩担任主编,襄阳职业技术学院的雷红华、北京华航唯实机器人科技股份有限公司的庞浩和姚蝶、九江职业技术学院的郭文星担任副主编,全书由许妍妩、庞浩统稿。

　　在本书的编审过程中,得到了山东劳动职业技术学院的李国伟、长春机械工业学校的刘徽、吉林机械工业学校的张洪波等编委会专家的支持和帮助,同时还参阅了部分相关教材及技术文献内容,在此对各位专家、工程师和文献作者一并表示衷心的感谢。

　　北京华航唯实机器人科技股份有限公司为本书开发了丰富的配套教学资源,包括教学课件、微课和习题等,并在书中相应位置做了资源标记,读者可以通过手机等移动终端扫码观看,更多先进制造技术相关教学资源可访问华航唯实教学资源应用平台观看。

　　编者水平有限,书中不足之处,恳请广大读者给予批评指正。

编者

2022 年 11 月

目　录

项目一　认识智能制造单元与柔性制造

学习任务

- 1.1 认识智能制造单元与轮毂产品
- 1.2 了解柔性制造
- 1.3 智能制造单元集成调试的总体设计

学习目标

■ 知识目标

- 了解轮毂产品的结构
- 了解智能制造单元的构成及各单元的功能
- 了解工业网络的基本拓扑结构
- 熟悉智能制造单元的电、气以及通信接口
- 掌握控制系统的通信方式
- 能够通过智能制造平台，深入了解柔性制造的特点

■ 技能目标

- 了解模拟执行单元有效工作空间的方法
- 掌握平台系统布局的规划方法和优化方向

■ 素养目标

- 具有探索精神和求知能力
- 具有动手、动脑和勇于创新的积极性
- 具有耐心、专注的意志力

思维导图

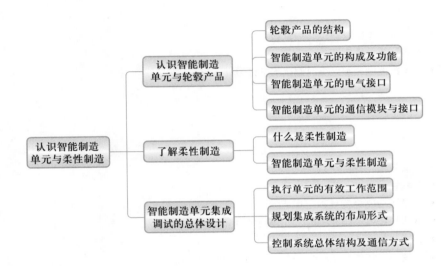

任务 1.1 认识智能制造单元与轮毂产品

1.1.1 轮毂产品的结构

轮毂产品智能制造单元的生产对象即为汽车轮毂,因此有必要先了解轮毂产品。轮毂是轮胎内廓支撑轮胎的圆桶形的、中心装在轴上的金属部件,也是连接制动鼓(制动盘)、轮盘和半轴的重要零部件。图 1-1 为汽车轮毂的外形及结构示意图。

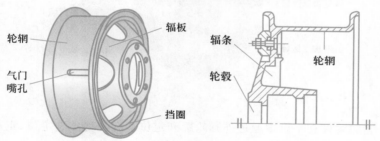

图 1-1 汽车轮毂的外形及结构示意图

目前,轮毂按照材质主要有钢制轮毂和铝合金轮毂两大类。铝合金轮毂因其散热好、质量小、精度高、美观等优点,正逐渐替代钢制轮毂。图 1-2 所示为铝合金轮毂的制造流程。

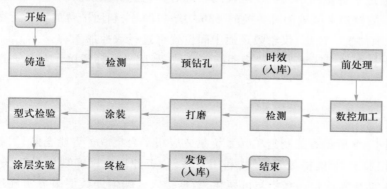

图 1-2 铝合金轮毂的制造流程

根据上述制造流程,本书案例调试应用设备——智能制造单元系统集成应用平台(以下简称平台)着重参与了数控加工、打磨、检验、入库与出库等轮毂的制造环节。平台对应的加工对象——轮毂零件正、背面特征分布分别如图 1-3、图 1-4 所示,是完成粗加工后的半成品铸造铝制零件。轮毂零件在其正面、背面分别布置有定位基准、电子标签区域、视觉检测区域、数控加工区域和打磨加工区域。

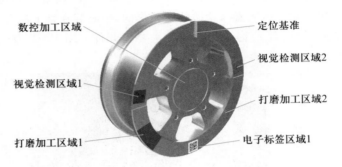

图 1-3 轮毂零件正面特征分布

图 1-4 轮毂零件背面特征分布

① 轮毂零件在平台中通过外圆轮廓和定位基准实现准确定位,正面和背面的定位方式相同。

② 电子标签区域贴有二维码标签代表产品编号(0001~0006),可通过平台检测单元的视觉检测系统对其扫描识别。

③ 视觉检测区域通过贴有不同颜色(红/绿)的贴纸代表产品的加工状态,可通过平台检测单元的视觉检测系统对颜色进行识别。

④ 数控加工区域为可替换的 $\phi36$ 的塑料圆片,利用平台加工单元在其上进行铣削加工。注意:仅轮毂正面中间位置可进行数控加工。

⑤ 打磨加工区域为轮毂表面指定区域,利用平台打磨单元对其进行打磨加工。

1.1.2 智能制造单元的构成及功能

PPT
平台各单元的功能

图 1-5 所示智能制造单元系统集成应用平台集成了智能仓储、工业机器人、数控加工、智能检测等模块,利用互联网、工业以太网实现信息互联,依托 SCADA 系统实现数据采集与可视化,数据接入云端借助数据服务实现远程联控,满足轮毂的定制化生产制造。

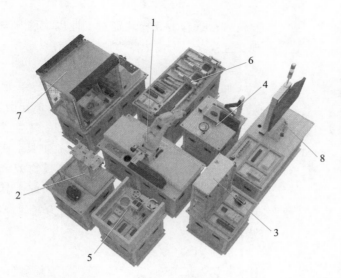

图 1-5　智能制造单元系统集成应用平台

1—执行单元；2—工具单元；3—仓储单元；4—检测单元；
5—打磨单元；6—分拣单元；7—加工单元；8—总控单元

1. 执行单元

如图 1-6 所示,执行单元是产品在各个单元间转换和定制加工的执行终端,由工作台、工业机器人、平移滑台、快换模块法兰端、PLC 控制器、远程 I/O 模块等组件构成。

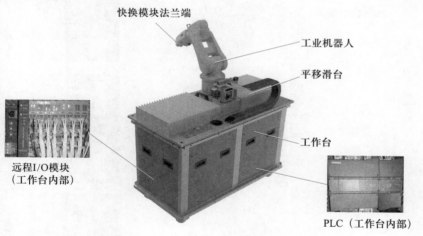

图 1-6　执行单元

工业机器人为 ABB IRB 120 型六自由度机器人,额定负载为 3 kg,工作范围为 580 mm,重复定位精度为 0.01 mm。工业机器人可在工作空间内自由活动,实现以不同姿态拾取零件或加工。平移滑台作为工业机器人的扩展轴,有效行程为 760 mm,扩大了工业机器人的可达工作空间,可以配合更多的功能单元完成复杂的工艺流程;平移滑台的运动参数信息,如速度、位置等,由工业机器人控制器通过远程 I/O 信号传输给执行单元的 PLC 控制器,从而控制伺服电动机实现线性运动。快换模块法兰端安装在工业机器人末端法兰上,可与快换模块工具端匹配,实现工业机器人工具的自动更换。执行单元的流程控

拓展阅读

一杯牛奶背后的智能制造

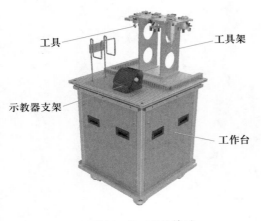

工具 —— 工具
工具架 —— 工具架
示教器支架 —— 示教器支架
工作台 —— 工作台

图 1 - 7   工具单元

制信号由远程 I/O 模块通过工业以太网与总控单元实现交互。

2. 工具单元

如图 1 - 7 所示，工具单元是执行单元的附属单元，用于存放不同功用的工具。工具单元由工作台、工具架、工具、示教器支架等组件构成。工业机器人可通过程序控制到指定位置安装或释放工具。工具单元提供了 7 种不同类型的工具，每种工具均配置了快换模块工具端，可以与快换模块法兰端匹配。其中打磨工具为电动控制，其余各工具动作均为气动控制，功能详见表 1 - 1。

表 1 - 1   工具功能定义

序号	工具名称	工具	功能示意
1	轮辋外圈夹爪		
2	轮辋内圈夹爪		
3	轮辐夹爪		
4	轮毂夹爪		
5	吸盘工具		

续表

序号	工具名称	工具	功能示意
6	打磨工具		
7	抛光工具		

3. 仓储单元

如图 1-8 所示,仓储单元用于存放零件,由工作台、立体仓库、远程 I/O 模块等组件构成。立体仓库为双层六仓位结构,每个仓位可存放一个零件;仓位托板可由对应的气缸推出;托板上设置有定位卡槽作为定位基准,轮毂无论正反存放,均可保证姿态统一;每个仓位均设有传感器和指示灯,可检测当前仓位是否存有零件并将状态显示出来;仓储单元的气缸动作和传感器信号均由远程 I/O 模块通过工业以太网与总控单元实现数据交互。

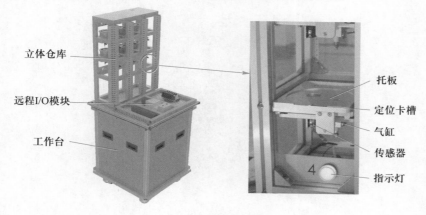

图 1-8　仓储单元

4. 检测单元

如图 1-9 所示,检测单元可根据不同需求完成对零件的检测、识别,由工作台、视觉控制器、光源、结果显示器等组件构成。视觉控制器可根据不同的程序设置,实现条码识别、形状匹配、颜色检测、尺寸测量等功能,操作过程和结果通过结果显示器显示;检测单元的程序选择、检测触发和结果输出通过工业以太网实现。

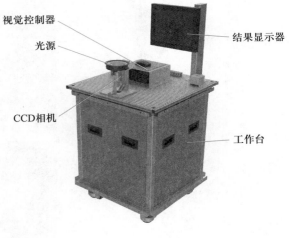

图 1-9　检测单元

5. 打磨单元

如图 1-10 所示,打磨单元是完成对零件表面打磨、吹屑过程的设备,由工作台、打磨工位、旋转工位、翻转工装、吹屑工位、防护罩、远程 I/O 模块等组件构成。打磨工位可准确定位零件并稳定夹持,是实现打磨加工的主要工位;旋转工位可在准确固定零件的同时带动零件实现 180°沿其轴线旋转,方便切换打磨加工区域;翻转工装在无须执行单元的参与下,实现零件在打磨工位和旋转工位间的转移,并完成零件的翻面;吹屑工位可以实现在零件完成打磨、加工工序后吹除碎屑的功能;打磨单元的气缸动作和传感器信号均由远程 I/O 模块通过工业以太网与总控单元实现数据交互。

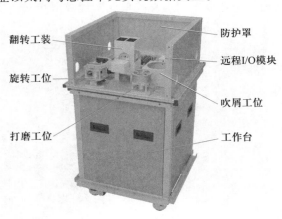

图 1-10　打磨单元

6. 分拣单元

如图 1-11 所示,分拣单元可根据不同的程序实现对不同零件的分拣动作,由工作台、传输带、分拣机构、分拣工位、定位装置、传感器远程 I/O 模块等组件构成。传输带由电动机驱动,可将放置到起始位的零件传输到分拣机构;分拣机构根据程序要求在不同位置拦截传输带上的零件,并将其推入指定的分拣工位;分拣工位可通过末端定位装置实现对滑入零件的准确定位,每个分拣工位设置有传感器(图中未标识)检测当前工位是否存有零件;分拣机构的拦截装置、推出装置以及分拣工位的定位装置均为气动控制;分拣单元共有三个分拣工位,每个工位可存放一个零件;分拣单元的气缸动作和传感器信号反馈均由远程 I/O 模块通过工业以太网与总控单元实现数据交互。

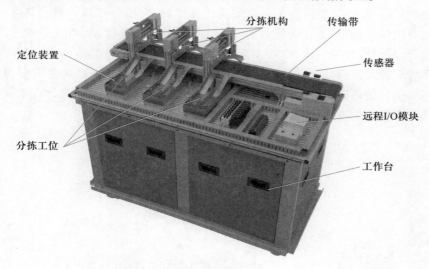

图 1-11　分拣单元

7. 加工单元

如图 1-12 所示,加工单元可对零件表面指定位置进行铣削加工,由工作台、数控机床、刀库、数控系统、远程 I/O 模块等组件构成。数控机床为典型三轴铣床结构,可实现小范围高精度加工,加工动作由数控系统控制;数控系统为西门子 SINUMERIK 828D 系统;刀库采用虚拟化设计,利用屏幕显示模拟换刀动作和当前刀具信息,刀库控制信号由数控系统提供,与真实刀库完全

图 1-12　加工单元

相同；数控机床的气缸动作、加工状态和传感器信号（伺服轴和电主轴除外）均可以由远程 I/O 模块通过工业以太网与总控单元实现数据交互。

8. 总控单元

如图 1-13 所示，总控单元是其余各单元程序执行和动作流程的总控制端，由工作台、控制模块、操作面板（如图 1-14 所示）、电源模块、气源模块、显示终端、移动终端等组件构成。控制模块由两个 PLC 和工业交换机构成，PLC 通过工业以太网与各单元控制器和远程 I/O 模块实现信息交互；操作面板提供了电源开关、急停开关和自定义功能按钮；应用平台其他单元的电、气均由总控单元提供，通过所提供的线缆实现快速电气连接；SCADA 系统在 PC 中运行，显示终端可展示 SCADA 系统的运行情况，实现信息监控、流程控制、订单管理等功能；移动终端中运行有远程监控程序，SCADA 系统会实时将应用平台信息传输到云数据服务器，移动终端可利用移动互联网对云数据服务器中的数据进行图形化、表格化显示，实现远程监控。

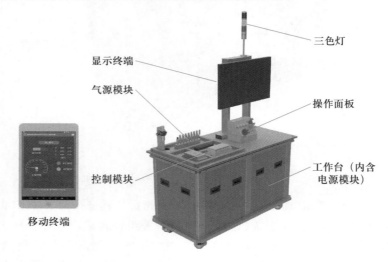

图 1-13　总控单元

图 1-14　操作面板

平台以模块化设计为原则，各单元工作台为可自由移动的独立台架，布置远程 I/O 模块通过工业以太网实现信号监控和控制协调，用以满足不同的工艺流程要求，充分体现出系统集成的低功耗、高效率及低成本特性。工作台四面均可以与其他单元进行拼接，根据工序顺序，自由组合成适合不同功能要求的布局形式,满足系统集成设计过程中空间规划的灵活性要求。

1.1.3　智能制造单元的电气接口

　　总控单元作为平台的能源提供者,通过其内部的配电单元与气路分配模块,分别向各单元输送电气动力。图 1 - 15 与图 1 - 16 所示分别为电源分配图和配电接口。外部电源通过重载连接器连接至总控单元,然后再通过配有航空接头的连接电缆,分别将其余单元与总控单元的配电模块连接。由于加工单元中的数控机床使用的额定电压为 380 V,因此加工单元与总控单元之间是通过重载连接器连接的。

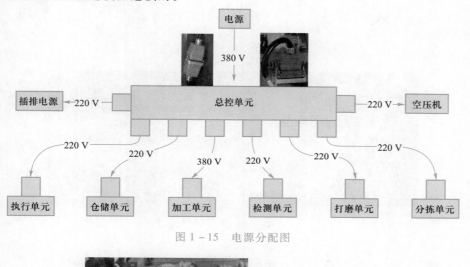

图 1 - 15　电源分配图

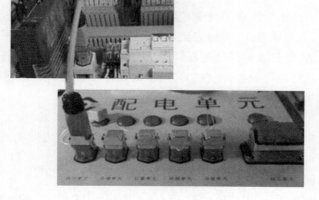

图 1 - 16　配电接口

　　如图 1 - 17 所示,平台总气源由空压机提供,将空压机一端引出的气管与总控单元工作台面的供气模块相连。除检测单元之外,其他单元模块均需要气路连接,为气缸以及吸盘工具等提供动力。供气模块的供气端口(8 个)如图 1 - 18 所示,用于将高压气体分别输送至各单元模块。

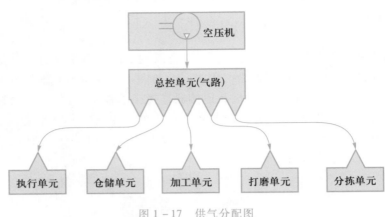

图 1 – 17　供气分配图

图 1 – 18　总控单元供气模块

PPT

智能制造单元
的通信模块与
接口

1.1.4　智能制造单元的通信模块与接口

工业网络是指应用在工业生产环境中的一种全数字化、双向、多站的通信系统,主要包括现场总线、工业以太网、无线网络等通信系统。平台各单元模块之间的通信,通过通信模块与接口来实现。下面将简单介绍各单元的通信接口类型以及对应的功能,平台的通信结构具体可参见 1.3.3 小节。

1. 总控单元 PLC 通信

如图 1 – 19 所示,总控单元的两台 PLC(PLC_1、PLC_2)分别通过网线连接工业以太网口与交换机,以 S7 TCP 协议完成两 PLC 之间的通信。总控单元的功能按钮、急停按钮、指示灯以及三色安全指示灯,均由 PLC 的板载 I/O 端口直接控制。

如图 1 – 20 所示,PLC 还通过 ProfiNet 协议与 PC 中的 WinCC 进行通信,用以在 PC 中搭建 SCADA 系统,对 PLC 中的变量及信号进行监控。

2. 执行单元通信

执行单元主要包括下面三类通信网口。

① ProfiNet 网口。执行单元中的远程 I/O 模块相当于总控单元 PLC 的触角,主要为总控单元扩展 I/O 点位,模块网口(PN IN 和 PN OUT)直接或间接与总控单元 PLC 的 ProfiNet 网口相连,通过该网口与总控单元完成数据交互。

② TCP/IP 通信网口。图 1 – 21 所示通信网口为 TCP/IP 通信网口,执行单元的工业机器人通过该网口与检测单元进行通信。

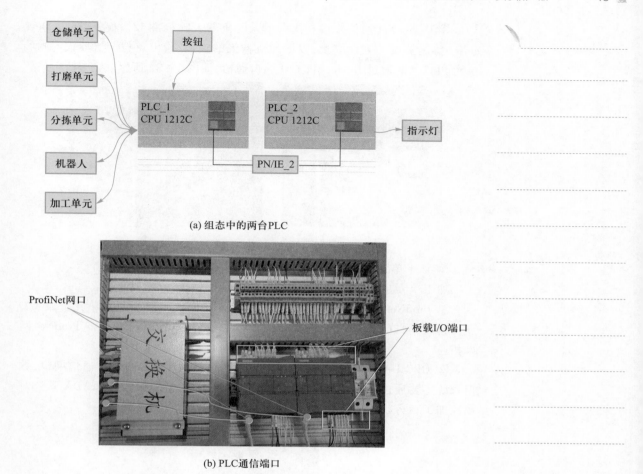

(a) 组态中的两台PLC

(b) PLC通信端口

图 1-19 总控单元 PLC 通信

图 1-20 PC 网口

图 1-21 执行单元外部通信接口

③ DeviceNet 通信接口。执行单元的机器人除标准 I/O 板外,还以 DeviceNet 协议扩展了 I/O 模块,以增加机器人的输入/输出点位。机器人与执行单元 PLC 之间通过 DeviceNet I/O 端口通信,如图 1-22 所示。

图 1-22 机器人 DeviceNet 通信接口(XS17)

3. 加工单元通信

加工单元主要包括下面两类通信网口。

① ProfiNet 网口。加工单元中的远程 I/O 模块主要为总控单元扩展 I/O 点位,模块网口(PN IN 和 PN OUT)直接或间接与总控单元 PLC 的 ProfiNet 网口相连。

② OPC UA 通信网口。图 1-23 所示 CNC 网口为 OPC UA 通信网口,数控系统主要通过该 OPC UA 通信网口与 PC 实现通信,以实现 SCADA 系统对数控加工运行状态的监控。

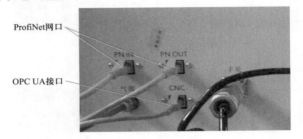

图 1-23 加工单元通信接口

4. 仓储、打磨、分拣单元通信

与执行单元、加工单元的 ProfiNet 网口相同,总控单元 PLC 通过 ProfiNet 通信协议,以总线型、环形或树形等拓扑结构与仓储、打磨、分拣单元通信,各单元模块均配置远程 I/O 模块以接收和发出通信信号。图 1-24 所示为各单元模块通信接口。

图 1-24 仓储单元、打磨单元、分拣通信接口

5. 检测单元通信

图 1-25 所示为检测单元的 TCP/IP 网口,通过该网口完成与机器人之间的通信,实现机器人对视觉检测的控制以及检测结果的回传。

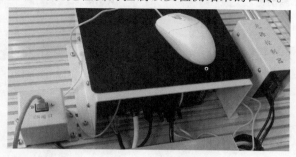

图 1-25　检测单元通信网口

任务 1.2　了解柔性制造

1.2.1　什么是柔性制造

柔性制造系统是由数控加工设备、物料运储装置和计算机控制系统等组成的自动化制造系统。它包括多个柔性制造单元,能根据制造任务或生产环境的变化而快速做出反应。

企业往往希望研发生产出一系列多样化且存在差异梯度的产品以迎合不同层次的市场需求。但受产品研发生产周期的限制和市场响应速度的要求,都使得在一定时间内获得质量过硬、种类丰富的产品系列存在很大的困难。平台化产品设计策略就是在这样的背景下产生的,这种设计方法往往基于模块化设计思路,同一平台下不同产品的设计方案仅做局部修改,生产工艺和设备也得以大幅度的共用,从而可以在实现降本增效的同时满足多样化产品的研发需求。

举一个汽车产品的平台化设计案例进行简单说明。我们会发现,近年来一些品牌旗下的多款轿车车型仅通过汽车前视图已经不容易分辨了(如图 1-26 所示),而这些轿车在十余年前刚刚引进中国不久时的外观却各不相同。通过平台化设计策略能减少设计方案差异化所导致的生产设备差异,进而降低生产成本。从图中视角看来,几个车型的外观十分相似,就是由于发动机盖等冲压件以及前保险杠等外饰件采用了相似的模具和加工工艺进行制造。这种做法节省了十分可观的模具制作和修模费用以及加工设备采购支出。

生产柔性是指生产系统对用户需求变化的响应速度和对市场的适应能力。如图 1-27 所示,在平台化设计的策略下,具有产品谱系概念的生产企业逐渐将以前只能实现单一产品大批量生产的设备进行调整改造和升级,以求在一套设备或生产线上可以制造出同谱系下所有型号的产品。在这个过程中,生产柔性的概念逐渐得到了体现和重视。柔性的体现可以分为两个方面:

图 1-26 平台化设计汽车产品造型

一方面是种类柔性,即对不同种类产品生产的适应性;另一方面是时间柔性,即在不同产品生产状态间切换的效率。具有柔性和快速响应能力是大规模定制制造系统的主要特点。

图 1-27 柔性生产线下的不同汽车产品

1.2.2 智能制造单元与柔性制造

所有的柔性都是在模仿"人"。如果自动化可以做到跟人一样的兼容性,那么这条生产线的柔性就意味着非常高了。如何满足各环节的柔性呢?

首先是"感知",这是人可以获取各种信息做判断的基础,集成各类传感器、机器视觉、测量设备等,制造单元可以获得对应设备、对应状态的感知;然后是"分析",对采集的数据实时处理,分析挖掘后形成知识;其次是"决策",所谓决策就是基于"知识"的生产管理对新的数据进行推理应用,产生相应生产决策数据或指令;最后是"执行",就是用工业机器人、数控机床、各种专有设备完成生产的要求。

　　智能制造单元系统集成应用平台就是柔性制造这一概念下的产物。智能制造单元的每一个单元模块,都代表着一个子系统,智能制造单元的集成调试,就是在搭建一个柔性的制造系统。该柔性主要体现在以下几个方面:

　　① 设备柔性。当要求生产一系列不同类型的产品时,机器随产品变化而加工不同零件的灵活性。例如,机器人末端执行工具的切换,可以适用于不同尺寸的轮毂抓取。

　　② 工艺柔性。工艺适应产品或原材料变化的能力。例如,预制检测流程可以检测形状、颜色、标码等,适用于多种检测工艺要求。

　　③ 产品柔性。产品更新后,系统能够经济和迅速地生产出新产品并兼容老产品生产的能力。例如,智能制造单元的模块化设计支持生产同系列多种型号的轮毂产品。

　　④ 扩展柔性。当生产需要的时候,可以很容易地扩展系统结构,增加模块,构成一个升级系统的能力。例如,合理扩充平台模块种类和数量,并合理布局连接,可以实现更复杂的工艺流程。

　　⑤ 信息柔性。可以根据需求,对设备的不同状态进行选择性的监控。例如,可以在 SCADA 监控界面,添加不同的交互信号及数据,用于监控当前轮毂的生产状态。

　　针对以上柔性制造的特点,我们就可利用智能制造单元,根据轮毂零件的不同状态和要求,选择相应的生产工艺来完成不同轮毂产品的共线生产。例如,在某轮毂的生产过程中,不需要打磨工艺,那么就可以将除打磨单元之外的其他模块结合起来,组成一个生产"细胞"。再如,当数控加工成为轮毂生产节拍的瓶颈时,就可以在这个细胞中添加两个或多个加工单元,使这个"细胞"的功能性根据实际需求有所侧重。

任务 1.3　智能制造单元集成调试的总体设计

1.3.1　执行单元的有效工作范围

　　在智能制造过程中,通常需要多个单元模块或者子系统共同参与。物料在各模块之间进行运转的方式有很多,例如输送带方式,或是由机械手进行转移。对于智能制造单元组成的这个生产"细胞",为保证模块组合的灵活性,我们选择二者结合,即由执行单元的工业机器人直接获取物料,利用平移滑台完成物料在各单元间的传输。

　　图 1-28 所示为机器人本体的工作空间。可以看出,单一机器人的工作空间比较有限,前后运动极限半径不超过 580 mm,机器人一轴伴有 30°的旋转盲区。单凭机器人的工作空间,大部分的智能制造工艺都不能实现。在真实的智能制造过程中,这种矛盾会更加突出,因此需要对机器人的运动空间进行扩展。

　　如图 1-29 所示,经过平移滑台的扩展,可以有效增加工业机器人的可

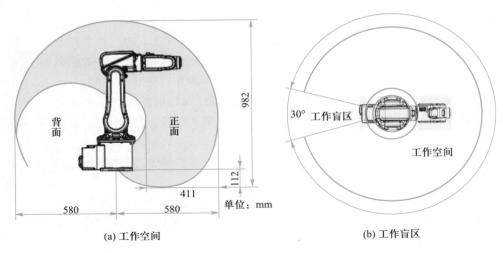

(a) 工作空间　　　　　　　　(b) 工作盲区

图 1 - 28　机器人本体的工作空间

达工作空间,执行单元可配合更多的功能单元完成复杂的工艺流程。

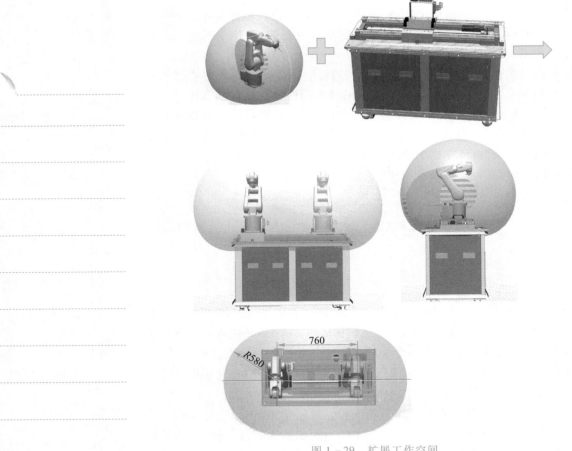

图 1 - 29　扩展工作空间

1.3.2　规划集成系统的布局形式

智能制造集成系统的布局规划,是围绕执行单元而进行的。除总控单元之外,每一个单元模块都需要执行单元配合才能完成该单元的特定功能。为实现此功能目标,在布局时需要遵循以下要求。

1. 作业区域必须在执行单元的有效工作范围内

这里的作业区域主要指与机器人直接作用的点,主要包括工具单元的工具获取点,加工单元、分拣单元的物料放置点,检测单元的检测点位,打磨单元的打磨区域和吹屑区域,仓储单元各仓位的取料点。

在布局时,必须保证以上各作业区域均在执行单元的工作范围之内。如图 1-30 所示,工具单元的整体位置相同、方向不同,然而图 1-30(a)的两个工具位机器人并不可达。如图 1-30(b)所示,调整工具单元的方向之后,所有工具位均可在机器人的有效工作范围。

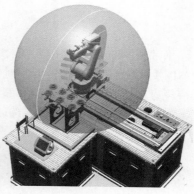

(a) 不可达　　　　　　　　　　(b) 可达

图 1-30　空间布局

2. 考虑单元之间的空间立体结构,避免造成干涉、碰撞

对于某些单元模块,即使其作业区域在执行单元的有效工作范围内,但由于进入其作业区域路径比较单一或者某一部件较为突出,致使机器人在执行正常流程时可能发生碰撞。如图 1-31(a)所示,虽然加工作业区域包含在执行单元有效工作范围中,但由于安全门开门方式,机器人无法完成上下料动作。按照图 1-31(b)所示,调整加工单元安全门朝向,即可得到合理布局。另外,仓储单元也需要考虑此类情况。

(a)　　　　　　　　　　　　　(b)

图 1-31　加工单元——碰撞

再如图 1-32(a)所示,检测单元的结果显示器支架较为突出,且在运行中不会与执行单元配合,因此在布局时应尽可能使支架结构远离执行单元的工作空间,使检测点位尽可能靠近执行单元,如图 1-32(b)所示。

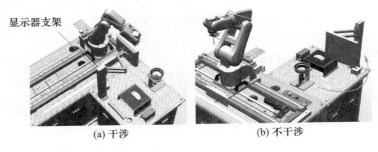

(a) 干涉　　　　　　　　　　(b) 不干涉

图 1-32　检测单元——干涉

3. 作业区域布局避免在机器人运动范围极限位置,易造成奇异点

如图 1-33 所示,打磨单元相对于执行单元按图示位置布局,此时工业机器人持轮毂在打磨工位上作业时,部分工位正处于机器人旋转盲区,所以机器人便不能背面正对打磨单元作业区域的位置。

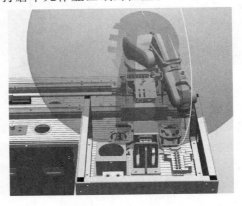

图 1-33　旋转盲区(背面正对)

如图 1-34 所示,当工业机器人背面斜对打磨单元时,吹屑工位位于机器人的极限位置,且防护栏的存在使得对机器人的运动路径有一定的要求。在实际操作中,对吹屑点位进行示教时比较容易出现"靠近奇点"事件。为改善此情况,可以将打磨单元放置在执行单元的另一侧,且保证作业区域在执行单元的有效工作范围内,如图 1-35 所示。

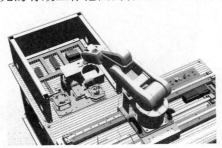 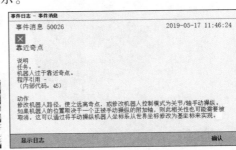

图 1-34　吹屑工位(背面斜对)及"靠近奇点"事件

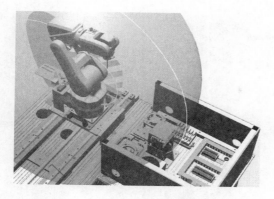

图 1-35　打磨单元参考布局(正面正对)

4. 布局优化

一个合理的布局,可以有效加快智能制造的节拍。这里的布局优化主要是相对于工艺流程而言,对于加工工艺路径固定的制造过程,实现相临近工艺流程的模块,最好在空间布局时搭配在一起,这样可大大提高效率。如针对图 1-36 所示工艺流程,选择执行单元、工具单元、检测单元、仓储单元、打磨单元以及分拣单元来完成。根据图 1-37 和图 1-38 两种布局的节拍图对比可以看出,布局一的生产节奏明显快于布局二,在后续的任务操作中,操作人员可以参考此优化策略合理进行布局。

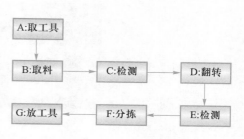

图 1-36　示例生产工艺

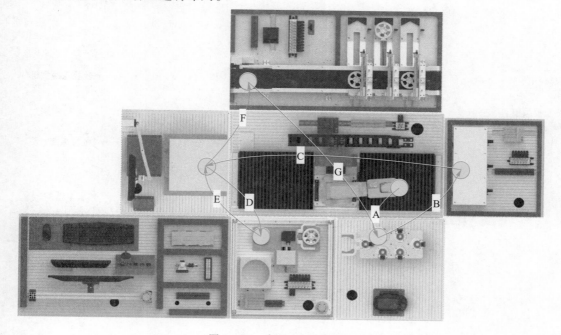

图 1-37　布局一:节拍图

1.3.3　控制系统总体结构及通信方式

如图 1-39 所示,平台通信的核心点是利用工业以太网将原有设备层、控

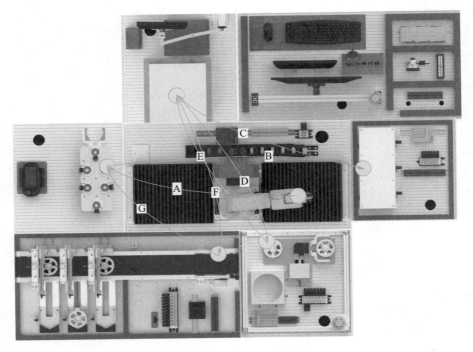

图 1-38　布局二:节拍图

制层、管理层的控制结构扁平化,实现一网到底,多类型设备间的信息兼容,系统间的数据交换。

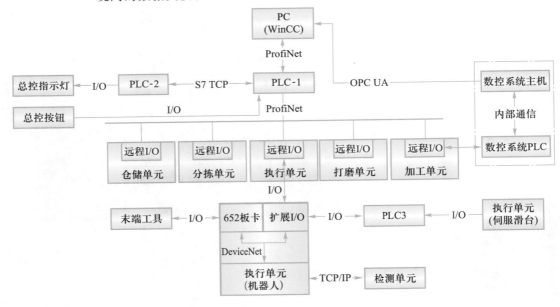

图 1-39　控制逻辑结构

1. 控制器与设备间的通信

总控单元 PLC_1 通过 ProfiNet 协议,以远程 I/O 的方式扩展自身的 I/O 端口,从而与仓储单元、加工单元、打磨单元、分拣单元之间进行信号交互,以自身的 I/O 端口与总控单元的按钮连接。

总控单元 PLC_2 通过自身的 I/O 端口,直接与总控单元的指示灯连接。执行单元 PLC_3 也通过自身的 I/O 端口与伺服驱动器进行连接。

机器人通过 DeviceNet 协议,以标准板卡的 I/O 端口,实现对末端工具的控制。

2. 控制器之间的通信

(1) 数控系统与 PC、总控单元 PLC

PC 需要对数控加工的实际情况做信息采集,因此 PC 与数控系统的主机需要进行通信,通信协议为 OPC UA。另外,数控系统 PLC 通过与加工单元远程 I/O 连接实现与总控 PLC 通信,从而实现数控机床外设(防护门、夹具等)的控制及外设状态反馈。

(2) 总控单元 PLC 之间

PLC_1 与 PLC_2 之间通过 S7 TCP 协议实现通信,实现按钮与指示灯的统一控制。

(3) 总控 PLC 与 PC

PLC_1 还通过 ProfiNet 协议与 PC 进行通信,用以在 PC 中搭建 SCADA 系统,对 PLC 中的变量及信号进行监控。

(4) 机器人与 PLC、视觉控制器

机器人一方面通过 DeviceNet 协议拓展自身的 I/O 端口,以扩展 I/O 的形式分别与 PLC_1 和 PLC_3 之间进行通信;另一方面通过 TCP/IP 协议,实现与视觉控制器的数据交互,完成与检测单元的通信。

 知识测评

1. 选择题

(1)(多选)图 1-40 为智能制造单元轮毂产品的正面特征分布,可进行视觉检测的区域为(　　　);可进行加工的区域为(　　　)。

图 1-40　选择题(1)图

(2) 智能制造平台中,总控单元两 PLC 之间的通信协议为(　　　)。

A. S7 TCP　　　　B. TCP/IP　　　　C. OPC /UA　　　　D. I/O

(3) 在进行电气连接时,下列哪个模块不需要连接气源(　　　)。

A. 执行单元　　　B. 加工单元　　　C. 检测单元　　　D. 总控单元

2. 填空题

(1) 智能制造单元包含的单元模块有总控单元、执行单元、加工单元、

_____、检测单元、_____。

（2）智能制造单元中，总控单元 PLC1 通过_____协议扩展自身 I/O 点，从而实现与各单元模块的信号交互。

3. 判断题

（1）数控系统与总控单元是通过 I/O 的方式进行通信的。（　　　）

（2）智能制造单元要求其每个组成部分都是"智能"的，每个单元模块都需要有智能设备。（　　　）

4. 简答题

规划集成系统布局时，需要注意什么？

项目二 执行单元的集成调试与应用

学习任务

- 2.1 伺服驱动功能调试
- 2.2 执行单元智能化改造

学习目标

■ 知识目标

- 熟悉伺服控制的基本原理
- 熟悉伺服轴的运动工艺参数
- 了解 DeviceNet 通信结构
- 认识 DeviceNet 远程 I/O 模块，了解其功能应用
- 了解执行单元机器人与伺服轴之间的通信方式

■ 技能目标

- 对单元模块可以熟练进行拼接以及接线
- 能够对 PLC 进行硬件组态
- 能够利用轴控制面板对伺服轴进行调试
- 熟悉轴控制的 PLC 编程技巧
- 能够配置 DeviceNet 远程 I/O 模块
- 熟练定义执行单元的信号
- 了解工具及相关信号的测试方式
- 能够对机器人及伺服轴进行编程，达到滑台自动运行的目的
- 通过编程，熟练应用执行单元取放工具

■ 素养目标

- 具有严谨求实、认真负责、踏实敬业的工作态度
- 领悟吃苦耐劳、精益求精等工匠精神的实质
- 具有耐心、专注的意志力

思维导图

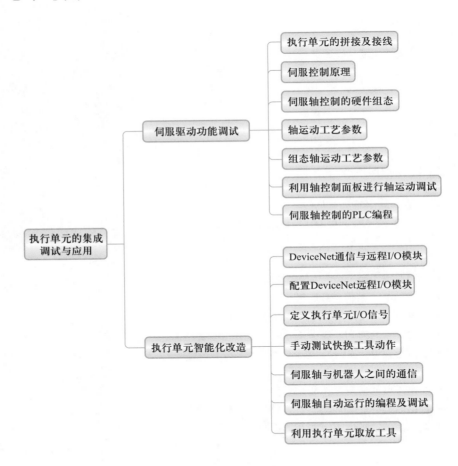

执行单元的集成调试与应用

伺服驱动功能调试
- 执行单元的拼接及接线
- 伺服控制原理
- 伺服轴控制的硬件组态
- 轴运动工艺参数
- 组态轴运动工艺参数
- 利用轴控制面板进行轴运动调试
- 伺服轴控制的PLC编程

执行单元智能化改造
- DeviceNet通信与远程I/O模块
- 配置DeviceNet远程I/O模块
- 定义执行单元I/O信号
- 手动测试快换工具动作
- 伺服轴与机器人之间的通信
- 伺服轴自动运行的编程及调试
- 利用执行单元取放工具

任务 2.1　伺服驱动功能调试

2.1.1　任务操作——执行单元的拼接及接线

视频

单元拼接及接线

1. 任务引入

平台可根据工艺的不同而选择不同单元模块组合来完成任务。本任务主要为伺服驱动功能调试做准备,完成单元模块之间的拼接以及电气连接。

在对总控单元、执行单元进行布局时,需要综合考虑各个单元的尺寸、机器人本体的工作范围、机器人在导轨上运行的有效行程等因素。各个单元组合完毕需要通过连接板固连,地脚支撑升起,这样能够确保机器人在移动和对点位时单元模块不会轻易移动,保证机器人点位的准确性。

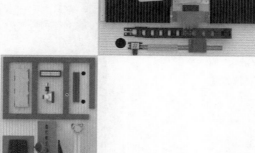

2. 任务内容

利用连接板及固定件,将总控单元、执行单元按照设计好的布局拼接在一起,然后完成电路、气路和通信线路的连接。其中总控单元不需要在执行单元的有效工作区域内,为后续其他单元模块的拼入预留空间,因此模块的布局可参考图 2 - 1。

图 2 - 1　模块布局

3. 任务实施

序号	操作步骤	示意图
一、模块的拼接及固定		
1	按照图 2 - 1 所示布局,将执行单元和总控单元摆放至指定位置	

序号	操作步骤	示意图
一、模块的拼接及固定		
2	单元之间使用连接板固定	
3	放下各单元地脚，固定模块位置	
二、电气连接		
4	通过航空电缆连接执行单元和总控单元模块中的配电单元	

续表

序号	操作步骤	示意图
二、电气连接		
5	通过重载连接器连接总控单元和插座电源	
6	整理线缆，将线缆放入线槽中	
7	平台总气源由空压机提供，将空压机一端引出的气管与总控单元工作台面的供气模块相连	

序号	操作步骤	示意图
		二、电气连接
8	用气管连接总控单元工作台面的供气模块阀门开关接头和执行单元的电磁阀进气管接头	
9	整理气管,将气管放入台面的线槽中,气管在单元模块之间连接时,注意要穿过走线孔	
		三、通信线缆连接
10	用网线连接总控单元工作台面的交换机网口和PLC 的 ProfiNet接口	

续表

序号	操作步骤	示意图
三、通信线缆连接		
11	用另一根网线连接交换机网口和执行单元台面上的 PN IN 网口	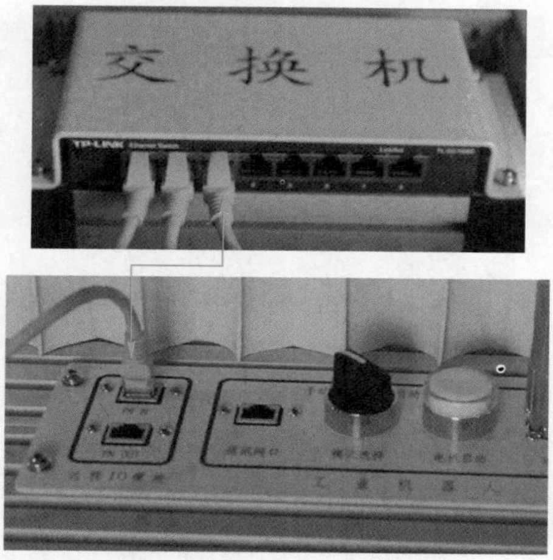
12	整理通信线缆,将其放入台面的线槽中。单元拼接及接线完毕	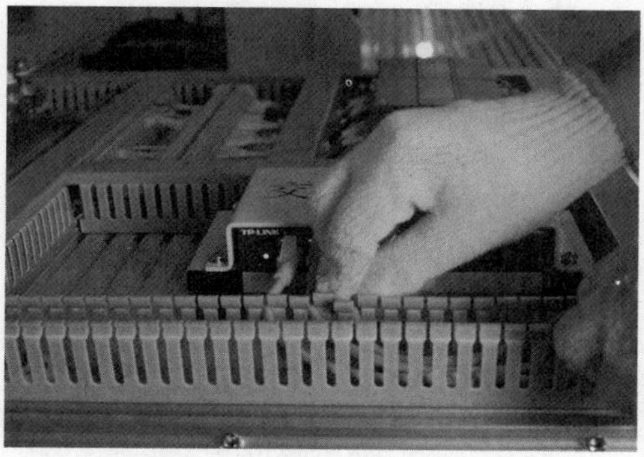

2.1.2　伺服控制原理

1. 伺服概述

伺服运动,即系统跟随外部指令执行所期望的运动,运动要素包括位置、速度,加速度和力矩。而伺服控制系统是所有机电一体化设备的核心,它的基本设计要求是输出量能迅速而准确地响应输入指令的变化,如机械手控制系统的目标是使机械手能够按照指定的轨迹进行运动。像这种输出量以一定准确度随时跟踪输入量(指定目标)变化的控制系统称为伺服控制系统。

伺服控制系统也称为随动系统或自动跟踪系统,它是以位移、速度、加速度、力、力矩等作为被控量的一种自动控制系统。

如图 2-2 所示,伺服控制系统与非伺服控制系统的区别主要在于控制环节与输出环节之间增加的反馈环节。从自动控制理论的角度分析,伺服控制系统一般包括比较环节、控制器、执行环节、被控对象、检测环节五部分。

伺服控制系统的各环节释义见表 2-1。

图 2 - 2 伺服控制系统结构

表 2 - 1 伺服控制系统的各环节释义

组成部分	释义
比较环节	将输入的指令信号与系统的反馈信号进行比较,以获得输出与输入间偏差信号的环节,通常由专门的电路或计算机实现
控制器	伺服控制系统中的调节元件。通常是计算机或 PID(比例 – 积分 – 微分)控制电路,其主要任务是对比较环节输出的偏差信号进行变换处理,以控制执行环节按要求动作
执行环节	按控制信号的要求,将输入的各种形式的能量转换成机械能,驱动被控对象工作
被控对象	指被控制的机构或装置,是直接完成系统目的的主体。一般包括传动装置、执行装置和负载
检测环节	能够对输出进行测量并转换成比较环节所需要的量纲的装置,一般包括传感器和转换电路

2. 伺服电动机

交流伺服电动机的主要特点是,当信号电压为零时无自转现象,转速随着转矩的增加而匀速下降。伺服电动机的精度决定于编码器的精度(线数)。对于带 17 位编码器的电动机而言,驱动器每接收 2^{17} = 131 072 个脉冲,电动机转一圈,即每个脉冲电动机转动的角度为

$$360°/131072 = 0.0027° \tag{2 - 1}$$

因此,在实际使用伺服电动机时,必须了解电动机的型号、规格,确认好电动机编码器的分辨率,才能选择合适的伺服驱动器。

3. 伺服驱动器

伺服驱动器,又称"伺服控制器""伺服放大器",是用来控制伺服电动机的一种控制器。其作用类似于变频器作用于普通交流电动机,属于伺服系统的一部分,主要应用于高精度的定位系统。其作用主要有以下三点:

● 按照定位指令装置输出的脉冲串,对工件进行定位控制。

● 伺服电动机锁定:当偏差计数器的输出为零时,如果有外力使伺服电动机转动,由编码器将反馈脉冲输入偏差计数器,偏差计数器发出速度指令,旋转修正电动机使之停止在滞留脉冲为零的位置上,锁定电动机使其停留于该固定位置。

● 进行适合机械负荷的位置环路增益和速度环路增益调整。

（1）伺服驱动器控制原理

如图 2-3 所示，伺服驱动器有三种控制方式：转矩控制、速度控制和位置控制。其中，转矩控制是通过外部模拟量的输入来设定电动机轴对外的输出转矩的大小，主要应用于需要严格控制转矩的场合；速度控制是通过模拟量的输入或脉冲的频率对转动速度的控制；位置控制是伺服控制中最常用的控制，一般通过外部输入的脉冲的频率来确定转动速度的大小，通过脉冲的个数来确定转动的角度，所以一般应用于定位装置。

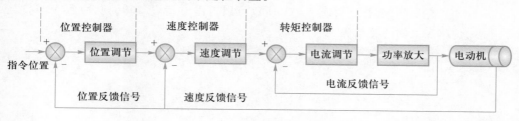

图 2-3　伺服驱动器控制方式

（2）电动机每转脉冲数与负载位移

这里先介绍电子齿轮的概念。电子齿轮功能是相对机械变速齿轮而言的，在对其进行控制时，不用顾及机械的减速比和编码器的线数，通过伺服参数的调整，可以将与输入指令相对的电动机转动量设为任意值的功能。电子齿比由编码器解析度（分辨率 C）和计算出的每转脉冲数（N_1）决定。

$$电子齿比 = 编码器解析度/每转脉冲数 \qquad (2-2)$$

例如：如图 2-4 所示，这里先设定电动机每转的脉冲数为 N，电动机每转的负载位移为 S，伺服电动机编码器分辨率为 C，伺服电动机驱动器电子齿比已设置为 G，减速机减速比为 n_1，同步带减速比为 n_2，滚珠丝杠导程为 L。在此分析在 PLC 轴工艺参数设置中电动机每转脉冲数 N 与负载位移 S（单位：mm）之间的关系。

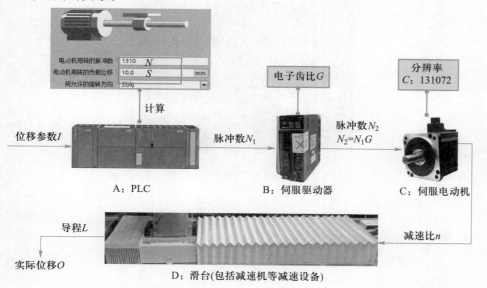

图 2-4　位移参数与实际位置

PLC 接收到位移参数 I，根据 PLC 内部的工艺参数换算出发至驱动器的脉冲数 N_1，然后驱动器再将接收到的脉冲数乘以电子齿比 G 得到 N_2，向电动机发送 N_2 的脉冲，电动机将接收到的脉冲数与自身分辨率 C 作商，得出转动的圈数（角度），从而再根据外部的机械参数导出实际的目标位置。

用公式表示指令输入位移参数 I 和实际输出位移 O 的关系为

$$O = \frac{I}{S} N G \frac{1}{C} \cdot \frac{1}{n} L \qquad (2-3)$$

在实际控制中，要求 $I = O$，所以可以得出电动机每转的脉冲数 N 与负载位移 S 之间的关系为

$$S = \frac{GL}{Cn} N \qquad (2-4)$$

2.1.3　任务操作——伺服轴控制的硬件组态

1. 任务引入

CPU S7 – 1200 兼具可编程逻辑控制器的功能和用于控制伺服驱动器运行的运动控制功能。运动控制功能负责对驱动器进行监控。S7 – 1200 运动控制根据连接驱动方式不同，分为 PROFIdrive、PTO、模拟量三种控制方式。

在智能制造实训平台的执行单元中，我们选择半闭环形式，运动控制采用 S7 – 1200 的 PTO 控制方式，控制伺服滑台的运行速度及运动位置。要进行伺服滑台定位运动的编程，需要在西门子"TIA Portal"软件中先对执行单元 PLC 进行硬件组态。如图 2 – 5 所示，在对硬件设备了解的基础上，需要确认 PLC 以及 I/O 模块的型号，以便在软件中进行组态设置。

图 2 – 5　执行单元 PLC 及数字量输入模块

2. 任务内容

① 在"TIA Portal"软件中对总控单元的 PLC 及相关 I/O 模块进行硬件组态，组态设备的型号、版本以及订货号与实际设备匹配一致。

② 根据图 2 – 6 所示的接线图，定义组态时的脉冲以及方向的输出点位，启用脉冲发生器、系统和时钟存储器。

	ProfiNet/ SIMATIC S7	
	执行单元内置PLC	

正极限	OMRON EE SX-672PWR	RB1I000	1 a
原点	OMRON EE SX-672PWR	RB1I001	2
负极限	OMRON EE SX-672PWR	RB1I002	3
伺服完成/INP	24	RB1I003	4
伺服准备/RD	49	RB1I004	5
报警/ALM	48	RB1I005	6
			7
			8
脉冲/PULSE	11	RB1Q000	1 a
方向/SIGN	36	RB1Q001	2
伺服复位/RES	19	RB1Q002	3
伺服上电/SON	15	RB1Q003	4

S71212 板载输入 8×DI

伺服驱动器 MR-JE-40A

S7 1212 板载输出 6×DO

图 2-6　电路接线图

3. 任务实施

序号	操作步骤	示意图
1	打开软件后，单击"创建新项目"	

续表

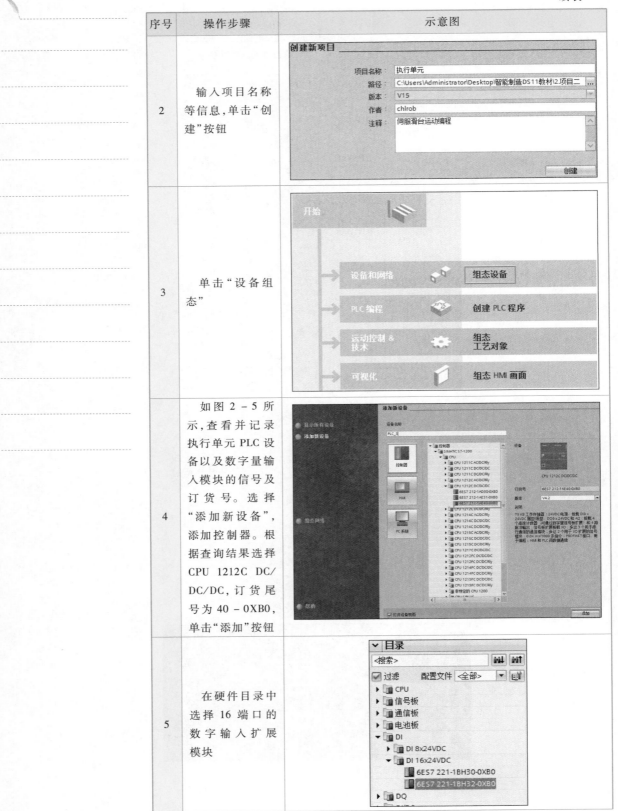

序号	操作步骤	示意图
2	输入项目名称等信息,单击"创建"按钮	
3	单击"设备组态"	
4	如图 2 - 5 所示,查看并记录执行单元 PLC 设备以及数字量输入模块的信号及订货号。选择"添加新设备",添加控制器。根据查询结果选择 CPU 1212C DC/DC/DC,订货尾号为 40 - 0XB0,单击"添加"按钮	
5	在硬件目录中选择 16 端口的数字输入扩展模块	

续表

序号	操作步骤	示意图
6	将该设备拖至2号位,PLC硬件组态完毕	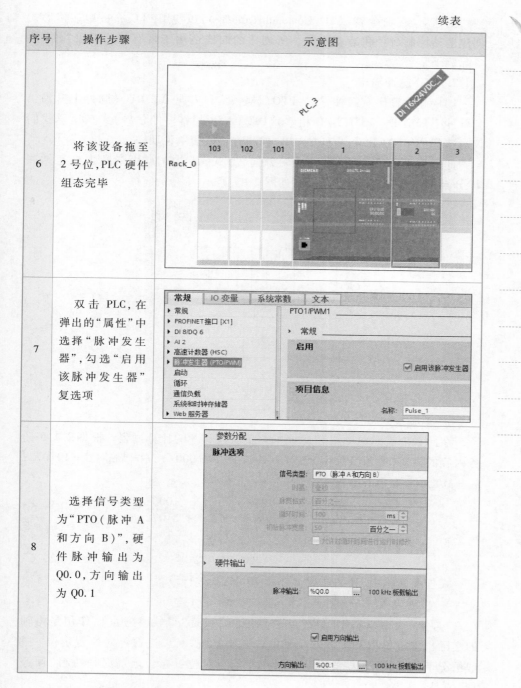
7	双击 PLC,在弹出的"属性"中选择"脉冲发生器",勾选"启用该脉冲发生器"复选项	
8	选择信号类型为"PTO(脉冲A和方向B)",硬件脉冲输出为Q0.0,方向输出为Q0.1	

2.1.4 轴运动工艺参数

在组态轴运动工艺参数时,将会定义轴的工艺对象并设置多个运动参数的基本属性。了解下列轴运动工艺参数,为下一步的伺服轴组态做准备。

1. 工艺对象:TO_PositioningAxis 与 TO_CommandTable

工艺对象"定位轴"(TO_PositioningAxis)用于映射控制器中的物理驱动装置。可使用 PLC open 运动控制指令,通过用户程序向驱动装置发出定位命令。

工艺对象"命令表"(TO_CommandTable),可以使用 PLC open 以表格形式创建运动控制命令和运动曲线。所创建的曲线适用于带有工艺对象"轴"的实际驱动装置。

2. PTO 脉冲输出

PTO 脉冲输出有四种方式:PTO(脉冲 A 和方向 B)、PTO(脉冲上升沿 A 和脉冲下降沿 B)、PTO(A/B 相移)、PTO(A/B 相移 – 四倍频)。在这里我们仅对选择的 PTO(脉冲 A 和方向 B)控制方式做简单说明。

此方式是比较常见的"脉冲 + 方向"方式,其中 A 点用来产生高速脉冲串,B 点用来控制轴运动的方向,如图 2 – 7 所示。

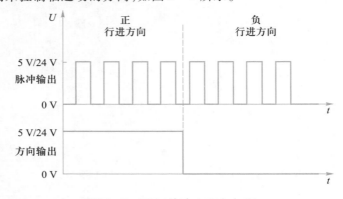

图 2 – 7　PTO(脉冲 A 和方向 B)

3. 扩展参数——机械

在此我们展示电动机脉冲数 N 与负载位移 S 的计算过程。根据 2.1.5 任务内容的描述,将各参数带入式(2 – 4)中,$G = 900:1$,$L = 5\text{mm}$,$C = 131072$,$n_1 = 3:1$,$n_2 = 1.5:1$ 可得

$$S = \frac{GL}{Cn}N = \frac{900 \times 5}{131072 \times 3 \times 1.5}N = \frac{1000}{131072}N \qquad (2 - 5)$$

得

$$S/N = 1000/131072 \qquad (2 - 6)$$

在任务实施中,我们取近似数值 10:1310 进行设置。

4. 扩展参数——回原点

"原点"也可以叫作"参考点""回原点"或是"寻找参考点",作用是将轴的实际机械位置和 PLC 程序中轴的位置坐标统一,以进行绝对位置定位。一般情况下,西门子 PLC 的运动控制在使能绝对位置定位之前必须执行"回原点"或是"寻找参考点"。

"扩展参数 – 回原点"分成"主动"和"被动"两部分参数。"主动"就是传统意义上的回原点或是寻找参考点。当轴触发了主动回参考点操作,轴就会按照组态的速度去寻找原点数字信号,并完成回原点命令(在执行单元中,该原点数字信号由位置传感器检测得来)。"被动回原点"指的是,轴在运行过程中触发原点开关,轴的当前位置将设置为回原点位置值,两者的主要不同有以下两点。

① 主动回原点只需要 MC_Home 指令即可,而被动回原点功能的实现需

要 MC_Home 指令与 MC_MoveRelative 指令（或 MC_MoveAbsolute 指令、MC_MoveVelocity 指令、MC_MoveJog 指令）联合使用，相关指令的应用可参考 2.1.7 节。

② 主动回原点需要专门执行主动回原点功能，而被动回原点可以在执行其他运动的过程中完成回原点的功能。

为简化后续伺服编程，突出系统初始化的概念，此处选择主动回原点方式。如图 2-8 所示，以示例说明在回原点的扩展参数中设置的各参数含义。

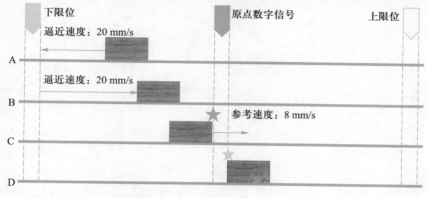

图 2-8　回原点

A：当触发 MC_Home 指令时，轴立即以"逼近速度 20.0mm/s"向左（负方向）运行寻找原点开关，直到碰到下限位开关。

B：此时如果没有勾选"允许硬件限位开关处自动反转"复选框，则轴会因错误取消回原点动作，同时以急停速度迫使轴制动；如果勾选该复选框，则轴将以组态的减速度减速（不是以紧急减速度）运行，然后反向运行继续以"逼近速度"寻找原点开关。

C：当轴碰到参考点的有效边沿，切换运行速度为"参考速度 8.0mm/s"继续运行。

D：轴的左边沿与原点开关有效边沿（上侧）重合时，轴完成回原点动作。

2.1.5　任务操作——组态轴运动工艺参数

1. 任务引入

无论是开环控制还是闭环控制，每一个轴都需要添加一个轴"工艺对象"。PLC 硬件组态完成后，就可以根据轴的运动参数、PLC 与伺服驱动器的电气接线情况（图 2-6），来组态该轴工艺对象。

对执行单元的 PLC 进行配置，根据电路图纸建立信号表，根据参数【伺服电动机编码器分辨率为 131 072 pulses/rev（C），伺服电动机驱动器电子齿比已设置为 900 :1（G），减速机减速比为 3 :1（n_1），同步带减速比为 1.5 :1（n_2），滚珠丝杠导程为 5mm（L）】配置 PLC 内伺服模块的运动参数。

2. 任务内容

① 如图 2-9 所示，在"TIA Portal"软件中，对添加的工艺对象的基本参数以及扩展参数进行设置，其中回原点选择主动方式。

② 根据图 2-6 所示的硬件接线图，确认设备的连接 I/O 表，如表 2-2 所示。

视频

轴运动工艺参数的配置

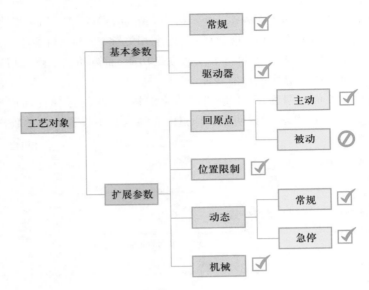

图 2 - 9 轴工艺参数设置

表 2 - 2 执行单元 PLC 信号功能定义

硬件设备	端口号	I/O 点	功能注解	对应硬件设备
S7 1212 板载数字量输入	1	I0.0	滑台正极限	传感器
	2	I0.1	滑台原点	
	3	I0.2	滑台负极限	
	4	I0.3	伺服完成/INP	伺服驱动器
	5	I0.4	伺服准备/RD	
	6	I0.5	伺服报警/ALM	
S7 1212 板载数字量输出	1	Q0.0	脉冲/PULSE	
	2	Q0.1	方向/SIGN	
	3	Q0.2	伺服复位/RES	
	4	Q0.3	伺服上电/SON	

3. 任务实施

序号	操作步骤	示意图
1	新增工艺对象	▼ 🗋 执行单元 　■ 添加新设备 　🏛 设备和网络 　▼ 🖪 PLC_3 [CPU 1212C DC/DC/DC] 　　📇 设备组态 　　🔍 在线和诊断 　　▶ 🖪 程序块 　　▼ 🖪 工艺对象 　　　📇 新增对象 　　▶ 🖷 外部源文件 　　▶ 📑 PLC 变量 　　▶ 🖹 PLC 数据类型 　　▶ 🖳 监控与强制表

续表

序号	操作步骤	示意图
2	输入名称,如"伺服轴";选择"运动控制",确定轴的控制类型为"TO_PositioningAxis",单击"确定"按钮	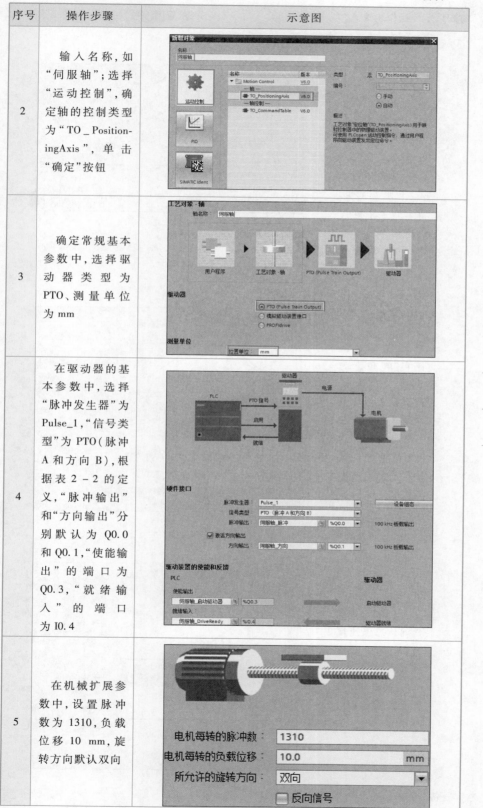
3	确定常规基本参数中,选择驱动器类型为PTO、测量单位为mm	
4	在驱动器的基本参数中,选择"脉冲发生器"为Pulse_1,"信号类型"为PTO(脉冲A和方向B),根据表2-2的定义,"脉冲输出"和"方向输出"分别默认为Q0.0和Q0.1,"使能输出"的端口为Q0.3,"就绪输入"的端口为I0.4	
5	在机械扩展参数中,设置脉冲数为1310,负载位移10 mm,旋转方向默认双向	

序号	操作步骤	示意图
6	启用硬限位开关,下限位开关输入 I0.2、上限位开关输入 I0.0,两者电平为低电平; 　　启用软限位开关,下限位置设置为 -2.0 mm,上限位置设置为 +2.0mm	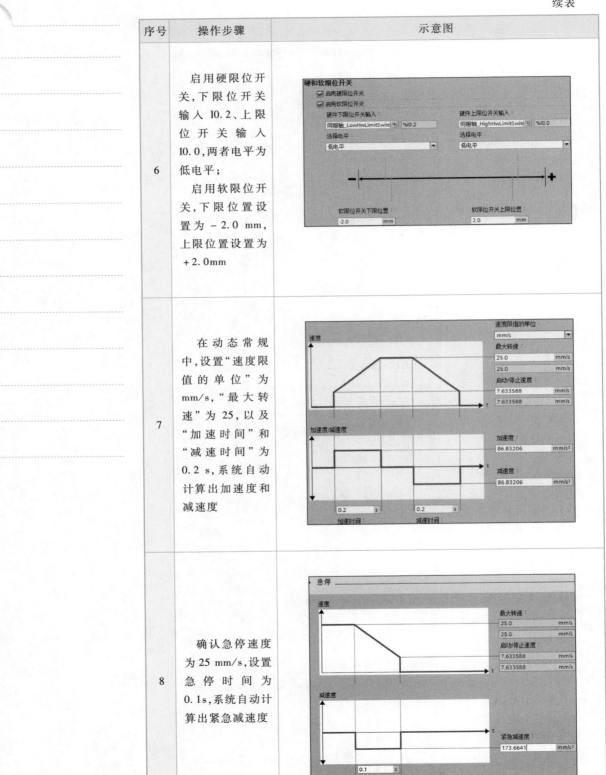
7	在动态常规中,设置"速度限值的单位"为 mm/s,"最大转速"为 25,以及"加速时间"和"减速时间"为 0.2 s,系统自动计算出加速度和减速度	
8	确认急停速度为 25 mm/s,设置急停时间为 0.1s,系统自动计算出紧急减速度	

续表

序号	操作步骤	示意图
9	回原点选择主动,设置"输入原点开关"为 I0.1,"选择电平"为高电平,允许自动反转; 　　设置"逼近原点方向"为负向,"参考点开关一侧"为上侧; 　　设置"逼近速度"为 20 mm/s,"回原点速度"为 8 mm/s,起始位置偏移 0。注意"回原点速度"不宜设置得过快。 　　至此轴工艺参数组态完毕	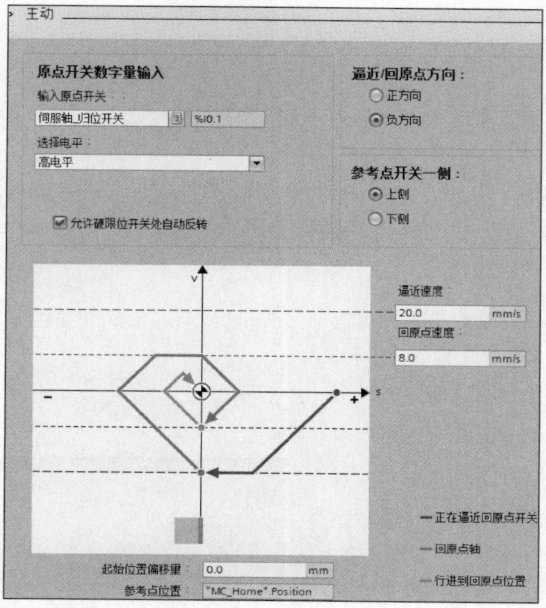

2.1.6　任务操作——利用轴控制面板进行轴运动调试

1. 任务引入

轴控制面板是轴运动调试中一个很重要的工具,操作人员在组态了轴运动工艺参数,并把实际的机械硬件设备搭建好之后,最好先用"轴控制面板"来测试 Portal 软件中关于轴的参数设置和实际硬件设备接线等是否正确,然后再调用运动控制指令编写程序。图 2-10 所示为"轴控制面板"。本任务主要利用"调试"选项,对轴功能进行测试。

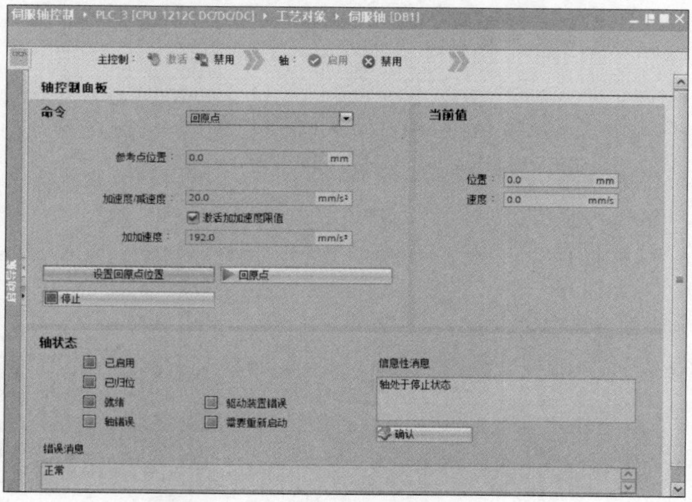

图 2-10　轴控制面板

2. 任务内容

在西门子"TIA Portal"软件中,对执行单元伺服轴的"点动"功能、"定位"运动功能以及"回原点"功能进行调试。

3. 任务实施

序号	操作步骤	示意图
		一、启用"轴控制面板"
1	保证已组态轴工艺参数的 PC 正确连接到 S7-1200 CPU,单击新增的工艺对象"伺服轴",选择"调试"选项	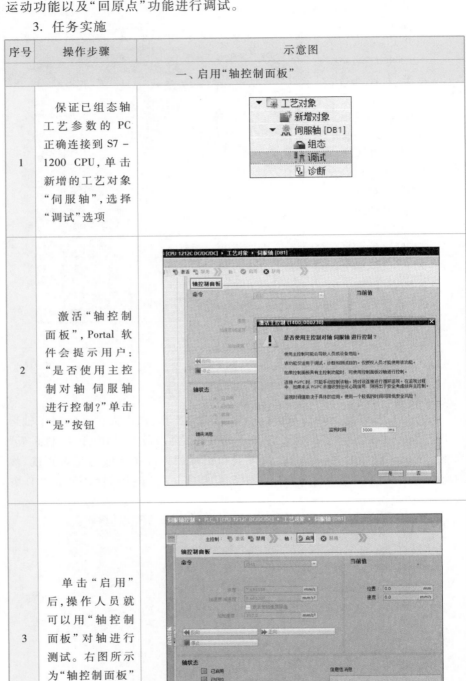
2	激活"轴控制面板",Portal 软件会提示用户:"是否使用主控制对轴 伺服轴 进行控制?"单击"是"按钮	
3	单击"启用"后,操作人员就可以用"轴控制面板"对轴进行测试。右图所示为"轴控制面板"的主要区域	

续表

序号	操作步骤	示意图
	二、回原点功能调试	
4	模式选择"回原点",输入参考点位置,一般默认为0,再输入加速度值以及加加速度。单击"回原点"按钮,轴会以组态设定的方式寻找原点传感器所在位置	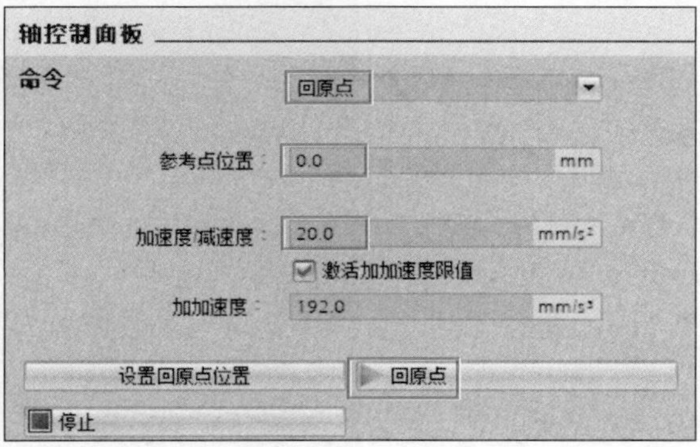
5	回归原点之后,伺服轴会将当前位置记录为0,即原点位置,如右图所示	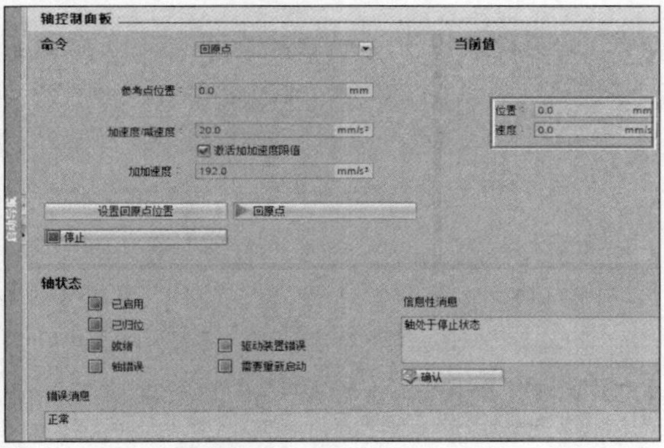
	三、定位运动调试	
6	定位运动调试需要在回原点之后才能执行 模式选择"定位",输入目标位置200 mm,速度15 mm/s以及加速度值20,单击"绝对"运动方式,轴便运动至距原点200 mm的位置;若单击"相对"运动方式,则轴与相对当前位置正向移动200 mm	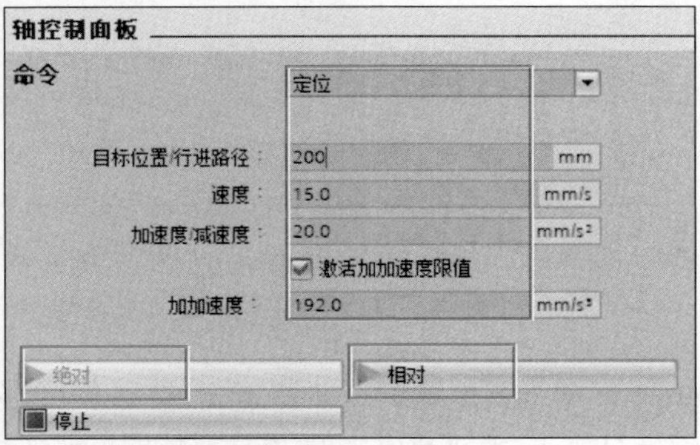

续表

序号	操作步骤	示意图
		三、定位运动调试
7	定位运动后，即可显示运动后的位置，如右图所示	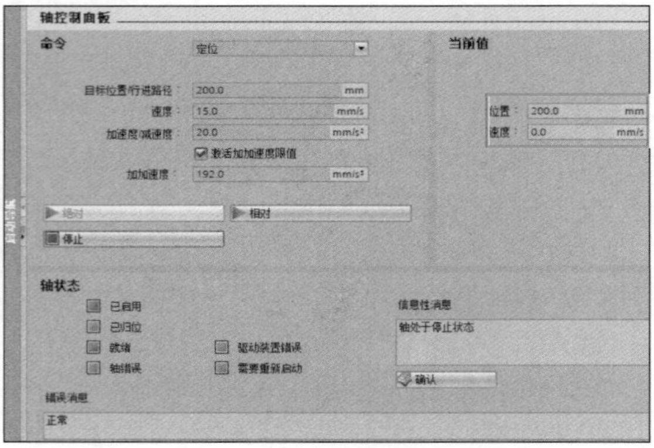
		四、点动功能调试
8	即使不执行回原点运动，也可进行点动操作。模式选择"点动"，输入速度 15 mm/s 以及加速度 20 mm/s²，单击"正向"运动，轴便以 15 mm/s 速度正向移动，反之同理 注意：由于点动不受限位传感器控制，在运动过程注意防止滑台运动超限	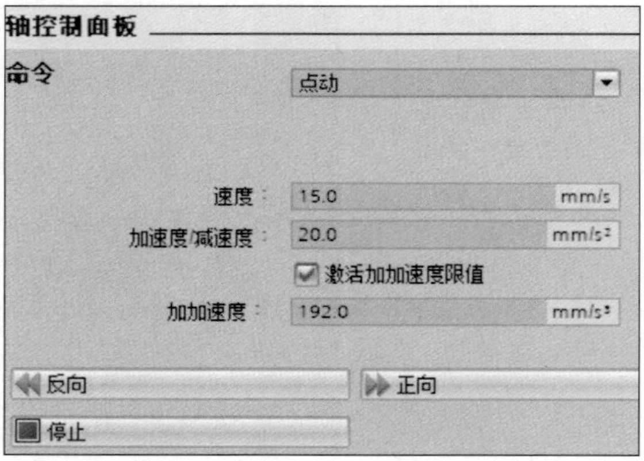

2.1.7　任务操作——伺服轴控制的 PLC 编程

1. 任务引入

在轴运动工艺参数组态并测试完成后，即可进行伺服控制的 PLC 编程。如图 2-11 所示，通过机器人与 PLC 通信的方式实现对平移滑台的运动控制，使滑台既可以回原点（伺服定位运动前提），也可以按照一定的速度运动至某一特定点，或者手动控制滑台在一定的参数域自由运动。

2. 任务内容

在 PLC 硬件组态、轴组态配置完毕的基础上，编制 PLC 程序实现手动控制滑台的前进、后退、回原点、定位（定速）运动。其中，导轨的有效调节长度

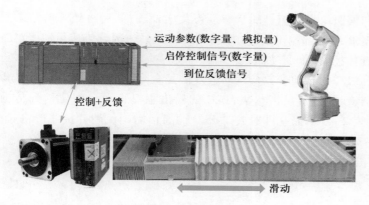

图 2-11 　伺服运动控制关系

为 760 mm，PLC 的运动参数及运动触发信号全部由机器人提供，参数的设定及运动控制均可通过机器人示教器进行操作。其他要求如下：

① 当滑台运动至限位点时，系统可以进行自复位，并可执行反向操作。

② 定位运动或回原点运动时，滑台到位后，都可以反馈给上位机到位信号。

③ 速度上限值为 25 mm/s。

3. 任务分析

（1）对于一个确定的运动而言，主要考虑并明确以下参数：

运动模式：自动模式、手动模式；

运动触发和反馈：启停触发、复位触发、回原点触发、到位反馈；

运动参数：运动速度、运动方向、目标位置。

如图 2-12 所示，一部分信号参数直接通过函数块 FB 进行运算处理，一部分信号在伺服组态时便已经初步进行定义。函数块 FB 会综合 PLC 外部输

视频

伺服滑台手动运行

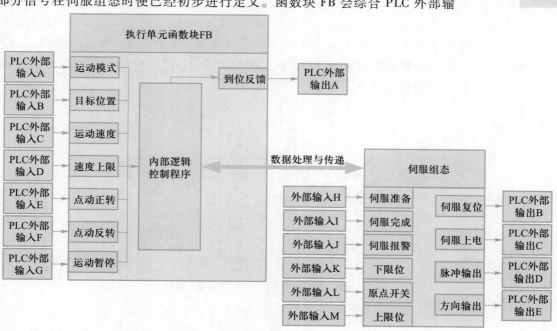

图 2-12 　"运动"函数块 FB 与伺服组态

入信号和伺服组态各信号的状态进行集中处理;然后将处理的结果一部分直接反馈至 PLC 外部输出信号(如到位反馈),另一部分传递至伺服组态中参与运动的直接控制(如驱动器)。

(2) PLC 的运动参数及运动触发信号全部由机器人提供,其中 PLC 的输入由机器人、传感器反馈提供,PLC 的输出主要将滑台到位信号传输给机器人,详见表 2-3。工业机器人与 PLC 的通信需确保硬件接线严格对应,即按照表 2-3 正确连接 PLC 的 I/O 点与工业机器人 I/O 板上的点位。

表 2-3   PLC 输入/输出(I/O)信号表

对应设备	类型	功能描述	对应 PLC 的 I/O 点
滑台传感器	Bool	滑台正极限	I0.0
	Bool	滑台原点	I0.1
	Bool	滑台负极限	I0.2
机器人	Byte	目标位置参数	IB8
	Word	速度参数	IW64
	Bool	伺服回原点	I9.0
	Bool	伺服正转(滑台前进)	I9.1
	Bool	伺服反转(滑台后退)	I9.2
	Bool	伺服手/自动模式	I9.3
	Bool	伺服停止(暂停)	I9.4
	Bool	滑台到位	Q0.4

(3) 运动参数包括位置参数和速度参数。

① 位置参数。根据硬件接线设计(如图 2-20 所示),传递目标位置参数的数字量只有 8 位,传输的数值为 $0 \sim 2^8 - 1 (0 \sim 255)$ mm。而导轨的有效行程为 $0 \sim 760$ mm,这就需要 PLC 将接收到的位置信息进行解读(数值乘以 3),以便于精确控制滑台可在导轨上满程运动。如图 2-13 所示,以位置 522 mm 为例进行讲解。

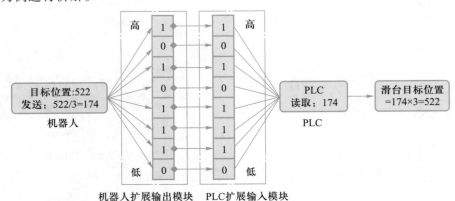

图 2-13   位置参数传递

② 速度参数。S7-1200 PLC 的 CPU 集成模拟量输入模块,输入信号对

应电压值为 0 ~ 10 V,对应量程范围为 0 ~ 27 648。
当 PLC 接收到 0 ~ 10 V 的电压时,内部的 A/D 转换
芯片会将电压值转化为相应的数字值,如:5 V 即对
应的数字值为 13 824。伺服速度定义需将已经转化
为数字量的电压值,换算成滑台运动的实际速度值,
如图 2 – 14 所示。

转化公式如式(2 – 7)所示:

$$滑台实际速度 = \frac{滑台速度上限}{27648} × 滑台输入速度$$

$$(2 – 7)$$

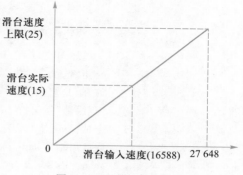

图 2 – 14　速度参数转化

4. 任务实施

序号	操作步骤	示意图及程序注释
1	双击"添加新块",类型选择"函数块",名称可自定义为"Axis _ Control",单击"确定"	
2	确认已启用系统存储器和时钟存储器,以备在后续编程过程中使用	
3	如右上图所示,根据 PLC 的输入/输出信号表,建立输入/输出变量表　　另外,在编程过程中可根据需要即时建立中间变量,右下图仅为示意参考	

续表

序号	操作步骤	示意图及程序注释
4	添加 MC_Power 指令，将新增的轴工艺对象"伺服轴"拖至指令的 Axis 接口，以启用轴。StartMode 选择 1，StopMode 选择 0 注意：该指令在程序里一直调用，且需要在其他运动控制指令之前	 程序注释：可通过置位/复位中间变量"#启动使能"，使"Enable"端口状态为 0 或 1，从而精简后续调试过程
5	添加 MC_Home（回原点）指令，参考步骤 3 添加"伺服轴"工艺对象以及回原点触发信号"#伺服回原点"，Mode 选择 3，Position 选择 0.0	 程序注释："#伺服回原点"可触发回原点动作，使伺服轴主动（Mode）回零点，轴此时的位置值为参数"Position"的值
6	添加 CONV 指令，完成滑台输入速度数据类型的转换。根据式（2-8），利用两个"DIV"指令完成速度值的换算	 程序注释：将滑台速度输入的数值类型"Word"先转换为"Real"，然后再将转换后的数据换算成实际运行的速度值
7	添加 CONV 指令，完成滑台输入位置数据类型的转换。利用"MUL"指令完成滑台位置值的换算	 程序注释：将滑台输入位置的输入类型"Byte"先转换为"Real"，再将转换后的数值乘以 3，作为实际滑台的目标位置

序号	操作步骤	示意图及程序注释
8	添加 MC_MoveAbsolute（绝对定位）指令，加入轴工艺对象。滑台最终（目标）位置变量对应 Position 引脚，滑台实际速度变量对应 Velocity 引脚，Execute 上升沿有效，需要通过"伺服手/自动模式"来触发 注意：执行轴绝对定位运动时，轴的原点不能丢失，且该指令之前必须要有 MC_Home 指令	 程序注释：当"#伺服手/自动模式"接通时，伺服轴即以"#滑台实际速度"运行至"#滑台最终位置" 绝对定位指令只有 Execute 上升沿才能触发，系统时钟"Clock_1Hz"的添加持续提供上升沿，可以及时刷新指令接收的滑台目标位置参数与运行速度参数，避免在运动过程中运动参数被改变而未及时调整运动状态 当"#伺服手/自动模式"断开时，不执行轴绝对定位指令
9	添加 MC_MoveJog（点动）指令，加入轴工艺对象。在点动模式下，伺服轴以指定的速度连续移动滑台 注意：此处需要添加两处互锁，一方面绝对定位运动与点动不能同时执行；另一方面，在点动模式时，正向点动与反向点动不能同时触发	 程序注释：JogForward 为正向点动，非上升沿触发。当"#伺服手/自动模式"处于手动模式时，且当"#伺服正转"接通时，JogForward 状态为 1，滑台正向移动；JogForward 状态为 0 时，滑台停止。JogBackward 为反向点动，运行模式同理，两者之间编辑逻辑互锁。点动速度为变量"#滑台实际速度"的数据

续表

序号	操作步骤	示意图及程序注释
10	编辑滑台到位反馈功能。根据运行模式，到位反馈机制有两种触发方式：自动运行模式触发和手动运行模式触发 只要伺服轴执行完回原点操作，变量Status-Bits.HomingDone状态就变为1	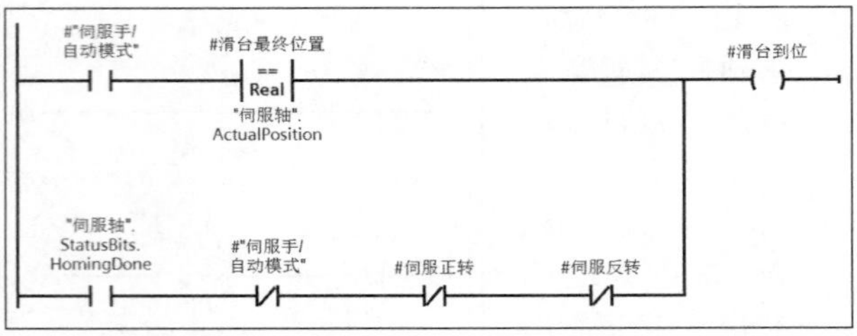 程序注释：滑台处于自动运行模式时，当实际位置"伺服轴".ActualPosition与设定值相等时，可以使"#滑台到位"状态置为1；当滑台处于手动运行模式时，只要执行点动操作，滑台到位信号不触发；点动操作结束后即可触发到位信号
11	添加MC_Reset（确认故障）指令，加入轴工艺对象，主要用来确认"伴随轴停止出现的运行错误"和"组态错误" "#复位"为MC_Reset指令的启动位，用上升沿触发。编辑"#复位"的触发条件，如右图所示	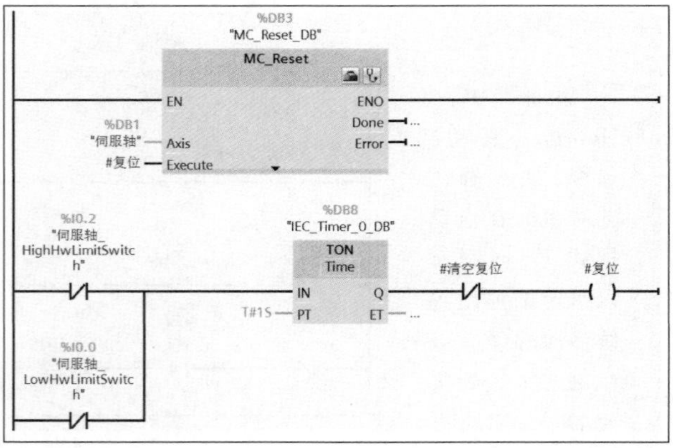 程序注释：在滑台轴的上、下两个限位处均布有传感器。在滑台未到达限位时，传感器处于高电位，即变量HighHwLimitSwitch与LowHwLimitSwitch与默认状态相反，此时不会触发"复位"变量 当滑台运动至上限位或下限位时，对应传感器处于低电平，对应变量恢复至默认状态，此时可触发"#复位"变量。"#复位"变量触发时，运动指令块的"Execute"接收到上升沿，触发复位功能

续表

序号	操作步骤	示意图及程序注释
12	对于伺服轴而言，复位功能不能一直处于触发状态，当滑台移出限位位置时，伺服轴需要自动释放复位功能，即"#复位"变量状态变为 0	程序注释：当"复位"变量状态为 1 时，其常开闭合，置位"清空复位"变量，使"复位"变量状态变为 0　　当滑台移出限位位置时，此时两限位变量均被置位，其常开闭合，复位"清空复位"变量，该变量所对应的常闭亦闭合，系统释放复位功能
13	添加 MC_Halt（停止轴运行）指令，加入轴工艺对象，用以停止所有运动并以组态的减速度停止轴　　当伺服轴停止时，其他运动指令如 MC_Home、MC_MoveAbsoulute 等可以解除该暂停指令，使轴正常动作	程序注释：变量"#伺服暂停"的置位上升沿即可触发停止功能
14	将上述新建的函数块 FB1 拖入组织块 OB1 中	

续表

序号	操作步骤	示意图及程序注释
15	按照表 2 - 3 中的定义,依次匹配输入/输出端口,并输入滑台速度上限值 25.0。至此伺服轴控制的 PLC 程序编制完成	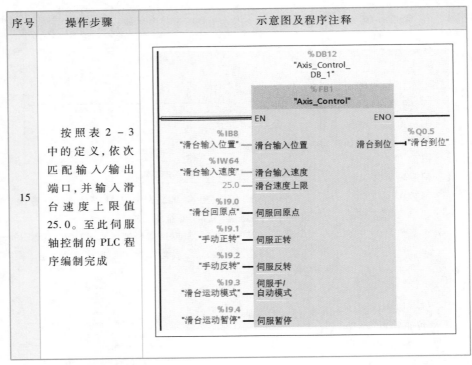

任务2.2   执行单元智能化改造

2.2.1   DeviceNet 通信与远程 I/O 模块

工业机器人通过 I/O 模块与周边设备进行通信,可使用的 I/O 模块包括标准 I/O 板和远程 I/O 模块(扩展 I/O 模块)。工业机器人的这两种模块的配置使用均基于 DeviceNet 总线技术,当工业机器人的标准 I/O 板的 I/O 点位数无法满足实际应用需求时,可以为工业机器人添加远程 I/O 模块。其中标准 I/O 板的介绍及配置可参考系列教材《工业机器人操作与编程》,此处将着重介绍远程 I/O 模块的结构及配置。

1. DeviceNet

DeviceNet 是一种基于 CAN(Controller Area Network)技术的开放型、符合全球工业标准的低成本、高性能的现场总线协议标准,该协议规范是描述 DeviceNet 设备之间实现连接和交换数据的一套协议。在 Rockwell 提出的三层网络结构中,DeviceNet 处于最底层,即设备层,是最接近现场的总线类型。如图 2 - 15 所示,DeviceNet 是一种数字化、多点连接的网络,在控制器和 I/O 设备之间实现通信,每一个设备和控制器都是网络上的一个节点。

DeviceNet 作为一种串行通信链接,定义 OSI 模型七层架构中的物理层、数据链路层及应用层,它能够将工业设备(如限位开关、光电传感器、阀组、电动机控制器、过程传感器、条形码读取器、变频驱动器和操作员接口等)连接到网络,减少硬件接线的成本。

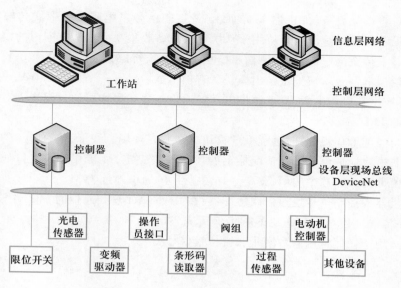

图 2 - 15　DeviceNet 网络结构示意图

2. 远程 I/O 模块

DeviceNet 允许通过网络远程配置设备。远程 I/O 模块是工业级远程采集与控制模块。该模块提供了无源节点的数字量输入采集、继电器输出、高频计数器等功能,主要用于工业现场采集模拟信号和数字信号,还可以输出模拟信号和数字信号来控制现场设备。

如图 2 - 16 所示,为一种远程 I/O 模块的拓扑结构,它由一个从设备适配器(FR8030)和相应的 I/O 端子模块构成,其模块化的结构可以根据实际输入/输出的信号点位数,来确定选取 I/O 端子模块的种类及数量。其中,DeviceNet 型从设备适配器(后简称:适配器)可以实现 CAN 总线的基本功能,主要包括:收发报文、访问控制及其他物理层的诸多功能。

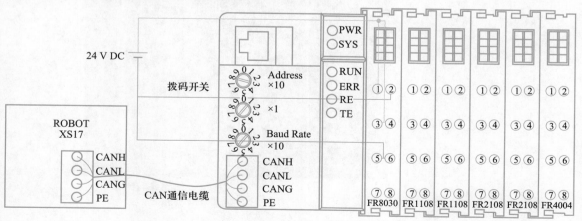

图 2 - 16　远程 I/O 模块的拓扑结构

I/O 端子模块包含数字量输入/输出模块和模拟量输入/输出模块等。数字量输入模块从执行层设备(传感器、电动机驱动器等)中采集数字量反馈信号,并以电隔离的形式将这些信号传输到上层自动化单元。数字量输出模块将来自自动化设备(如机器人)的数字量控制信号以电隔离的形式传输到执行层设备。模拟量输入模块用于从执行层设备收集 0~10 V 范围内的模拟量信号并上传至上位机,模拟量输出模块用于向执行层设备输出 0~10 V 范围内的模拟量信号。模拟量输出模块所有输出通道具有一个公共的 0 V 电源触点,各输出端口均由 24 V 电源供电。各通道信号状态均可通过模块上对应通道口的 LED 显示。

与标准 I/O 板相同,远程 I/O 模块也挂载在现场总线下,具有唯一的通信地址。模块地址由从设备适配器上的拨码开关决定,旋转开关的缺口处所指示的值即为当前选中的值,图 2-16 中所示的通信地址为 31。

机器人控制信号通过总线适配器,在 DeviceNet 总线通信的 I/O 端子上传输,在传输至独立的 I/O 端子时仍保留完整的 DeviceNet 协议,相对应的 I/O 端子适用于任何常用的数字量和模拟量信号类型。

2.2.2   任务操作——配置 DeviceNet 远程 I/O 模块

1. 任务引入

视频

工业机器人扩展 I/O 模块配置

如图 2-17 所示,在执行单元工业机器人远程 I/O 模块的适配器(FR8030)边上从左至右依次挂载 2 个数字量输入模块(FR1108)、4 个数字量输出模块(FR2108)和 1 个模拟量输出模块(FR4004)。这里需要先通过 CANManager 软件根据当前远程 I/O 模块的硬件结构配置 FR8030 型适配器(适配器的配置方法可参考系列教材《工业机器人工作站操作与应用》),然后将该远程 I/O 模块挂载在机器人 DeviceNet 总线上,方可进行信号的定义。

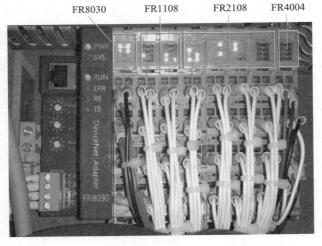

图 2-17   执行单元远程 I/O 模块

2. 任务内容

如图 2-18 所示,先将已配置的适配器 DeviceNet 接口和机器人控制柜前侧板上的 XS17 DeviceNet 接口通过 CAN 通信电缆相连。按照表 2-4 所示参数,将远程 I/O 模块挂载在机器人总线上,确保模块可以正常运行。

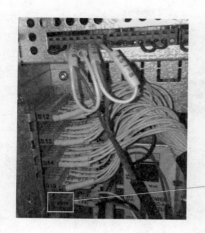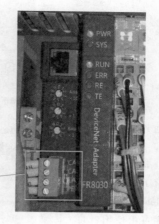

图 2 - 18 接口连接

表 2 - 4 远程 I/O 端子参数

序号	参数项	参数值
1	模块名称（Name）	DN_Generic
2	地址（Address）	31
3	供应商 ID（Vendor ID）	9999
4	产品代码（Product Code）	67
5	设备类型（Decive Type）	12
6	通信类型（Connection Type）	Polled
7	轮询频率（PollRate）	1000
8	输出缓冲区长度（Connection Output Size）	12
9	输入缓冲区长度（Connection Input Size）	2

3. 任务实施

序号	操作步骤	示意图
1	按照路径单击"控制面板"→"配置"→"I/O System"，选择 DeviceNet Device	手动 PC-20180831KUDO 防护装置停止 已停止（速度 100%） 控制面板 – 配置 - I/O System 每个主题都包含用于配置系统的不同类型。 当前主题： I/O System 选择您需要查看的主题和实例类型。 1 到 14 共 14 Access Level　　　　　　Cross Connection Device Trust Level　　　 DeviceNet Command **DeviceNet Device**　　　 DeviceNet Internal Device EtherNet/IP Command　　EtherNet/IP Device Industrial Network　　　 Route Signal　　　　　　　　 Signal Safe Level System Input　　　　　 System Output 文件　 主题　 显示全部　 关闭 控制面板　　　　　 1/3　ROB_1

续表

序号	操作步骤	示意图
2	选择 DeviceNet 通用设备模板，即 DeviceNet Generic Device，命名 I/O 板为 DN_Generic，此处命名可由使用者自定义	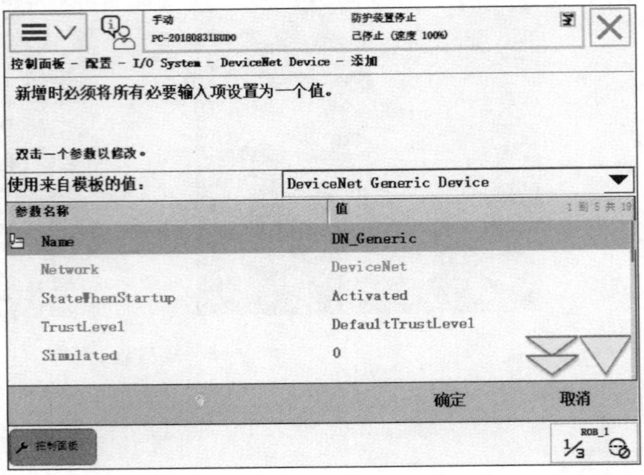
3	模块的通信地址设置为 31，此处地址由从设备适配器上的拨码开关决定，如图 2-16 所示，供应商 ID（Vendor ID）、产品代码（Product Code）、设备类型（Device Type）等参数可以根据生产厂家提供的参数（见表 2-4）进行设定，如右图所示	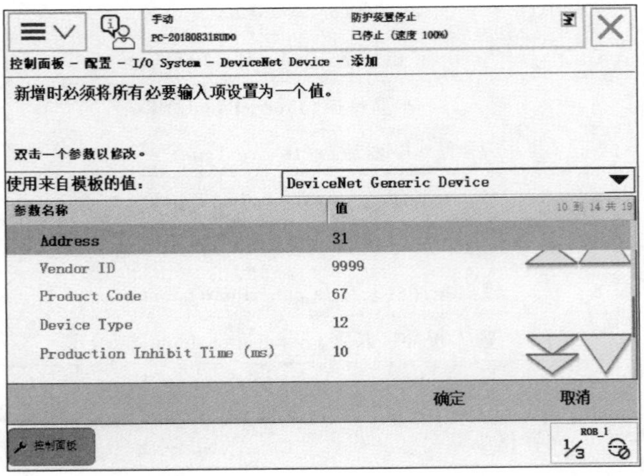
4	模块通信连接类型选择轮询模式（Polled），轮询频率默认为 1000，输出缓冲区长度为 12（输出信号占用字节），输入缓冲区长度为 2（输入信号占用字节），重启后，远程 I/O 模块的配置完成	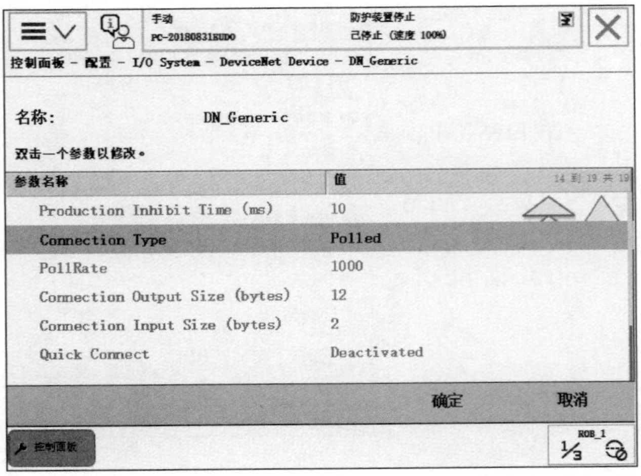

2.2.3 任务操作——定义执行单元 I/O 信号

1. 任务内容

定义执行单元智能化改造所需的机器人信号。按照表 2-5 和表 2-6 所示 I/O 信号各项参数分配模块硬件及地址,定义伺服滑台定位运动的功能信号以及工具单元相关的功能信号。

表 2-5 执行单元数字量信号

信号名称	信号类型	I/O 模块	I/O 地址	功能
FrRVaccumTest	DI	D652	0	吸盘真空检知
FrPDigServoArrive	DI	DN_Generic	15	滑台到位
ToRDigQuickChange	DO	D652	0	快换接头动作
ToRDigGrip	DO	D652	1	夹爪类工具动作
ToRDigSucker	DO	D652	2	吸盘类工具动作
ToRDigPolish	DO	D652	3	打磨类工具动作
ToPGroPosition	DO	DN_Generic	0~7	滑台目标位置(0~760)
ToPDigHome	DO	DN_Generic	8	滑台回原点
ToPDigForward	DO	DN_Generic	9	滑台前进
ToPDigBackward	DO	DN_Generic	10	滑台后退
ToPDigServoMode	DO	DN_Generic	11	滑台运动模式
ToPDigServoStop	DO	DN_Generic	12	滑台停止

表 2-6 执行单元模拟量信号——滑台速度

参数	设定值
信号名称	ToPAnaVelocity
信号类型	AO
I/O 模块	DN_Generic
I/O 地址	32~47
数值类型	Unsigned
逻辑值(max/min)	25/0
物理值(max/min)	10/0
位值	4047

2. 任务实施

序号	操作步骤	示意图
1	以定义远程I/O模拟信号为例。在主菜单界面,单击"控制面板"→"配置"→"Signal",选择"添加"。参考表2-6,设定滑台速度的模拟量信号参数值,注意各信号的I/O模块选择不同。右图所示为选择远程I/O模块DN_Generic	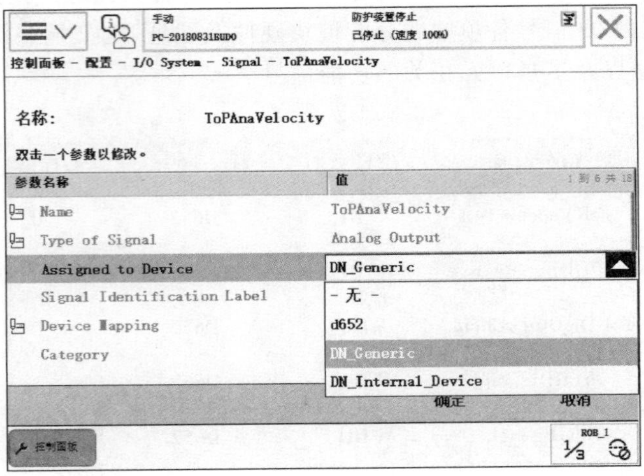
2	该信号其他参数值的设定如右图所示。滑台速度的模拟量信号定义完毕	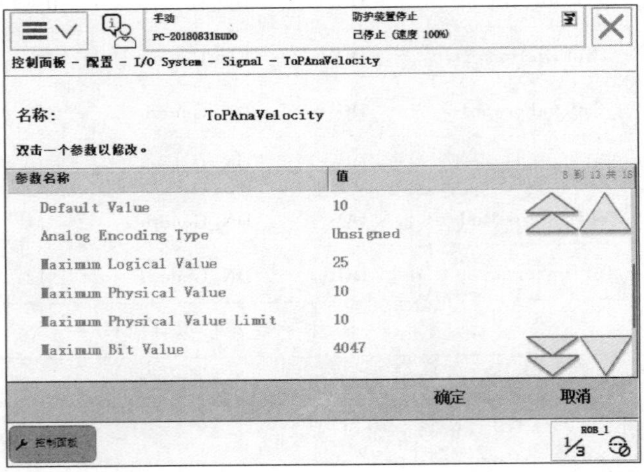
3	参考步骤1和2,将其他信号全部定义完毕,所有新添加的信号,均在系统重启后才能生效。为提高定义信号的效率,重启步骤可在所有信号定义完成后执行	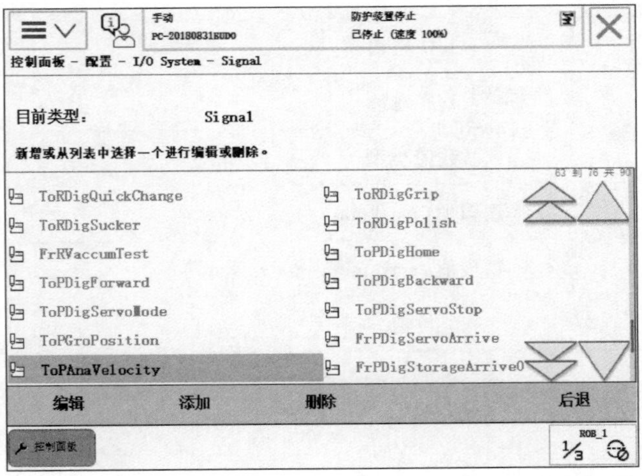

2.2.4　任务操作——手动测试快换工具动作

1. 任务引入

为方便后续对取放工具的编程,需要将工具控制信号以及快换信号的状态与工具动作对应起来。本任务利用快捷键手动测试快换工具所对应的信号功能,以直观地验证吸盘类工具、夹爪类工具以及打磨类工具的取放及动作。

2. 任务内容

① 参考图 2 – 19 所示布局,接入工具单元模块并接线。

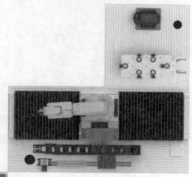

图 2 – 19　接入工具单元

② 为方便对信号置位与复位,依据表 2 – 7 将各信号与示教器快捷键做关联。

表 2 – 7　信号快捷关联

信号	功能	关联快捷键	按键模式
ToRDigQuickChange	快换接头动作	快捷键 1	切换
ToRDigSucker	吸盘类工具动作	快捷键 2	按下/松开
ToRDigGrip	夹爪类工具动作	快捷键 3	按下/松开
ToRDigPolish	打磨类工具动作	快捷键 4	按下/松开

③ 分别将表 2 – 7 中信号进行置位与复位,手动取放工具,观察各工具的动作。

3. 任务实施

序号	操作步骤	示意图
1	参考任务2.1.1,接入工具单元,并用连接板固定工具单元	
2	根据表2-7,在控制面板的ProgKeys选项中,将各信号与快捷键关联起来	
3	单击快捷键1,松开快换接头,手动安装轮毂夹爪工具,再次单击快捷键1以固定工具	

续表

序号	操作步骤	示意图
4	按下或松开快捷键3,控制轮毂夹爪工具的夹紧与松开,夹爪类工具均可参考步骤3、4进行测试	
5	参考步骤3,安装打磨类工具,按下快捷键4,对打磨类工具进行测试	
6	参考步骤3,安装吸盘类工具,按下快捷键2,对吸盘类工具进行测试	

2.2.5 伺服轴与机器人之间的通信

机器人与控制伺服轴的 PLC 之间直接通过 I/O 接口进行通信。根据滑台的运动要求,机器人可以对滑台的运动模式、运动速度、方向、目标位置以及回原点等动作进行控制。图 2-20 所示为各通信信号的定义。

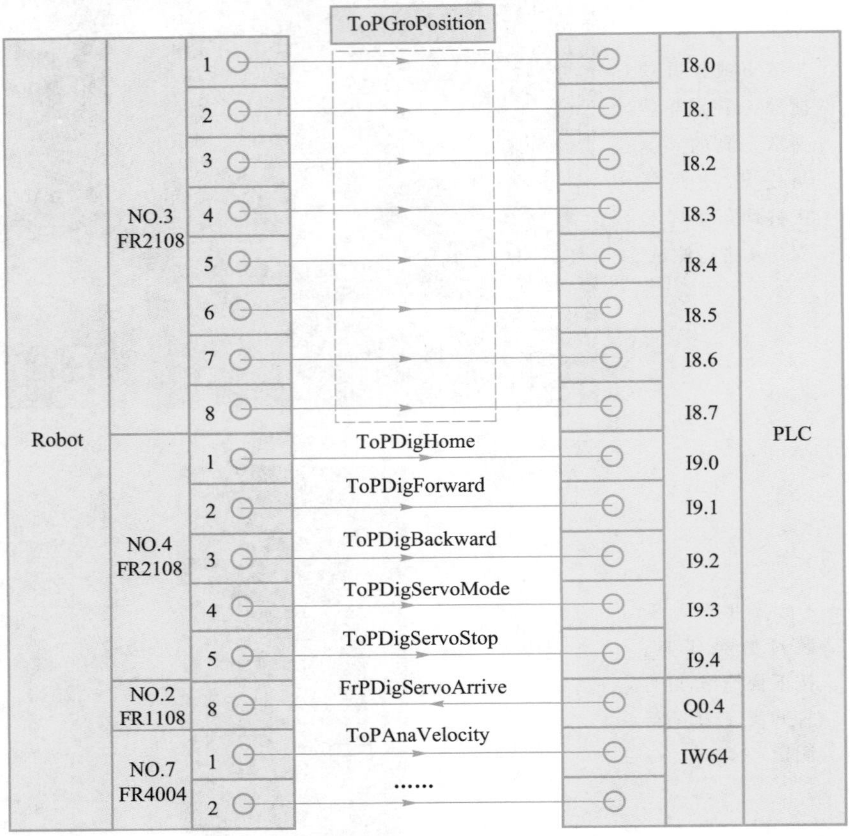

图 2-20 伺服轴通信

（1）组信号

为确保目标位置参数的精度及稳定性,伺服滑台目标位置参数是由机器人的 8 位数字量输出信号（硬件限制）组成的组信号 ToPGroPosition 传递。其传递的位置参数值为整数型,且最大值为 2^8-1,即 255。

（2）数字量信号

启动类信号,诸如滑台回原点（ToPDigHome）、滑台前进（ToPDigForward）、滑台后退（ToPDigBackward）、滑台运动模式（ToPDigServoMode）、滑台停止（ToPDigServoStop）等信号,均由机器人的数字量输出模块传输至 PLC 对应的数字量输入端口。

而反馈类信号,滑台到位（FrPDigServoArrive）信号,由 PLC 的数字量输出模块传输至机器人对应的数字量输入端口。

（3）模拟量信号

速度参数是由机器人的模拟量输出信号 ToPAnaVelocity 传递,其逻辑值可以根据实际要求而设定,$v_{\min} \sim v_{\max}$ 对应输出电压 $U_{\min} \sim U_{\max}$。在本示例中,由机器人的模拟量输出模块输出 $0 \sim 10$ V 电压至 PLC 的模拟量输入端口,对应的滑台运动速度为 $0 \sim 25$ mm/s。

PPT
定位运动
Rapid 编程

2.2.6 任务操作——伺服轴自动运行的编程及调试

1. 任务内容

在执行单元 PLC 完成相应功能编程、了解机器人与 PLC 通信的基础上,对工业机器人进行编程,实现滑台自动运动控制,具体要求如下:

① 伺服滑台可以进行定位($0 \sim 760$ mm)、定速($0 \sim 25$ mm/s)的运动。

② 对编制后的程序进行调试,调试速度为 20 mm/s,调试目标位置为 600 mm。

2. 任务分析

需要先明确各运动控制参数的传递方式及指令的功能,然后进行滑台定位程序编写。

（1）参数化编程

滑台移动需要两个参数,即滑台位置以及滑台运动速度,为保证此程序在其后的案例主程序中能够以不同的参数状态被调用,所以可确定程序需要带参数。在编程时,伺服位置输入形参命名为 ServoPosition,速度输入形参命名为 ServoVelocity。

（2）编程思路

① 因为在 PLC 程序中,还要对机器人实际传递过去的位置值进行乘 3 处理,当组信号为最大值(255)时,滑台的实际移动距离为 765,此时已超过滑台行程。因此应当设置位置参数输入区间($0 \sim 760$),避免发出超行程的运动位置。

② 为保证调用程序时的直观性,ServoPosition 应输入实际运行位置值,通过参数传递的方式,在程序中对输入的参数值除以 3,保存在中间变量 NumPosition 中,然后再赋值给位置组信号。速度参数可直接进行赋值。

伺服自动运行编程流程图如图 2-21 所示。

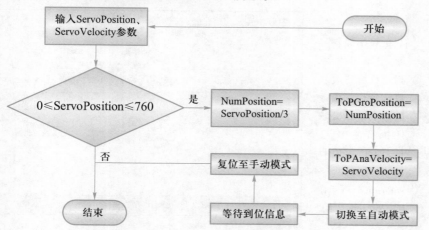

图 2-21 伺服自动运行编程流程图

3．任务实施

序号	操作步骤	示意图
1	新建例行程序 FSlide，程序类型选择"程序"，单击"参数"栏的"…"，为程序加载运动参数	
2	添加目标位置参数 ServoPosition 以及运动速度参数 ServoVelocity，数据类型为 num，模式均为输入型（In），单击"确定"	
3	在程序编辑界面，添加 IF 指令，判定目标位置在滑台量程之内才能运行，编辑程序执行的 IF 条件，即输入的目标位置值 ServoPosition 要在 0～760 mm 之间	

续表

序号	操作步骤	示意图
4	输入的目标位置值对 3 做商，将结果赋值给中间变量 NumPosition 将速度参数赋值给模拟量输出信号 ToPAnaVelocity，将位置参数赋值给组输出信号 ToPGroPosition，然后置位伺服运动模式信号，执行该语句后，滑台将开始自动运行	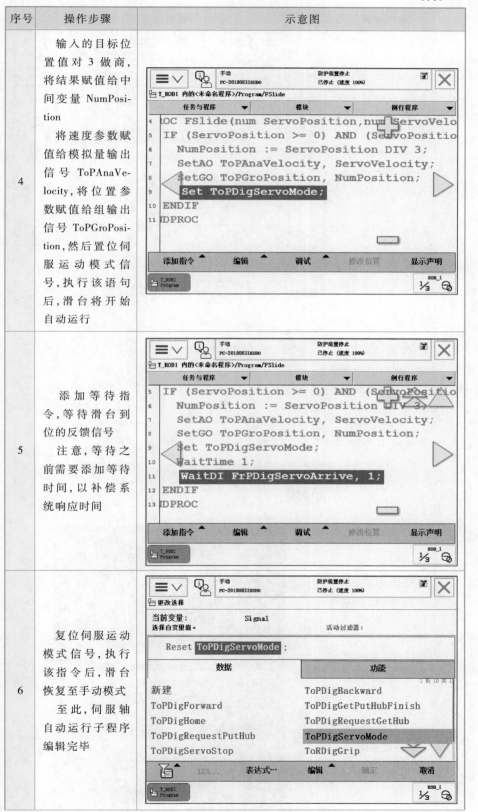
5	添加等待指令，等待滑台到位的反馈信号 注意，等待之前需要添加等待时间，以补偿系统响应时间	
6	复位伺服运动模式信号，执行该指令后，滑台恢复至手动模式 至此，伺服轴自动运行子程序编辑完毕	

示意图 内容（图4）：

```
手动                防护装置停止
PC-20180831KUDO    己停止（速度 100%）
T_ROB1 内的<未命名程序>/Program/FSlide
任务与程序    ▼    模块    ▼    例行程序    ▼
4  ROC FSlide(num ServoPosition,num ServoVelo
5  IF (ServoPosition >= 0) AND (ServoPositio
6    NumPosition := ServoPosition DIV 3;
7    SetAO ToPAnaVelocity, ServoVelocity;
8    SetGO ToPGroPosition, NumPosition;
9    Set ToPDigServoMode;
10 ENDIF
11 IDPROC
添加指令    编辑    调试    修改位置    显示声明
T_ROB1
Program                                    ROB_1
                                           1/3
```

示意图 内容（图5）：

```
手动                防护装置停止
PC-20180831KUDO    己停止（速度 100%）
T_ROB1 内的<未命名程序>/Program/FSlide
任务与程序    ▼    模块    ▼    例行程序    ▼
5  IF (ServoPosition >= 0) AND (ServoPositio
6    NumPosition := ServoPosition DIV 3;
7    SetAO ToPAnaVelocity, ServoVelocity;
8    SetGO ToPGroPosition, NumPosition;
9    Set ToPDigServoMode;
10   WaitTime 1;
11   WaitDI FrPDigServoArrive, 1;
12 ENDIF
13 IDPROC
添加指令    编辑    调试    修改位置    显示声明
T_ROB1
Program                                    ROB_1
                                           1/3
```

示意图 内容（图6）：

```
手动                防护装置停止
PC-20180831KUDO    己停止（速度 100%）
更改选择
当前变量：        Signal
选择自变量值。                    活动过滤器：
Reset ToPDigServoMode :
数据                          功能
                                    1 到 10 共 1
新建                  ToPDigBackward
ToPDigForward        ToPDigGetPutHubFinish
ToPDigHome           ToPDigRequestGetHub
ToPDigRequestPutHub  ToPDigServoMode
ToPDigServoStop      ToRDigGrip
123.    表达式…    编辑    确定    取消
T_ROB1
Program                                    ROB_1
                                           1/3
```

续表

序号	操作步骤	示意图
7	在编制主程序时,先编辑伺服轴回原点语句,并等待回原点完成	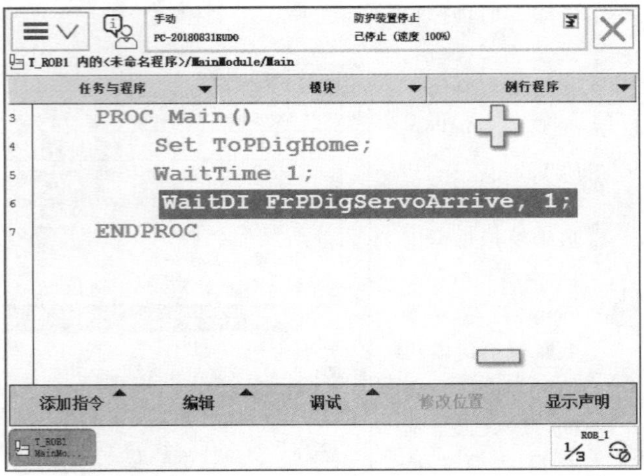
8	利用 ProcCall 指令调用子程序 FSlide,位置参数为 600,速度为 20,完成子程序的编制	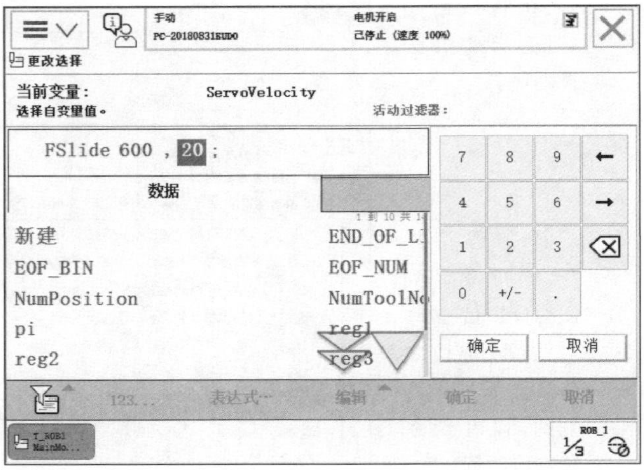
9	单击调试,按下使能键,将指针移至程序首行,单击程序执行按钮,运行主程序,观察滑台的运动情况,特别注意滑台是否到达指定位置,如右下图所示	 

2.2.7　任务操作——利用执行单元取放工具

1. 任务内容

如图 2-22 所示，对执行单元的工业机器人进行编程，以实现工业机器人拾取工具、返回安全姿态、控制工具动作、放回工具这一过程，具体内容如下：

① 模块化编程，根据选取工具不同自动执行对不同工具的操作。

② 将端面/侧面打磨工具、轮辐夹爪工具、轮毂夹爪工具以及吸盘工具分别进行取放，并操作工具动作。

2. 任务分析

① 由于需要对多个工具进行取放，可以采用带参数的程序结构，声明一个代表不同工具号的变量 NumToolNo，实现对不同工具识别判定。

② 机器人取放工具的位置各不相同，可以使用一维数组存储机器人取放不同工具时的点位数据。取放工具程序流程如图 2-23 所示。

图 2-22　机器人末端工具

视频
取放工具及工具动作

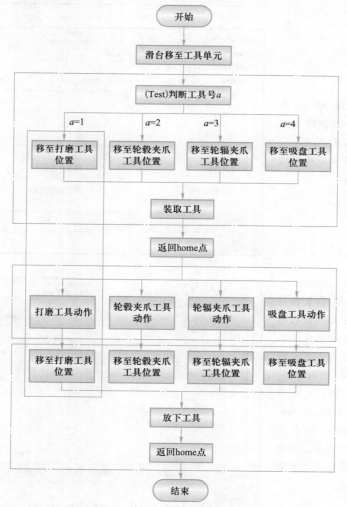

图 2-23　取放工具程序流程

3. 任务实施

序号	操作步骤	示意图
	一、新建取工具子程序 PGetTool 与放工具子程序 PPutTool	
1	在点位程序模块 PointData 中,新建一维点位数组 ToolPosition [4],1 ~ 4 分别存储图 2 – 22 所包含的 4 种工具的点位	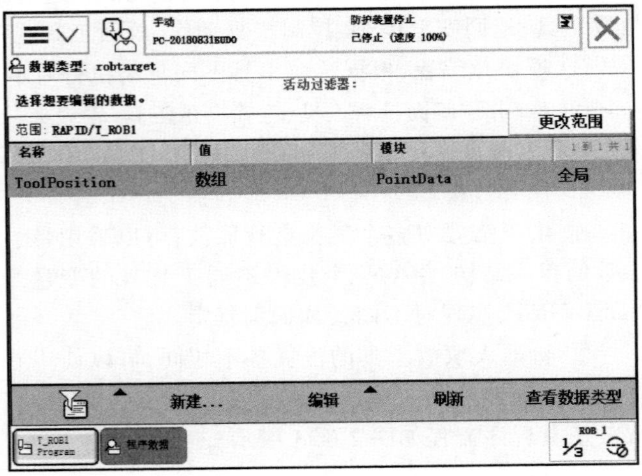
2	参考任务 2.2.6,新建参数化程序 PGetTool,参数 a 对应工具编号	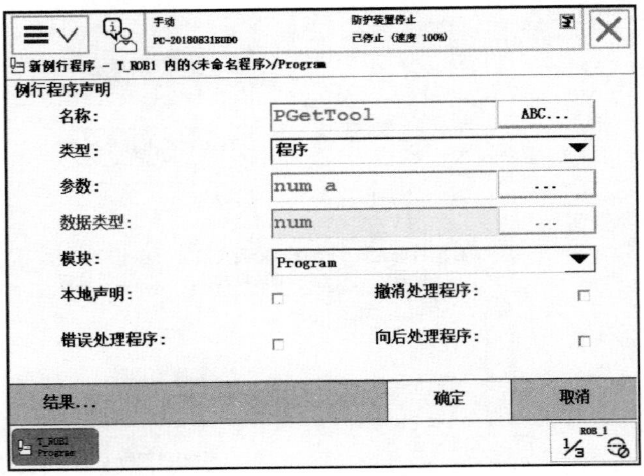
3	利用位置偏移指令 offs,使机器人末端移至工具装取点上方一段距离,图示为 30 mm,置位快换信号 ToRDigQuick-Change,保证装取工具前,快换接头处于可装取状态	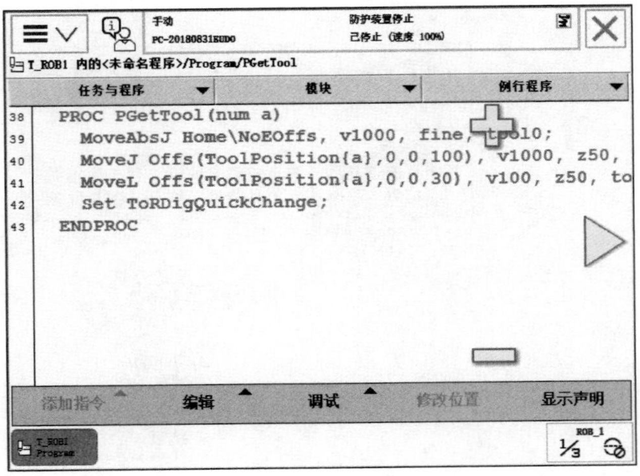

续表

序号	操作步骤	示意图
	一、新建取工具子程序 PGetTool 与放工具子程序 PPutTool	
4	利用 MoveL 指令，将机器人末端精确移至对应工具装取点位，等待稳定后，复位快换信号，安装工具完成。再次利用 offs 指令，沿 Z 轴正方向偏移一段距离，将工具抬起	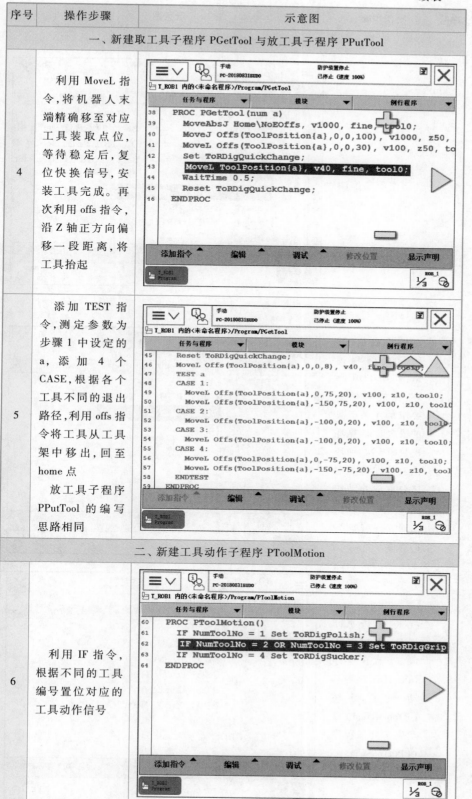
5	添加 TEST 指令，测定参数为步骤 1 中设定的 a，添加 4 个 CASE，根据各个工具不同的退出路径，利用 offs 指令将工具从工具架中移出，回至 home 点　放工具子程序 PPutTool 的编写思路相同	
	二、新建工具动作子程序 PToolMotion	
6	利用 IF 指令，根据不同的工具编号置位对应的工具动作信号	

续表

序号	操作步骤	示意图

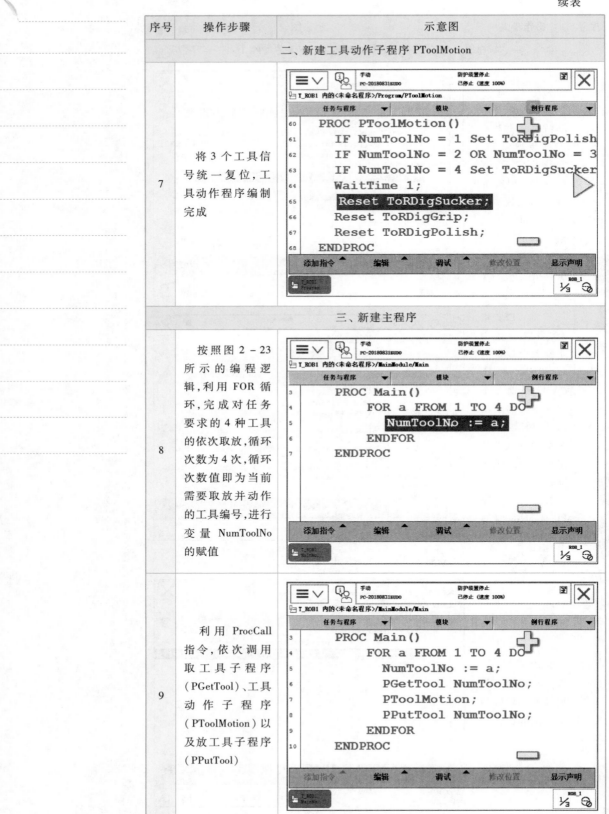

二、新建工具动作子程序 PToolMotion

7 | 将 3 个工具信号统一复位,工具动作程序编制完成

三、新建主程序

8 | 按照图 2-23 所示的编程逻辑,利用 FOR 循环,完成对任务要求的 4 种工具的依次取放,循环次数为 4 次,循环次数值即为当前需要取放并动作的工具编号,进行变量 NumToolNo 的赋值

9 | 利用 ProcCall 指令,依次调用取工具子程序(PGetTool)、工具动作子程序(PToolMotion)以及放工具子程序(PPutTool)

知识测评

1. 选择题

（　　　）是一种基于 CAN（Controller Area Network）技术的开放型、符合全球工业标准的低成本、高性能的现场总线协议标准。

A. RS485 通信 　　　　　　B. ProfiNet 通信

C. DeviceNet 通信 　　　　D. Modbus 通信

2. 填空题

（1）按照控制系统是否闭环，可将伺服系统分为三类：＿＿＿＿＿＿＿＿＿、半闭环伺服控制系统和＿＿＿＿＿＿＿＿＿＿＿。

（2）远程 I/O 模块由两部分组成，即＿＿＿＿＿＿＿＿和 I/O 端子。其中 I/O 端子模块分为数字量输入模块、＿＿＿＿＿＿＿＿＿、＿＿＿＿＿＿＿＿＿和＿＿＿＿＿＿＿＿＿＿＿。

3. 判断题

（1）为保证任务安全实施，各个单元组合完毕后只需通过连接板固连即可。（　　　）

（2）在组态轴运动工艺参数时，对于扩展参数中电动机脉冲数与负载位移的比值设置，不仅与硬件设备的传动比有关，而且与伺服驱动器中的电子齿数比也有关。（　　　）

4. 简答题

简述在机器人对伺服轴自动编程的过程中，为什么要将传递的位置参数进行压缩（除 3）处理？

项目三　仓储单元的集成调试与应用

学习任务

- 3.1 基于工业网络的分布式 I/O 通信应用
- 3.2 仓储单元智能化改造

学习目标

■ 知识目标

- 了解 ProfiNet 网络结构
- 熟知 ProfiNet 的基本通信方式
- 了解远程 I/O 模块的 ProfiNet 通信控制的系统结构
- 熟悉仓储单元与机器人之间的通信关系
- 熟悉取料以及放料工艺
- 熟悉顺序调整的策略

■ 技能目标

- 掌握 GSD 文件的安装方法
- 掌握 PLC 与远程 I/O 模块的组态方法
- 熟练掌握仓储单元取料放料流程的编程方法
- 掌握轮毂顺序调整的方法

■ 素养目标

- 具有协同合作的团队精神
- 具有动手、动脑和勇于创新的积极性
- 具有严谨求实、认真负责、踏实敬业的工作态度

思维导图

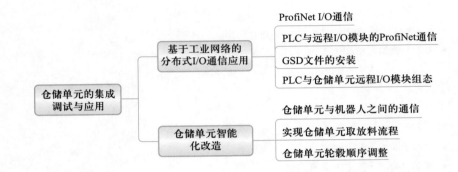

任务 3.1　基于工业网络的分布式 I/O 通信应用

3.1.1　ProfiNet I/O 通信

ProfiNet 是由 PROFIBUS 国际组织(PROFIBUS International, PI)推出的基于工业以太网技术的自动化总线标准。ProfiNet 为自动化通信领域提供了一个完整的网络解决方案,包括实时通信、分布式现场设备、运动控制、分布式自动化、网络安装、IT 标准与信息安全、故障安全和过程自动化 8 个当前自动化领域的内容。

1. 以太网、工业以太网及 ProfiNet 的区别

以太网是一种基带局域网规范,是当前应用最普遍的局域网技术,以太网不是一种具体的网络,而是一种技术规范。该技术规范主要定义了在局域网(LAN)中采用的电缆类型和信号处理方法等内容。工业以太网则通常是指应用于工业控制领域的以太网技术,由于其主要面向工业生产控制,因此工业以太网对数据的实时性、确定性、可靠性等有着极高的要求。

简而言之,如图 3-1 所示,以太网是一种局域网规范,工业以太网是应用于工业控制领域的以太网技术,ProfiNet 是一种在工业以太网上运行的实时技术规范。

2. ProfiNet 结构

基于以太网技术的网络拓扑有多种形式,ProfiNet 支持线形(总线型)、星形、树形、环形和混合型网络拓扑形式。

图 3-1　以太网、工业以太网与 ProfiNet

(1) 线形(总线型)

所有通信设备连接在一个线形拓扑结构上。在 ProfiNet 中,线形拓扑结构通过已集成在 ProfiNet 设备中的交换机来实现。因此,ProfiNet 中的线形拓扑结构仅仅是树形或星形拓扑结构的一种特殊形式。

如果一个连接元件(例如交换机)发生故障,则通过该故障连接元件建立的通信无法再进行下去,然后网络被分成 2 个子区段。线形拓扑结构需要的接线工作量最少。

(2) 星形

如果将通信设备连接到具有两个以上 ProfiNet 端口的交换机,将会自动创建星形网络拓扑结构。与其他结构不同,星形结构中的单个 ProfiNet 设备发生故障不会自动导致整个网络发生故障。仅当交换机发生故障时部分通信网络才会发生故障。

(3) 树形

如果将若干星形结构互连,则可获得树形网络拓扑结构。一个交换机可以作为一个星形网络的分配器,交换机基于地址进行信息路由,实现相互间的通信。使用树形网络,可以把复杂的系统分割成独立的几个部分。如图 3-2

PPT

ProfiNet I/O
通信

拓展阅读

"海斗一号"
无人潜水器
跨入万米科
考应用新阶段

所示,即为 ProfiNet 树形网络拓扑结构。由于树形网络局部的数据通信可以限制在单一的星形网络内,所以整个网络的传输能力强,数据安全性高,网络层次清晰,可靠性也很高。

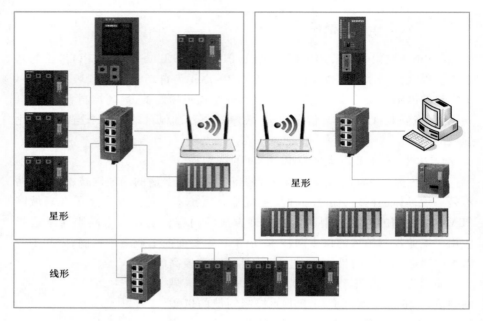

图 3-2　ProfiNet 树形网络拓扑结构

（4）环形

如图 3-3 所示,环形网络拓扑结构具有冗余功能,环形网络所传输的信息按照固定的方向,从一个站点传递到下一个站点,所以需要一种特殊机制保证环中至少有一个网络组件在逻辑上,仍然将环当做一条总线,这种网络组件就是具有冗余管理器的交换机。当网络出现断点时,在一定时间内冗余管理器可以重新配置网络,使数据通信方向改变。

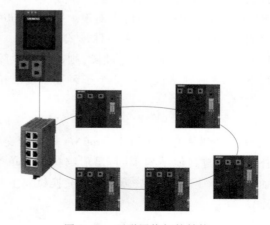

图 3-3　环形网络拓扑结构

3. ProfiNet I/O 系统基本组件

作为 ProfiNet 的一部分,ProfiNet I/O 是用于实现模块化、分布式应用的通信概念。传感器、执行机构等装置通过 I/O 设备(IO - Device)连接到网络中，通过多个节点的并行数据传输可更有效地使用网络。ProfiNet I/O 以交换式以太网全双工操作和 100 Mbit/s 带宽为基础。

如图 3 - 4 所示，ProfiNet I/O 系统分为 I/O 控制器、I/O 设备和 I/O 监控器，各组件的具体说明见表 3 - 1。

ProfiNet I/O 控制器指用于对连接的 I/O 设备进行寻址的设备。这意味着 I/O 控制器将与相应的现场 I/O 设备交换输入和输出信号。I/O 控制器通常是运行自动化程序的控制器。

ProfiNet I/O 设备指 I/O 控制器支配的分布式现场设备(例如远程 I/O、阀终端、变频器和交换机)，主要作用为连接现场分散的检测装置、执行机构；传递现场采集的各类数据，传递执行机构的控制指令。单个 I/O 设备只能分配给一个确定的 I/O 控制器。

ProfiNet I/O 监控器指用于调试和诊断的 PG(编程设备)、PC 或 HMI 设备。

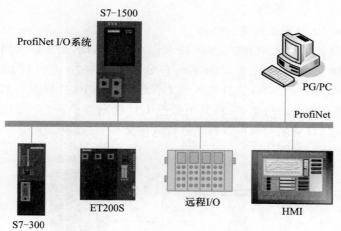

图 3 - 4　ProfiNet I/O 系统示例

表 3 - 1　组 件 说 明

图中设备	对应 ProfiNet 组件	说明
S7 - 1500	I/O 控制器	用于对连接的 I/O 设备进行寻址的设备，I/O 控制器与现场设备交换输入、输出信号
S7 - 300	下层 I/O 控制器	二级控制器
PG/PC	I/O 监控器	用于调试和诊断的 PG/PC/HMI 设备
ProfiNet	工业以太网	网络基础结构
HMI	人机界面	用于操作和监视功能的设备
ET200s	I/O 设备	分配给其中一个 I/O 控制器的分布式现场设备
远程 I/O		

另外，下层 I/O 控制器(如图 3 - 4 中的 S7 - 300)，即是上层 I/O 控制器的 I/O 设备，又作为下层 I/O 设备的 I/O 控制器。下层 I/O 控制器将采集的

数据由用户程序进行处理,并可与上层 I/O 控制器之间发送或接收数据,如图 3-5 所示。

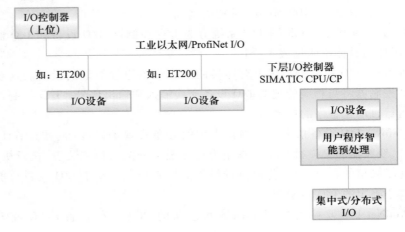

图 3 - 5   I/O 控制器层级

4. ProfiNet 在现场设备的移植

ProfiNet 使用以太网和 TCP/IP 协议作为通信基础,用于以太网设备通过面向连接和安全的传输通道在本地和分布式网络中进行数据交换。如图 3-6 所示,首先将 GSD 文件输入到工程组态软件中(过程①);然后在软件中进行网络和设备的组态,并将其下载至 I/O 控制器中(过程②);最后,I/O 控制器和现场设备之间就可以自动进行数据交换了(过程③)。

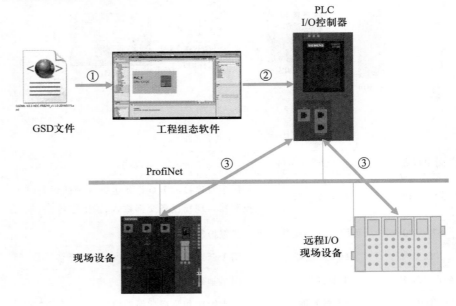

图 3 - 6   ProfiNet 在现场设备的移植

3.1.2 PLC 与远程 I/O 模块的 ProfiNet 通信

本节主要讲述西门子 S7 - 1200 PLC 如何通过工业网线与 SmartLink 的适配器(FR8210)相连,从而以 ProfiNet 总线通信的方式实现对远程 I/O 模块的输入采样和输出控制,在同一网段下实现数据的高速传送。

1. PLC 与远程 I/O 模块的 ProfiNet 通信结构

S7-1200 PLC 与各功能单元远程 I/O 通信结构如图 3-7 所示。总控单元 PLC(S7-1200 PLC)通过工业网线与 SmartLink ProfiNet 适配器相连,每个适配器下挂的 I/O 端子模块个数≤32 个,站与站之间的距离≤200 m,单局域网络理论站数可达 256 个,通信速度为 100 Mbit/s。

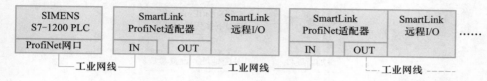

图 3-7   S7-1200 PLC 与各功能单元远程 I/O 通信结构

与任务 2.2 介绍的 DeviceNet 远程 I/O 模块类似,SmartLink ProfiNet 适配器(FR8210)也可连接各类 I/O 端子模块,如图 3-8 所示。

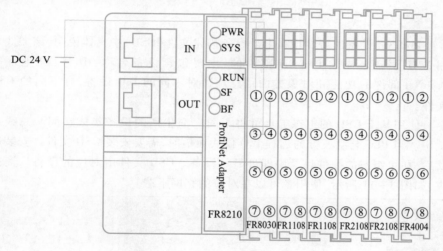

图 3-8   远程 I/O 模块

S7-1200 PLC 与 SmartLink 远程 I/O 模块之间的 ProfiNet 通信,使用的是 RT 实时通信,保证数据的高速高效传送。ProfiNet 通信数据传递示意图如图 3-9 所示。

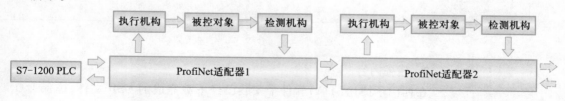

图 3-9   ProfiNet 通信数据传递示意图

2. 硬件组态

远程 I/O 模块的硬件及接线安装完毕之后,需要在西门子博途(TIA)软件中对硬件进行组态。由于非西门子的产品在 TIA 软件中并不能直接找到配置文件,应先导入 GSD 文件,才能对 SmartLink 的适配器及 I/O 进行硬件网络组态及参数设定。如图 3-10 所示,为 ProfiNet 远程 I/O 模块的硬件组态及

参数设定流程。具体 GSD 文件导入步骤以及硬件组态参见 3.1.3 节和
3.1.4 节。

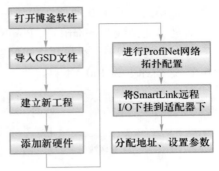

图 3-10　ProfiNet 远程 I/O 模块的硬件组态及参数设定流程

视频

GSD 文件的
安装

3.1.3　任务操作——GSD 文件的安装

1. 任务引入

ProfiNet 设备的特性均在电子设备描述文件(GSD)中具体说明,该文件是
用 XML 语言来描述 ProfiNet 部件的,主要包含设备名称、ID 号、IP 地址等
ProfiNet 部件的功能和对象方面信息。针对不同的 I/O 设备,有不同的 GSD
文件。

使用基于 GSD 的组态工具可将不同厂商生产的设备集成在同一总线系
统中。当 PLC 与第三方的远程 I/O 模块通信时,需要安装 GSD 文件。安装成
功后,在可组态的硬件目录中即可显示设备。GSD 文件由对应的设备厂商提
供,如图 3-11 所示,使用者可以在对应的官网下载。

图 3-11　GSD 文件下载

2. 任务内容

在西门子博途(TIA)软件中安装已经下载完成的 GSD 文件,确保 I/O 设
备可以在硬件目录中找到。

3. 任务实施

序号	操作步骤	示意图
1	在菜单栏的"选项"中,选择"管理通用站描述文件(GSD)(D)"	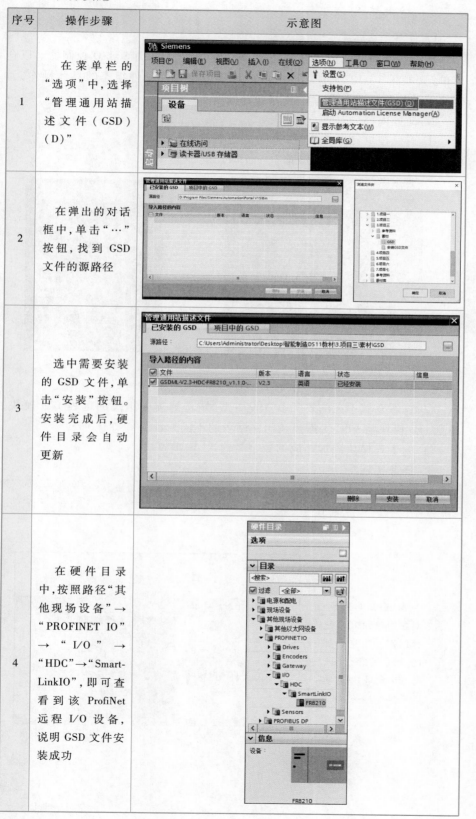
2	在弹出的对话框中,单击"…"按钮,找到 GSD 文件的源路径	
3	选中需要安装的 GSD 文件,单击"安装"按钮。安装完成后,硬件目录会自动更新	
4	在硬件目录中,按照路径"其他现场设备"→"PROFINET IO"→"I/O"→"HDC"→"SmartLinkIO",即可查看到该 ProfiNet 远程 I/O 设备,说明 GSD 文件安装成功	

3.1.4　任务操作——PLC 与仓储单元远程 I/O 模块组态

1. 任务引入

在组态远程 I/O 模块之前,需要先创建项目,即添加其 I/O 控制器。以仓储单元(如图 3-12 所示)为例,进行远程 I/O 模块硬件组态的具体操作,为仓储单元与总控单元 PLC 的信号交互做准备。

2. 任务内容

① 对总控单元 PLC_1(图 3-13)进行硬件组态。

FR8210　FR1108　　FR2108

图 3-12　仓储单元远程 I/O　　　　　图 3-13　总控单元 PLC_1

② 查看仓储单元的实际 I/O 设备型号,选择需要组态的远程 I/O 模块,注意 I/O 模块与 PLC_1 需要在同一网段的不同地址。

③ 为 I/O 模块添加相应的数字量输入、输出模块。

3. 任务实施

序号	操作步骤	示意图
1	参考 2.1.4 节,对总控单元 PLC 进行组态。注意添加的 PLC CPU 订货号、版本号应与实际产品保持一致	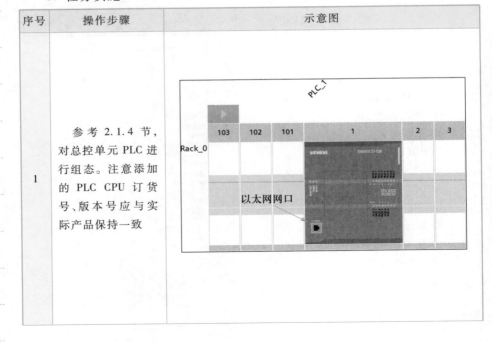

续表

序号	操作步骤	示意图
2	单击以太网网口，查看并修改 PLC 的以太网 IP 地址。为避免下载程序时出错，PLC_1 与 PLC_3（执行单元 PLC）的以太网 IP 不能重复，如：192.168.0.3	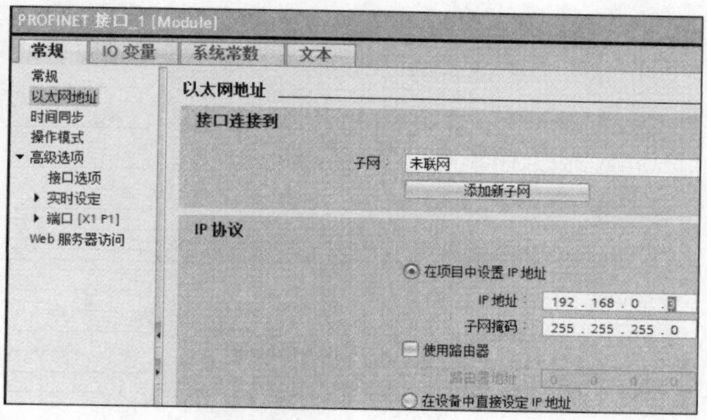
3	先将 PLC 调整至网络视图，在硬件目录中找到 Smart-Link I/O 的适配器 FR8210，将其拖拽至视图窗口	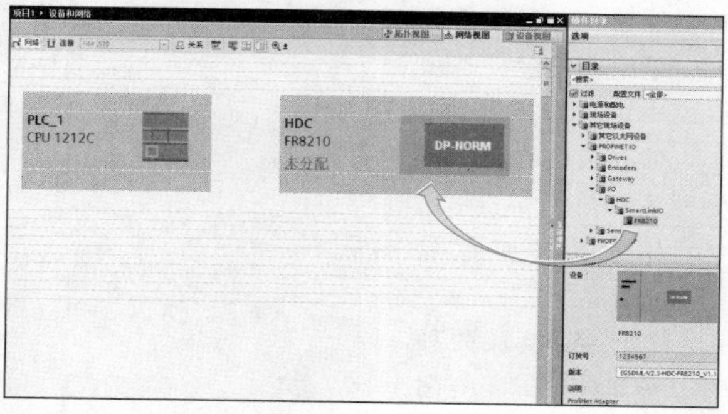
4	为标识该设备，可自定义远程 I/O 设备的组态名称，如图中将"HDC"改为"Storage"。单击"未分配"，为该 I/O 设备选择 I/O 控制器，选择 PLC_1 的 ProfiNen 的接口。连接完成后如右下图所示	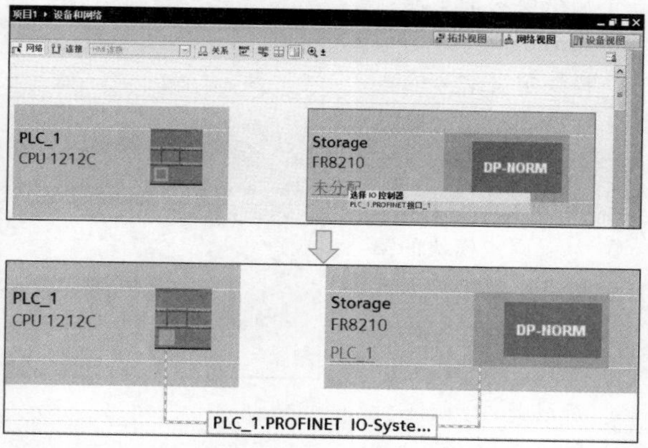

续表

序号	操作步骤	示意图
5	双击 I/O 设备的以太网网口，查看并修改以太网的 IP 地址，确保与 PLC_1 处于同一网段的不同地址，如：192.168.0.5	
6	将视图调整至设备视图，打开设备概览窗口。在硬件目录中的"模块"选项中，可用拖拽或双击的方式将数字量输入 DI 和数字量输出模块 DO 添加至"设备概览"中 注意：模块的种类和数量需要与图 3-12 所示的实际设备保持一致	
7	分别双击输入、输出模块的 I 地址和 Q 地址，为每个模块定义信号输入或信号输出的起始点位。如定义 FR1108_1 的 I 地址为 4，则该模块的第一个通道口输入点位为 I4.1，依此类推 至此，仓储单元的远程 I/O 模块组态完成	

任务 3.2　仓储单元智能化改造

3.2.1　仓储单元与机器人之间的通信

1. 功能定义

根据 1.1.2 节对仓储单元的硬件功能介绍可知,要完成具体的仓储任务,需要仓储单元的气缸(含到位检知)、物料传感器、指示灯三者互相配合。仓储单元作为一个相对独立的模块,其功能定义如下:

① 反馈当前各仓位的物料状态。

② 反馈当前各仓位托板的推出/缩回状态。

③ 接收仓位的推出/缩回信号,推出/缩回对应仓位。

2. 通信逻辑

仓储单元的直接控制者和反馈信号接收者是总控单元的 PLC_1。仓位托板的推出与缩回均由外部信号控制,在本系统中机器人作为上位机发出这些"外部信号"。由于指令发出和反馈接收的主体不同,这就需要机器人与 PLC 进行通信来保证与仓储单元之间的信息互通。

如图 3-14 所示,要推出/缩回一个仓位,机器人与仓储单元的通信关系分为以下三个过程:

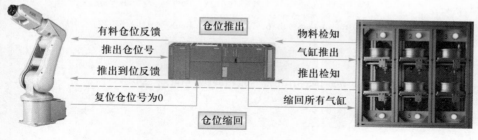

图 3-14　仓位推出/缩回的通信过程

① 检知反馈过程:料仓中的物料传感器将物料检知信号传输至 PLC,PLC 再将该信号发送至机器人。通过此过程,机器人即可得知仓储单元所有仓位的物料状态。

② 托板推出/缩回过程:机器人经过逻辑判定后,向 PLC 发送需要推出/缩回的仓位编号。PLC 自身解析该信号之后,控制对应仓位的气缸动作,使托板推出/缩回。

③ 到位反馈过程:托板推出到位后,气缸端部的磁感应开关将检知到该到位信号,并将此信号传输至 PLC,PLC 再将该信号发送至机器人。

通过以上三个过程,可形成整个通信过程的闭环,保证了逻辑的严谨以及动作时机的准确性。

3. 信号交互

机器人和 PLC 是通过远程 I/O 完成通信的。通信逻辑确定之后,即可建立实际的交互信号。

拓展阅读
来自空间的祝福

① 针对物料检知状态反馈，机器人需要同时得知每一个仓位的有无物料状态，因此反馈信号需要同时传输 6 个状态值。从 PLC 编程角度，点到点的 bool 数据（数字量信号）传输较为方便。

② 针对仓位推出/缩回动作和到位反馈，这两个信号的对象是某一个仓位的动作指令/动作执行状态，因此可以采取信号编组的形式来传输信息。

③ 从 PLC 数据传输的角度来看，信号编组位数最好为 8 个或 8 的整数倍（Byte、Word、…）。在此本着以较少 I/O 点位传输较多信息的目的，可以将"仓位推出/缩回"控制信号编组位数减少至 3 位，这 3 位输出点位编组后可传输的数值范围为 0 ~ 7，亦满足当前立体仓位的个数要求。

根据以上划分依据，将选用的远程 I/O 端口及通信关系整理如下，各交互信号的功能定义及硬件通道口见表 3 – 2。

表 3 – 2　机器人与 PLC 交互信号

机器人硬件通信设备	机器人信号	功能描述	类型	对应 PLC I/O 点	对应 PLC 硬件设备
机器人远程 I/O NO. 2 FR1108 1 ~ 6 通道口	FrPDigStorage1Hub	1 号料仓有料	Bool	Q17.0	总控单元 PLC 远程 I/O No. 6 FR2108 1 ~ 6 通道口
	FrPDigStorage2Hub	2 号料仓有料	Bool	Q17.1	
	FrPDigStorage3Hub	3 号料仓有料	Bool	Q17.2	
	FrPDigStorage4Hub	4 号料仓有料	Bool	Q17.3	
	FrPDigStorage5Hub	5 号料仓有料	Bool	Q17.4	
	FrPDigStorage6Hub	6 号料仓有料	Bool	Q17.5	
机器人远程 I/O NO. 1 FR1108 1 ~ 8 通道口	FrPGroStorageArrive	仓位推出到位	Byte	QB16	总控单元 PLC 远程 I/O No. 5 FR2108 1 ~ 8 通道口
机器人远程 I/O NO. 5 FR2108 2 ~ 4 通道口	ToPGroStroageOut	推出/缩回对应编号的仓位	Gro	I18.1 ~ I18.3	总控单元 PLC 远程 I/O No. 3 FR1108 2 ~ 4 通道口

④ 根据 3.1.4 节可知，PLC 通过分布在仓储单元的远程 I/O 模块，以点到点的形式与仓储单元的硬件进行通信，通信关系详见表 3 – 3。

表 3 – 3　PLC 与仓储单元交互信号

序号	PLC I/O 点	功能描述	对应硬件（数量）
1	I4.0 ~ I4.5	1 ~ 6 号料仓产品检知	物料传感器（6）
2	I5.0 ~ I5.5	1 ~ 6 号料仓推出检知	气缸到位传感器（6）
3	Q4.0 ~ Q4.5	1 ~ 3 号料仓指示灯	料仓指示灯（12）
4	Q5.0 ~ Q5.5	4 ~ 6 号料仓指示灯	
5	Q6.0 ~ Q6.5	推出 1 ~ 6 号仓位	气缸（6）

3.2.2　任务操作——实现仓储单元取放料流程

1. 任务引入

在了解仓储单元相关通信的基础上,通过编制对应的机器人程序和 PLC 程序,来完成仓储单元的取料流程和放料流程。图 3 – 15 所示为仓储单元的参考布局。

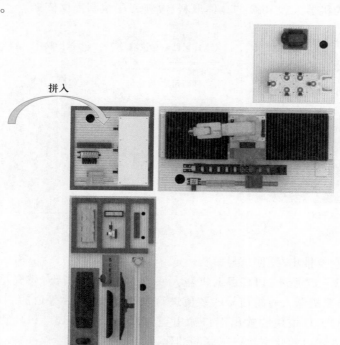

图 3 – 15　仓储单元的参考布局

2. 任务内容

仓位指示灯根据仓位内轮毂零件存储状态点亮。初始条件:仓储单元所有轮毂均为正面朝上,在这 6 个料仓中,定义 5 号仓位已被取过(不可再取),2 号仓位为空仓。在完成程序编制后,以上述初始条件为基础,执行取料流程和放料流程,来验证程序的严谨性。

(1) 取料流程

① 机器人从仓储单元将轮毂零件取出。

② 优先取出所在仓位编号较大的轮毂零件。

③ 若此轮毂零件已被取出过或料仓为空仓,则跳过此仓位。

(2) 放料流程

① 机器人将所持轮毂零件放回仓储单元。

② 放入的仓位编号为该轮毂零件取出时的仓位编号。

3. 任务分析

(1) 功能划分

如图 3 – 16 所示,为 PLC 和机器人两大控制器的具体功能分配。综合取料流程和放料流程,可以从中提炼出两者共同的工艺为①→②→④→⑤→⑥,

执行取料流程时还需要随即标记已取仓位号（③）。在执行过程中步骤①、④、⑤动作流程直接由 PLC 控制，步骤⑥的直接实施者为机器人。而对于步骤②（判断可取/放仓位）和步骤③（标记已取仓位号），既可以由 PLC 完成，也可以由机器人来完成。相比较而言，机器人对于变量的逻辑判断、标记和更改比 PLC 更为灵活，在此将步骤②和步骤③划分给机器人来完成。功能的划分方式将为机器人和 PLC 的具体取料、放料程序编制提供依据。

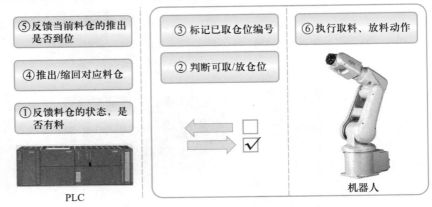

图 3 – 16　PLC – 机器人功能划分

（2）仓位推出/缩回信号解析

如图 3 – 17 所示，PLC 根据机器人发出的仓位号执行对应仓位的推出动作，这就需要机器人对组信号的数值进行解码，即转化为等值的二进制数，然后通过远程 I/O 模块的输出端口输出至 PLC 的输入端口。PLC 程序会综合这三个输入端口的状态执行不同的动作。

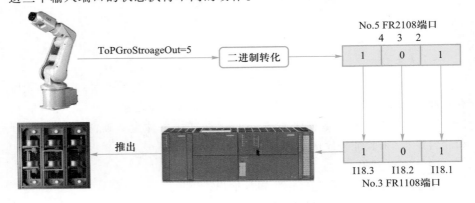

图 3 – 17　仓位推出信号解析

就像一把钥匙开启一把锁一样，当 I18.1～I18.3 呈现不同的状态时，即可开启不同的功能，以推出不同编号的仓位。按照二进制的方式将各个状态对应的仓位编号进行整理，详见表 3 – 4。

（3）整体工艺流程

作为取料、放料流程的发起者，机器人的程序架构决定整个工艺的实施时序。如图 3 – 18 所示，这里主要介绍取料和放料工艺流程，机器人在伺服滑台上的移动以及对工具的取放可参考项目二。

表 3 - 4 端口状态与仓位编号对照

机器人信号 ToPGroStroageOut	PLC 输入端口状态			推出仓位编号
	I18.3	I18.2	I18.1	
0	0	0	0	—
1	0	0	1	1
2	0	1	0	2
3	0	1	1	3
4	1	0	0	4
5	1	0	1	5
6	1	1	0	6

图 3 - 18 工艺流程

（4）数据存储

① 已取状态标记。由功能划分可以知道,机器人需要检知当前的仓储单元状态。

一方面需要找到当前可以取的料仓(非空仓且物料未被取出过)。可以为当前可取的料仓编号用一个"可变量"(如:NumStorage)记录。

另一方面是对已取料仓的记录。可以用一个一维数组(StorageMark{6})来标记已经被取过的料仓号,如图 3 - 19 所示。其中,料仓已被取过则标记为 1,未被取过状态值为 0。例如图示 2 号料仓、6 号料仓被标记为 1,即已被取过物料,在后序取料过程中会跳过这些仓位。

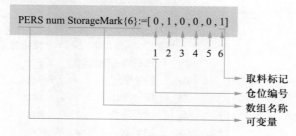

图 3 - 19 已取状态标记数组

② 料仓点位信息。为提高程序编制的灵活性,可以将仓位编号与料仓取放料的点位信息对应起来。如图 3 - 20 所示,可以用一维常量数组(Storage-HubPosition{6})来存储这些点位信息。

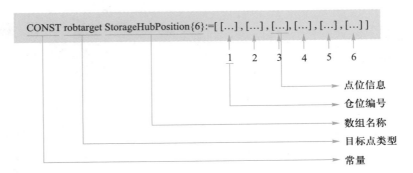

图 3 - 20 料仓点位数组

4. 任务实施

序号	操作步骤	示意图
		一、拼入仓储单元
1	参考任务 2.1.1,拼入仓储单元,完成电路、气路以及通信线缆的连接	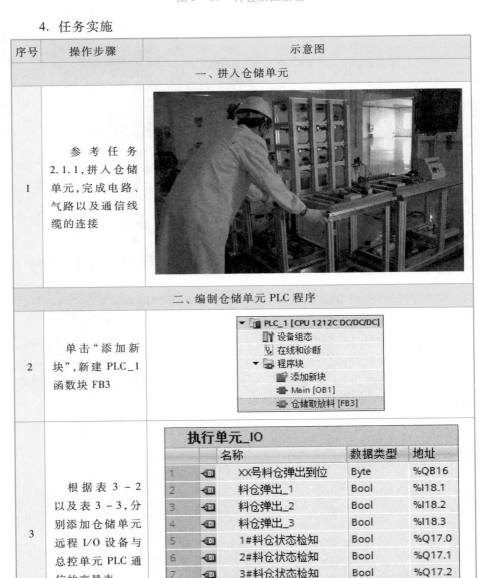
		二、编制仓储单元 PLC 程序
2	单击"添加新块",新建 PLC_1 函数块 FB3	▼ 🖥 PLC_1 [CPU 1212C DC/DC/DC] 　📋 设备组态 　🔍 在线和诊断 ▼ 🗂 程序块 　📄 添加新块 　🔲 Main [OB1] 　🔲 仓储取放料 [FB3]

		序号	名称	数据类型	地址
3	根据表 3 - 2 以及表 3 - 3,分别添加仓储单元远程 I/O 设备与总控单元 PLC 通信的变量表	**执行单元_IO**			
		1	XX号料仓弹出到位	Byte	%QB16
		2	料仓弹出_1	Bool	%I18.1
		3	料仓弹出_2	Bool	%I18.2
		4	料仓弹出_3	Bool	%I18.3
		5	1#料仓状态检知	Bool	%Q17.0
		6	2#料仓状态检知	Bool	%Q17.1
		7	3#料仓状态检知	Bool	%Q17.2
		8	4#料仓状态检知	Bool	%Q17.3
		9	5#料仓状态检知	Bool	%Q17.4
		10	6#料仓状态检知	Bool	%Q17.5

续表

序号	操作步骤	示意图
		二、编制仓储单元 PLC 程序
4	气缸推出及到位反馈：通过对 I18.1～I18.3 的信号状态的判断，决定执行的程序段，以完成对某仓位的推出/缩回控制和对机器人的信息反馈	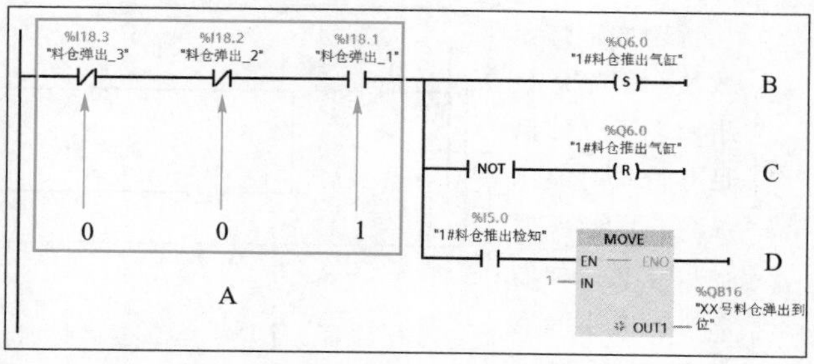 程序注释：当 I18.3、I18.2、I18.1 的状态分别为 0、0、1 时，条件 A 内所有点均为闭合状态，此时执行 B 段程序，即弹出 1 号仓位。当 A 条件满足且 1 号仓位推出到位时，I5.0 接通，PLC 会将数值"1"通过 QB16 发出，向机器人反馈料仓已到位 当 A 条件不满足，则执行 C 段程序，即缩回 1 号仓位
5	参考步骤 2，继续编制 2～6 号仓位的推出、缩回以及反馈到位程序段，触发条件如右图所示	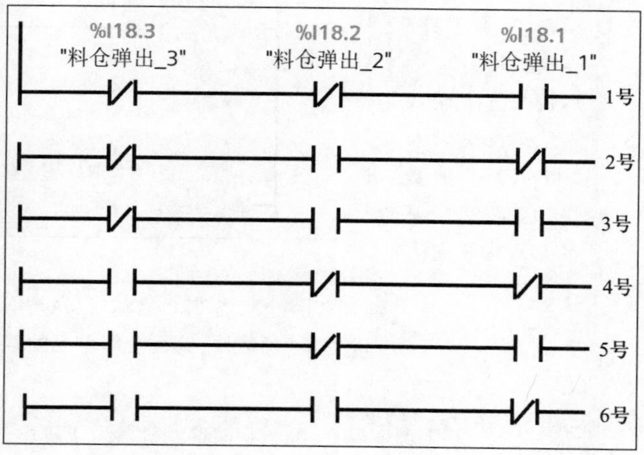
6	PLC 需将物料检知传感器的接收信号反馈给机器人，如右图所示	 程序注释：当 1 号仓位有物料时，I4.0 检测点接通，对应输出点位 Q17.0 被置位高电平，即向机器人反馈 1 号仓位有物料。其余仓位以此类推

序号	操作步骤	示意图
		二、编制仓储单元 PLC 程序
7	新建指示灯函数块，编辑仓位指示灯程序，满足有物料时显示绿色，无物料时显示红色。如右图所示为 1 号仓位指示灯程序段，其余仓位依此类推	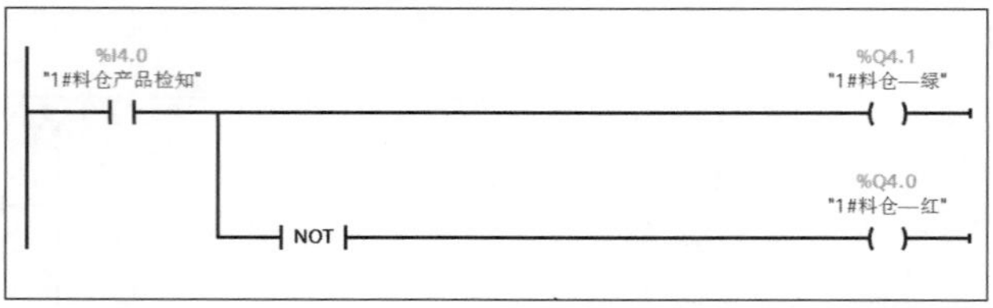 程序注释：当 1 号仓位有物料时，I4.0 检测点接通，对应输出点位 Q4.1 被置位高电平，即 1 号仓位绿色指示灯亮起；当 1 号仓位无物料时，I4.0 检测点断开，对应输出点位 Q4.0 置位高电平，即 1 号仓位红色指示灯亮起
8	新建主程序，在组织块 OB1 中调用"仓储取放料"函数块以及"指示灯"函数块，仓储单元基本 PLC 编制完成	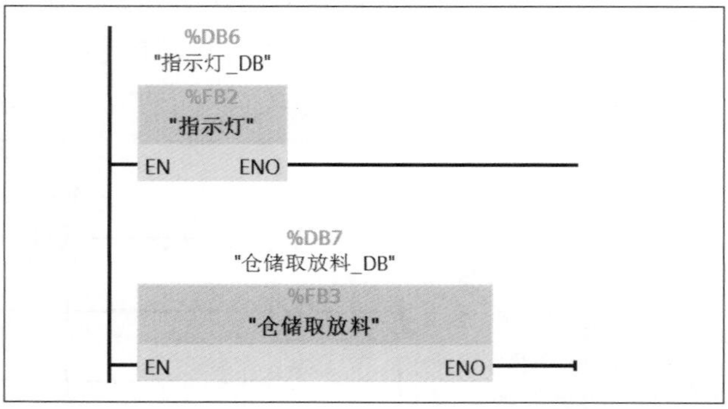 程序注释：当 PLC 启动时，执行"指示灯"函数块以及"仓储取放料"函数块，满足仓储单元的基本功能
		三、编制仓储单元机器人子程序
9	变量信号的初始化。在原初始化程序 Initialize 中将本任务新建的变量及信号均赋值为 0 或复位，其中数组的清零可以使用 WHILE 等循环语句	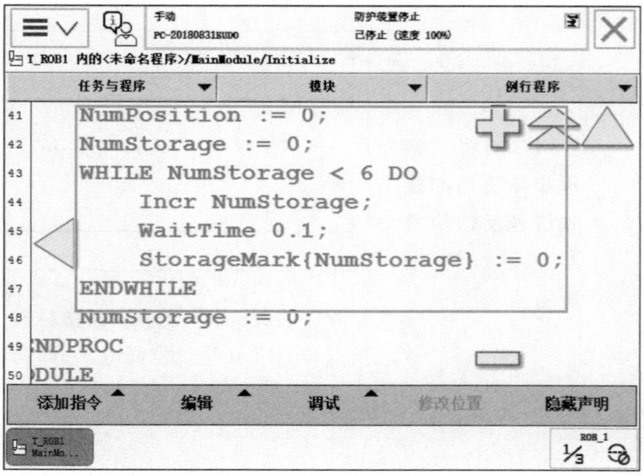

续表

序号	操作步骤	示意图
		三、编制仓储单元机器人子程序

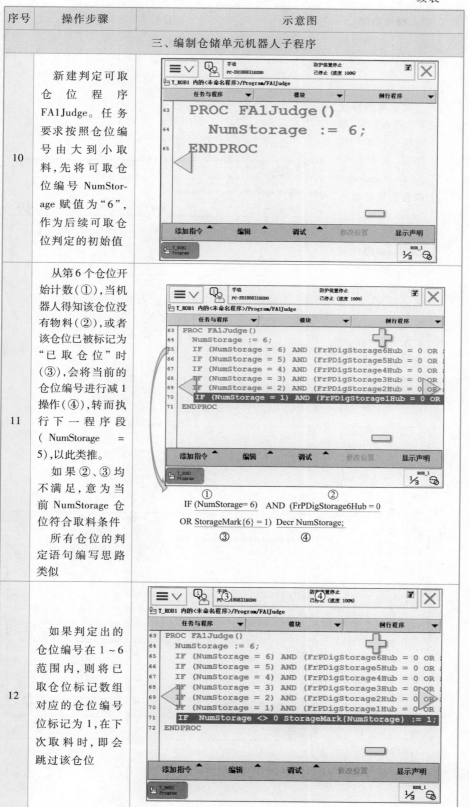

10 　新建判定可取仓位程序 FA1Judge。任务要求按照仓位编号由大到小取料,先将可取仓位编号 NumStorage 赋值为"6",作为后续可取仓位判定的初始值

11 　从第 6 个仓位开始计数(①),当机器人得知该仓位没有物料(②),或者该仓位已被标记为"已取仓位"时(③),会将当前的仓位编号进行减 1 操作(④),转而执行下一程序段(NumStorage = 5),以此类推。
　如果②、③均不满足,意为当前 NumStorage 仓位符合取料条件
　所有仓位的判定语句编写思路类似

①　　　　　②
IF (NumStorage= 6)　AND　(FrPDigStorage6Hub = 0
OR StorageMark{6} = 1) Decr NumStorage;
③　　　　　④

12 　如果判定出的仓位编号在 1~6 范围内,则将已取仓位标记数组对应的仓位编号位标记为 1,在下次取料时,即会跳过该仓位

序号	操作步骤	示意图
		三、编制仓储单元机器人子程序
13	新建取料程序 PGetHub。编制控制仓位推出程序段，将组信号 ToPGroStorageOut 赋值为仓位编号 NumStorage，该仓位编号由前序 FA1Judge 程序判定，添加等待时间补偿。若仓位到位的反馈信号 FrPGroStorageArrive 在 1～6 之间，则继续执行后续程序段	 手动　PC-20180831EUDO　　防护装置停止　已停止（速度 100%） OB1 内的〈未命名程序〉/Program/PGetHub 任务与程序 ▼　　模块 ▼　　例行程序 PROC PGetHub() 　MoveAbsJ HomeLeft\NoEOffs, v1000, z50, tool0; 　SetGO ToPGroStorageOut, NumStorage; 　WaitTime 1; 　WaitUntil FrPGroStorageArrive > 0 AND FrPGroStorageArrive < 7; ENDPROC
14	利用 Offs（移动偏移）指令完成对取料仓位点位的逼近。根据已推出仓位编号 FrPGroStorageArrive 可调用仓位点位数组中对应的点位信息 在机器人到位前，先确认夹爪处于打开状态，即复位信号 ToRDigGrip，到位后，置位该信号，执行取料动作	 手动　PC-20180831EUDO　　防护装置停止　已停止（速度 100%） T_ROB1 内的〈未命名程序〉/Program/PGetHub 任务与程序 ▼　　模块 ▼　　例行程序 ▼ 73　PROC PGetHub() 74　　MoveAbsJ HomeLeft\NoEOffs, v1000, z50, tool0; 75　　SetGO ToPGroStorageOut, NumStorage; 76　　WaitTime 1; 77　　WaitUntil FrPGroStorageArrive > 0 AND FrPGroStorageArrive < 7; 78　　MoveJ Offs(StorageHubPosition{FrPGroStorageArrive},0,-150,35), v400, 79　　MoveL Offs(StorageHubPosition{FrPGroStorageArrive},0,0,35), v100, z10 80　　Reset ToRDigGrip; 81　　MoveL StorageHubPosition{FrPGroStorageArrive}, v50, fine, tool0; 82　　WaitTime 0.5; 83　　Set ToRDigGrip; 84　ENDPROC 添加指令　编辑　调试　修改位置　显示声明 T_ROB1 Program　　　　　　1/3

续表

序号	操作步骤	示意图
三、编制仓储单元机器人子程序		
15	再次利用 Offs（移动偏移）指令使机器人以一定路径退出推出仓位的抓取点位，机器人携轮毂零件移动至 Home 点位置。对组信号 ToPGroStorageOut 复位为 0，缩回料仓	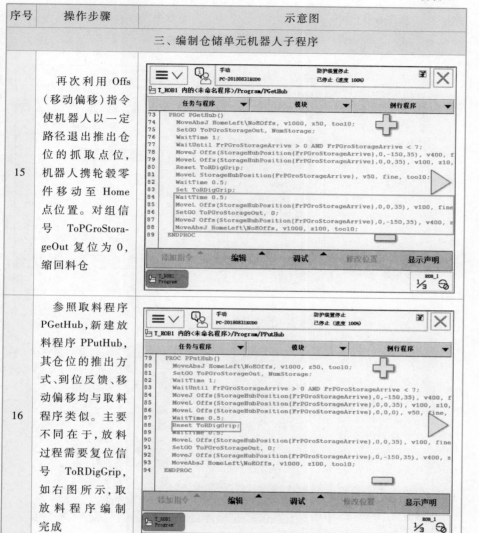
16	参照取料程序 PGetHub，新建放料程序 PPutHub，其仓位的推出方式、到位反馈、移动偏移均与取料程序类似。主要不同在于，放料过程需要复位信号 ToRDigGrip，如右图所示，取放料程序编制完成	
四、编制仓储单元机器人主程序		
17	考虑到仓位状态的不同，主程序的编制可以采用循环语句（如 WHILE）对所有仓位进行判定，按照图 3 - 18，利用 ProCall 指令，编写主程序结构如右图所示	

步骤 15 示意图内容：

```
PROC PGetHub()
    MoveAbsJ HomeLeft\NoEOffs, v1000, z50, tool0;
    SetGO ToPGroStorageOut, NumStorage;
    WaitTime 1;
    WaitUntil FrPGroStorageArrive > 0 AND FrPGroStorageArrive < 7;
    MoveJ Offs(StorageHubPosition{FrPGroStorageArrive},0,-150,35), v400, f
    MoveL Offs(StorageHubPosition{FrPGroStorageArrive},0,0,35), v100, z10,
    Reset ToRDigGrip;
    MoveL StorageHubPosition{FrPGroStorageArrive}, v50, fine, tool0;
    WaitTime 0.5;
    Set ToRDigGrip;
    WaitTime 0.5;
    MoveL Offs(StorageHubPosition{FrPGroStorageArrive},0,0,35), v100, fine
    SetGO ToPGroStorageOut, 0;
    MoveJ Offs(StorageHubPosition{FrPGroStorageArrive},0,-150,35), v400, z
    MoveAbsJ HomeLeft\NoEOffs, v1000, z100, tool0;
ENDPROC
```

步骤 16 示意图内容：

```
PROC PPutHub()
    MoveAbsJ HomeLeft\NoEOffs, v1000, z50, tool0;
    SetGO ToPGroStorageOut, NumStorage;
    WaitTime 1;
    WaitUntil FrPGroStorageArrive > 0 AND FrPGroStorageArrive < 7;
    MoveJ Offs(StorageHubPosition{FrPGroStorageArrive},0,-150,35), v400, f
    MoveL Offs(StorageHubPosition{FrPGroStorageArrive},0,0,35), v100, z10,
    MoveL Offs(StorageHubPosition{FrPGroStorageArrive},0,0,0), v50, fine,
    WaitTime 0.5;
    Reset ToRDigGrip;
    WaitTime 0.5;
    MoveL Offs(StorageHubPosition{FrPGroStorageArrive},0,0,35), v100, fine
    SetGO ToPGroStorageOut, 0;
    MoveJ Offs(StorageHubPosition{FrPGroStorageArrive},0,-150,35), v400, z
    MoveAbsJ HomeLeft\NoEOffs, v1000, z100, tool0;
ENDPROC
```

步骤 17 示意图内容：

```
PROC Main()
    Initialize;
    NumToolNo := 3;
    PGetTool NumToolNo;
    FSlide 720, 15;
    i:=1;
    WHILE <EXP> DO
        <SMT>
    ENDWHILE
    FSlide 0, 15;
    PPutTool NumToolNo;
```

续表

序号	操作步骤	示意图
\multicolumn{3}{四、编制仓储单元机器人主程序}
18	编制循环语句,进行可取仓位的判定,并执行取料和放料过程。注意,判定出的可取仓位编号如果为 0,则不执行取料和放料过程 至此,机器人程序编制完成	手动 PC-20180831SUDO 防护装置停止 己停止(速度 100%) T_ROB1 内的<未命名程序>/MainModule/Main 任务与程序 ▼ 模块 ▼ 例行程序 ▼ 8 i:=1; 9 WHILE i<7 DO 10 FA1Judge; 11 IF NumStorage <> 0 THEN 12 PGetHub; 13 WaitTime 2; 14 PPutHub; 15 ENDIF 16 i := i+1; 17 ENDWHILE 18 FSlide 0, 15; 添加指令 编辑 调试 修改位置 显示声明 T_ROB1 MainMo... ROB_1 1/3
\multicolumn{3}{五、取料与放料程序调试}
19	运行机器人及 PLC 程序,观察机器人及仓储单元的具体执行动作,如果对 2 号空仓位以及 5 号已取仓位都跳过,并且其他仓位由大到小分别进行取放料,则程序无误	

3.2.3 任务操作——仓储单元轮毂顺序调整

1. 任务引入

如何快速找到物料的存放点是评价一个仓储单元存储性能的重要准则。在此可以对物料信息和仓位信息的映射关系进行明确,以提升仓储单元的效率。具体方法可以将每个轮毂进行编号,然后按照轮毂编号与仓位编号之间的对应关系进行现有轮毂的所在仓位位置的调整。在进行轮毂顺序调整时,涉及取放某一仓位物料程序的编制可参考任务 3.2.2。

2. 任务内容

如图 3-21 所示,在已经明确各仓位中轮毂编号的基础上,对仓储单元中随机放入的 4 个轮毂零件进行调整,要求轮毂编号与仓位编号保持一致。初始放入的轮毂编号信息及对应的仓位编号见表 3-5。在完成程序编制后,以上述初始条件为基础,检查调整后的轮毂所在仓位情况,来验证程序的严谨性。

(a) 调整前　　　　　　　　(b) 调整后

图 3 – 21　轮毂顺序调整

表 3 – 5　仓位轮毂信息

仓位编号	1	2	3	4	5	6
初始存放轮毂编号	4	6	2	空	1	空
调整后应存放轮毂编号	1	2	空	4	空	6

3. 任务分析

（1）数据传输

①轮毂编号标识数组。添加一个一维数组来标识某仓位存放轮毂所对应的轮毂编号，该数组需要在程序运行之初，根据题目中的初始条件来设定。如图 3 – 22 所示，其意为 1 号仓位轮毂的编号为 4,6 号仓位无轮毂（编号为 0），依此类推。

② 顺序调整标识数组。机器人需要标识当前仓位编号与轮毂编号已经相等的仓位，以避免在后续调整顺序时重复调整。可以借助一维数组 Storage-Mark{6}（新建于任务 3.2.2,后称仓位标识数组）来标识当前轮毂所在仓位编号是否已经与轮毂编号一致。如图 3 – 23 所示，意为 1 号、3 号仓位的编号与其中的轮毂编号一致，其余仓位则不一致或仓位中无轮毂存放。

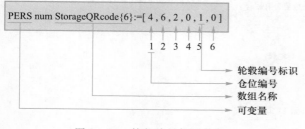

图 3 – 22　轮毂编号标识数组

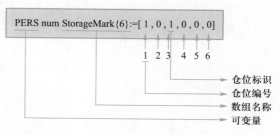

图 3 – 23　仓位标识数组

③ 变量换位。针对需要进行顺序调整的两个仓位（活动仓位和目标仓位）的轮毂，我们提供一种换位策略，如图 3 – 24 所示。轮毂顺序的调整需要选择一个空仓位来作为暂存仓位，轮毂编号标识数组中数据的刷新也需要一个可变量暂存。在此需要新建两个变量，如 num 型变量 EmptyStorage,用来记录空仓位编号;num 型变量 NumCode,用来暂存轮毂编号。

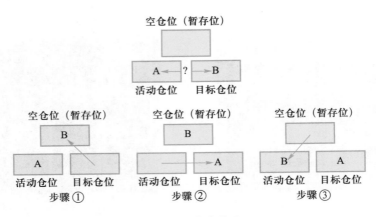

图 3 - 24 换位策略

（2）编程逻辑

实施顺序调整的流程图如图 3 - 25 所示,为后续机器人 Rapid 编程提供逻辑依据。

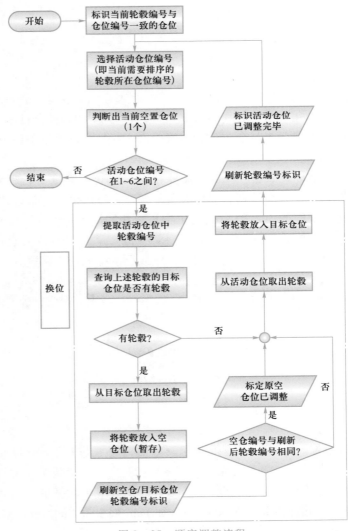

图 3 - 25 顺序调整流程

（3）程序参数化

本任务也需要取料与放料流程。与任务 3.2.2 不同的是,要推出的仓位编号,可能是活动仓位编号,可能是目标仓位编号,也可能是空仓位编号。

为满足上述要求,我们需要将原取料程序 PGetHub 和原放料程序 PPutHub（任务 3.2.2 编制）做参数化处理,输入参数为取放料仓位编号。参数化之后的取料程序 PGetHubSort 与放料程序 PPutHubSort 如图 3 – 26 所示,为增加取放料程序的灵活性,在程序内部可调用滑台移动程序 FSlide（任务 2.2.6 编制）。

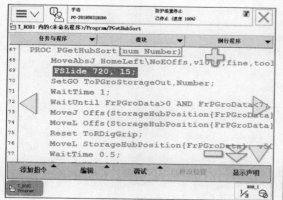

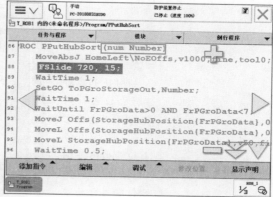

(a) 取料程序　　　　　　　　　　　　　(b) 放料程序

图 3 – 26　程序参数化

4. 任务实施

序号	操作步骤	示意图
1	人为将初始仓储单元的轮毂编号按照表 3 – 5 所示信息输入轮毂编号标识数组 StorageQRcode {6} 中	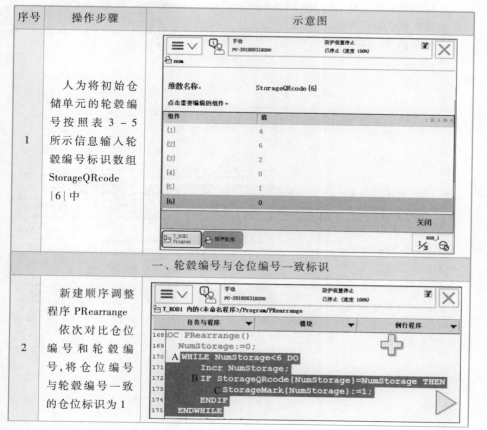
	一、轮毂编号与仓位编号一致标识	
2	新建顺序调整程序 PRearrange 依次对比仓位编号和轮毂编号,将仓位编号与轮毂编号一致的仓位标识为 1	

续表

序号	操作步骤	示意图
		二、选定待调整仓位
3	活动仓位的选定需要满足两个条件：1. 仓位有料；2. 仓位顺序调整标记未被标识为1 利用 IF 指令对1号仓位进行判定，当①（仓位无轮毂）或②（仓位有轮毂但已被标识）条件满足时，仓位编号自动增至2号，依此类推至6号仓位 当①和②条件均不满足时，则活动仓位编号为当前的 NumStorage 值	 ① IF (NumStorage = 1 AND FrPDigStorage1Hub = 0) OR (FrPDigStorage1Hub = 1 AND StorageMark{NumStorage}= 1) ② Incr NumStorage;
4	利用 IF 指令和 GOTO 指令，完成程序结束的跳转，即当判断出的活动仓位编号大于6时，表示此时所有轮毂编号已与仓位编号一致相等	

续表

序号	操作步骤	示意图
		三、变量值提取
5	新建空仓位判定子程序 FEmptyStorage，如右图所示，当 6 号仓位的检知信号为 0 时，即判定 6 号仓位为空仓位，变量 EmptyStorage 值赋为 6（程序段 D）。依此类推，变量 EmptyStorage 总为当前空仓中编号较小的仓位	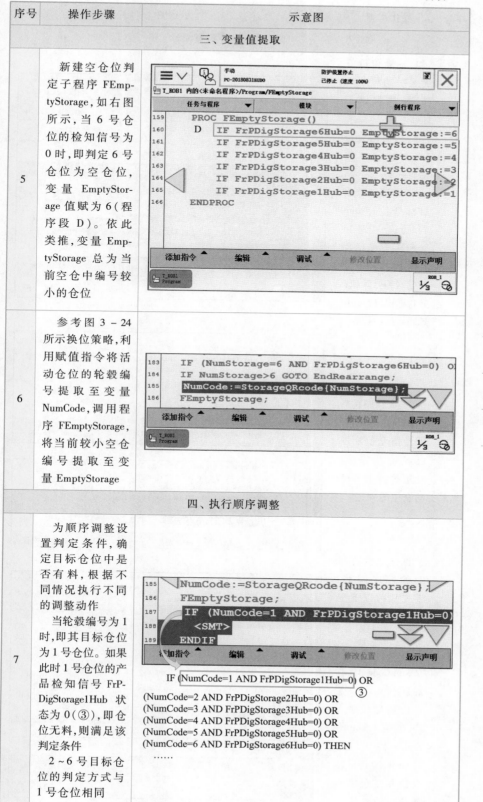
6	参考图 3-24 所示换位策略，利用赋值指令将活动仓位的轮毂编号提取至变量 NumCode，调用程序 FEmptyStorage，将当前较小空仓编号提取至变量 EmptyStorage	
		四、执行顺序调整
7	为顺序调整设置判定条件，确定目标仓位中是否有料，根据不同情况执行不同的调整动作 当轮毂编号为 1 时，即其目标仓位为 1 号仓位。如果此时 1 号仓位的产品检知信号 FrPDigStorage1Hub 状态为 0（③），即仓位无料，则满足该判定条件 2～6 号目标仓位的判定方式与 1 号仓位相同	

说明图片内容：

序号 5 示意图（示教器界面）：

```
手动                防护装置停止
PC-20180831SUDO     已停止（速度 100%）

T_ROB1 内的<未命名程序>/Program/FEmptyStorage

任务与程序 ▼    模块 ▼    例行程序 ▼

159      PROC FEmptyStorage()
160    D    IF FrPDigStorage6Hub=0 EmptyStorage:=6
161         IF FrPDigStorage5Hub=0 EmptyStorage:=5
162         IF FrPDigStorage4Hub=0 EmptyStorage:=4
163         IF FrPDigStorage3Hub=0 EmptyStorage:=3
164         IF FrPDigStorage2Hub=0 EmptyStorage:=2
165         IF FrPDigStorage1Hub=0 EmptyStorage:=1
166      ENDPROC

添加指令 ▲    编辑 ▲    调试 ▲    修改位置    显示声明

T_ROB1
Program                                      1/3  ROB_1
```

序号 6 示意图：

```
183      IF (NumStorage=6 AND FrPDigStorage6Hub=0) O
184      IF NumStorage>6 GOTO EndRearrange;
185      NumCode:=StorageQRcode{NumStorage};
186      FEmptyStorage;

添加指令 ▲    编辑 ▲    调试 ▲    修改位置    显示声明

T_ROB1
Program                                      1/3  ROB_1
```

序号 7 示意图：

```
185      NumCode:=StorageQRcode{NumStorage};
186      FEmptyStorage;
187      IF (NumCode=1 AND FrPDigStorage1Hub=0)
188      <SMT>
189      ENDIF

添加指令 ▲    编辑 ▲    调试 ▲    修改位置    显示声明
```

IF (NumCode=1 AND FrPDigStorage1Hub=0) OR ③
(NumCode=2 AND FrPDigStorage2Hub=0) OR
(NumCode=3 AND FrPDigStorage3Hub=0) OR
(NumCode=4 AND FrPDigStorage4Hub=0) OR
(NumCode=5 AND FrPDigStorage5Hub=0) OR
(NumCode=6 AND FrPDigStorage6Hub=0) THEN
　　……

续表

序号	操作步骤	示意图

四、执行顺序调整

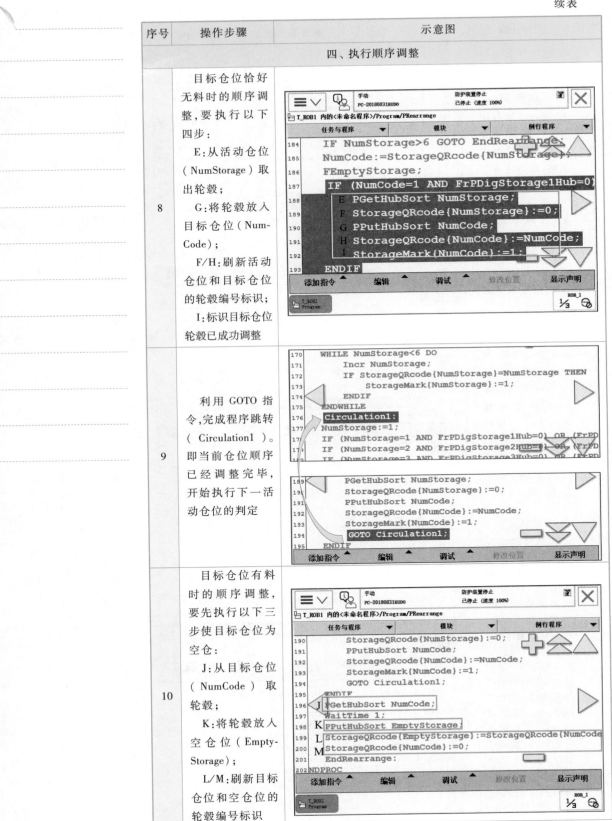

| 8 | 目标仓位恰好无料时的顺序调整,要执行以下四步:
E:从活动仓位(NumStorage)取出轮毂;
G:将轮毂放入目标仓位(Num-Code);
F/H:刷新活动仓位和目标仓位的轮毂编号标识;
I:标识目标仓位轮毂已成功调整 | |

```
184    IF NumStorage>6 GOTO EndRearrange;
185    NumCode:=StorageQRcode{NumStorage};
186    FEmptyStorage;
187    IF (NumCode=1 AND FrPDigStorage1Hub=0)
188 E    PGetHubSort NumStorage;
189 F    StorageQRcode{NumStorage}:=0;
190 G    PPutHubSort NumCode;
191 H    StorageQRcode{NumCode}:=NumCode;
192 I    StorageMark{NumCode}:=1;
193    ENDIF
```

| 9 | 利用 GOTO 指令,完成程序跳转(Circulation1)。即当前仓位顺序已经调整完毕,开始执行下一活动仓位的判定 | |

```
170    WHILE NumStorage<6 DO
171        Incr NumStorage;
172        IF StorageQRcode{NumStorage}=NumStorage THEN
173            StorageMark{NumStorage}:=1;
174        ENDIF
175    ENDWHILE
176    Circulation1:
177    NumStorage:=1;
178    IF (NumStorage=1 AND FrPDigStorage1Hub=0) OR (FrPD
179    IF (NumStorage=2 AND FrPDigStorage2Hub=0) OR (FrPD
180    IF (NumStorage=3 AND FrPDigStorage3Hub=0) OR (FrPD
189        PGetHubSort NumStorage;
190        StorageQRcode{NumStorage}:=0;
191        PPutHubSort NumCode;
192        StorageQRcode{NumCode}:=NumCode;
193        StorageMark{NumCode}:=1;
194        GOTO Circulation1;
195    ENDIF
```

| 10 | 目标仓位有料时的顺序调整,要先执行以下三步使目标仓位为空仓:
J:从目标仓位(NumCode)取轮毂;
K:将轮毂放入空仓位(Empty-Storage);
L/M:刷新目标仓位和空仓位的轮毂编号标识 | |

```
190        StorageQRcode{NumStorage}:=0;
191        PPutHubSort NumCode;
192        StorageQRcode{NumCode}:=NumCode;
193        StorageMark{NumCode}:=1;
194        GOTO Circulation1;
195    ENDIF
196 J    PGetHubSort NumCode;
197    WaitTime 1;
198 K    PPutHubSort EmptyStorage;
199 L    StorageQRcode{EmptyStorage}:=StorageQRcode{NumCode
200 M    StorageQRcode{NumCode}:=0;
201    EndRearrange:
202 ENDPROC
```

续表

序号	操作步骤	示意图
		四、执行顺序调整
11	刷新空仓位的轮毂号标识之后,空仓被放入原目标仓位的轮毂。为提高调整效率,将进行空仓调整标识的判定。如右图所示,若此时空仓中的轮毂编号恰好等于空仓编号(④),将视为该空仓中轮毂顺序调整完毕(⑤)	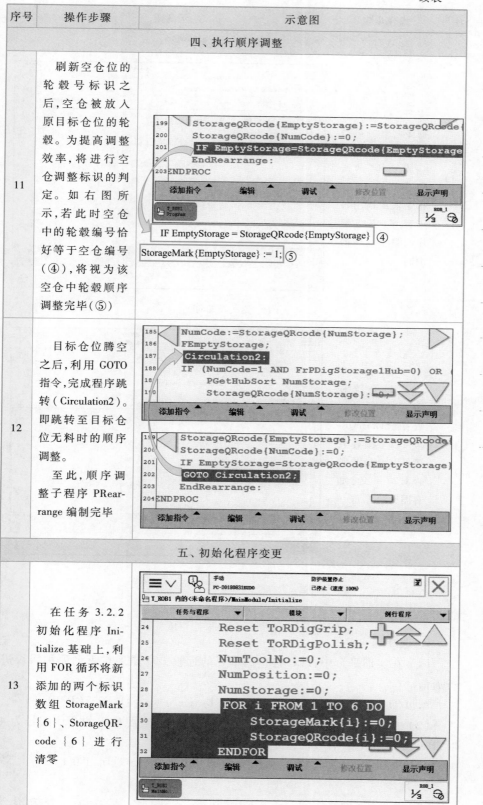
12	目标仓位腾空之后,利用 GOTO 指令,完成程序跳转(Circulation2)。即跳转至目标仓位无料时的顺序调整。 　至此,顺序调整子程序 PRearrange 编制完毕	
		五、初始化程序变更
13	在任务 3.2.2 初始化程序 Initialize 基础上,利用 FOR 循环将新添加的两个标识数组 StorageMark{6}、StorageQRcode {6} 进行清零	

续表

序号	操作步骤	示意图
		六、主程序编制
14	如右图所示,按照"初始化→顺序调整→机器人回至滑台原点→放工具"的流程,通过 ProcCall 指令依次调用各子程序,完成顺序调整主程序的编制	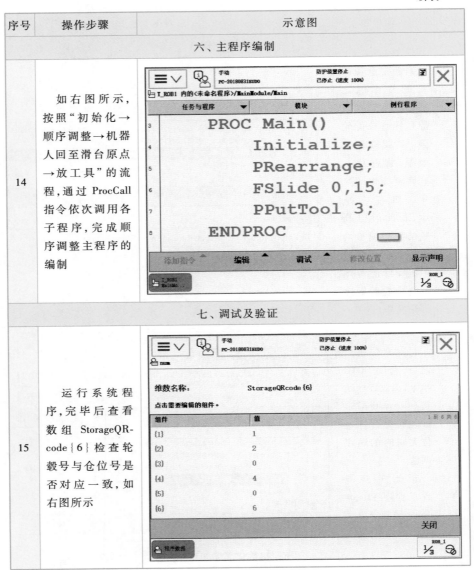
		七、调试及验证
15	运行系统程序,完毕后查看数组 StorageQRcode{6}检查轮毂号与仓位号是否对应一致,如右图所示	

知识测评

1. 选择题

(1) 在实训平台中,PLC 与仓储单元的远程 I/O 是通过下列哪种协议进行通信。（　　）

A. I/O　　　　B. ProfiNet　　　　C. DeviceNet　　　　D. TCP/IP

(2) 按照任务 3.2.2 对仓位推出信号的解析,当要推出的仓位编号为 4 时,I18.3 ~ I18.1 的信号状态分别是(　　)。

A. 0 1 0　　　B. 0 1 1　　　C. 1 0 0　　　　D. 1 0 1

2. 填空题

(1) ProfiNet 网络支持_____、树形、_____、_____和混合

型网络拓扑结构。

（2）ProfiNet I/O 分为_____、I/O 设备、_____ 3 类组件。

（3）ProfiNet 的基本通信方式包括 TCP/IP、_____、

_____。

3. 判断题

（1）下层 I/O 控制器可直接处理下层 I/O 设备的信号，无需将数据上传至上层 I/O 管理器。（   ）

（2）只要进行 I/O 模块的组态，就需要下载并安装 GSD 文件。（   ）

（3）进行远程 I/O 设备组态时，I/O 模块的 IP 地址不能与其对应分配的 PLC 处于同一地址。（   ）

4. 简答题

（1）以太网、工业以太网和 ProfiNet 有什么区别？

（2）仓储单元顺序调整时，轮毂的换位策略是什么？如何刷新轮毂编号？

项目四　检测单元的集成调试与应用

学习任务

- 4.1 视觉检测系统的工作原理及通信设置
- 4.2 视觉检测系统的成像调节及流程编制
- 4.3 触发视觉检测及结果回传
- 4.4 检测单元智能化改造

学习目标

■ 知识目标

- 了解视觉检测系统的工作原理
- 了解机器人与视觉系统的基本通信方式
- 熟悉套接字的使用方法
- 了解视觉检测回传结果的结构
- 熟悉冒泡排序方法，了解其他各类排序方法

■ 技能目标

- 熟练调节视觉检测的成像
- 掌握视觉检测流程的编辑方法
- 熟练设置机器人与视觉系统的通信方式
- 掌握机器人与视觉系统的通信程序
- 掌握轮毂状态检测的程序编制技巧
- 掌握排序方法在实际物料排序中的使用方法

■ 素养目标

- 增强安全观念
- 具有探索精神和求知能力
- 具有严谨求实、认真负责、踏实敬业的工作态度

思维导图

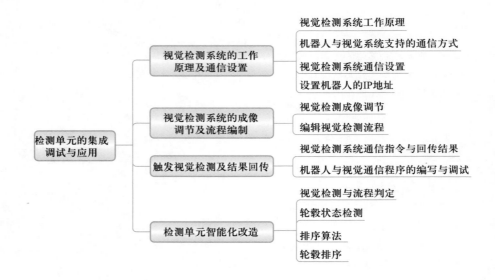

任务 4.1　视觉检测系统的工作原理及通信设置

4.1.1　视觉检测系统工作原理

　　按照现在人类科学的理解,人类视觉系统的感受部分是视网膜,它是一个三维采样系统。如图 4 - 1(a)所示,三维物体的可见部分通过晶状体投影到视网膜上,大脑按照投影到视网膜上的二维图像来对该物体进行三维理解,并作出思维判断或肢体动作指令。所谓三维理解是指对被观察物件的形状、尺寸、离开观察点的距离、质地和运动特征(方向和速度)等的理解。

　　如图 4 - 1(b)所示为一个典型的机器视觉系统的图像采集部分。机器视觉与人类的视觉环境相似,包括:光源、镜头、相机等,机器视觉是利用光电成像系统采集被控目标的图像,经计算机或专用的图像处理模块进行数字处理,根据图像的像素分布、亮度和颜色等信息,进行尺寸、形状、颜色等的识别。如此就把计算机的快速性、可重复性,与人眼视觉的高度智能化和抽象能力相结合,大大提高了生产的柔性和自动化程度。

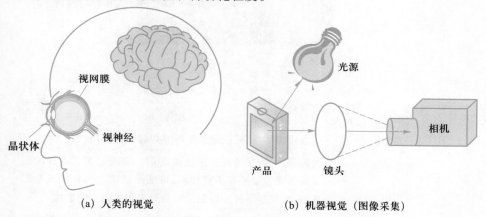

(a) 人类的视觉　　　　　　　(b) 机器视觉 (图像采集)

图 4 - 1　视觉

　　从组成结构来看,典型的机器视觉系统可分为两大类:PC 式(板卡式)机器视觉系统和嵌入式机器视觉系统(也称"智能相机""视觉传感器")。两者基本性能对比见表 4 - 1。

表 4 - 1　机器视觉系统性能对比

性能	PC 式	嵌入式
可靠性	有限	较好
体积	较大	微小型,结构紧凑
网络通信	有限	较好
设计灵活性	很好	有限
功能	可扩展	有限
软件	需要编程	无须编程

1. PC 式机器视觉系统

如图 4 – 2 所示,PC 式机器视觉系统是一种基于计算机(一般为工业 PC)的视觉系统,一般由光源、光学镜头、CCD 或 CMOS 相机、图像采集卡、传感器、图像处理软件、控制单元以及一台 PC 构成。此类系统一般尺寸较大,结构较为复杂,但可以实现理想的检测精度及速度。各部分组件的主要功能见表 4 – 2。平台的检测单元搭建的便是 PC 式机器视觉系统。

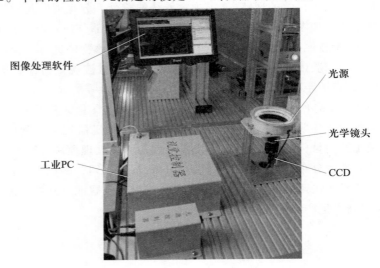

图 4 – 2　PC 式机器视觉系统

表 4 – 2　PC 式机器视觉系统各组件功能

序号	组件	功能
1	光源	辅助成像器件,对成像质量的好坏起关键作用
2	光学镜头	成像器件,通常的视觉系统都是由一套或者多套这样的成像系统组成。如果有多路相机,可能由图像卡切换来获取图像数据,也可能由同步控制同时获取多相机通道的数据
3	相机	
4	图像采集卡	通常以插入板卡的形式安装在 PC 中,其主要功能是把相机输出的图像输送给计算机主机。它将来自相机的模拟或数字信号转换成一定格式的图像数据流,同时它可以控制相机的一些参数,比如触发信号,曝光时间,快门速度等
5	传感器	通常以光纤开关、接近开关等形式出现,用以判断被测对象的位置和状态,告知图像传感器进行正确的采集
6	图像处理软件	机器视觉软件用来完成输入的图像数据的处理,然后通过一定的运算得出结果,这个输出的结果可能是 PASS/FAIL 信号、坐标位置、字符串等
7	控制单元	包含 I/O 通信、运动控制、电平转化单元等功能。一旦机器视觉软件完成图像分析(除非仅用于监控),紧接着就需要和外部单元进行通信以完成对生产过程的控制
8	PC	计算机是一个 PC 式机器视觉系统的核心,在这里完成图像数据的处理和绝大部分的控制逻辑

以上 PC 式机器视觉系统的各组件,在实际的应用中针对不同的检测任务可有不同程度的增加或删减。例如平台中检测单元检测功能的触发由机器人来控制,在构建视觉系统时不需要传感器组件。

2. 嵌入式机器视觉系统

图 4 – 3　智能相机

如图 4 – 3 所示,"智能相机"并不是一台简单的相机,而是一种高度集成化的微小型机器视觉系统。它将图像的采集、处理与通信功能集成于单一相机内,从而提供了具有多功能、模块化、高可靠性、易于实现的机器视觉解决方案。智能相机一般由图像采集单元、图像处理单元、通信装置等构成,各部分组件的主要功能见表 4 – 3。

表 4 – 3　嵌入式机器视觉系统各组件功能

序号	组件	功能
1	图像采集单元	图像采集单元相当于普通意义上的 CCD/CMOS 相机和图像采集卡,它将光学图像转换为模拟/数字图像,并输出至图像处理单元
2	图像处理单元	图像处理单元可对图像采集单元的图像数据进行实时的存储,并在图像处理软件的支持下进行图像处理
3	图像处理软件	图像处理软件主要在图像处理单元硬件环境的支持下,完成图像处理功能,如几何边缘的提取、Blob(斑点检测)、灰度直方图、OCV/OVR(字符识别)、简单的定位和搜索等。在智能相机中,以上算法都封装成固定的模块,用户可直接应用而无须编程
4	通信装置	通信装置是智能相机的重要组成部分,主要完成控制信息、图像数据的通信任务。智能相机一般均内置以太网通信装置,支持多种标准网络和总线协议,还支持标准 I/O 通信和串口通信,从而使多台智能相机构成更大的机器视觉系统

4.1.2　机器人与视觉系统支持的通信方式

机器人与视觉系统的通信设置

在机器人和视觉控制器(PC)之间按照图 4 – 4 所示方式进行通信。

A 过程:视觉控制器在收到机器人等外部装置的命令后,响应接收到的命令,并反馈通信连接/切换场景等命令是否完成的信息。

B 过程:如果要输出数据,图像处理软件中定义的测量流程中必须有"输出单元"(可配置多个)。测量后的数据将通过输出单元和通信模块输出。

C 过程:输出测量数据的时间不是结束测量时,而是在执行输出单元时。当机器人接收到来自多个输出单元的输出数据时,可以使用数据的同步交换功能。此时测量数据不会直接输出到外部(机器人),而是在通信模块中处于输出等待状态,直至收到来自外部的数据输出请求(C.1),然后视觉控制发出数据输出结束信号(C.2),进行数据输出(C.3)。关闭同步交换功能后,可直接进行数据输出(C.3)。

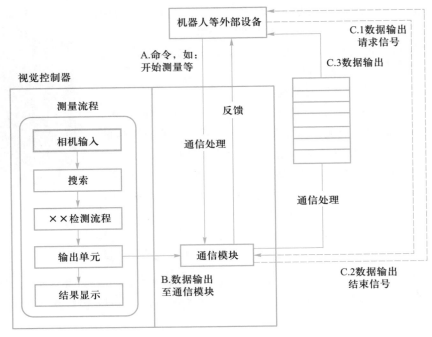

图 4-4   视觉通信原理

利用机器人、PC 等外部装置,可通过支持的通信协议来控制视觉控制器。检测单元使用的视觉系统可以实现并行通信、PLC LINK、EtherNet/IP、Ether-CAT、无协议等通信方式。本项目案例中采取的通信方式为无协议方式。

4.1.3 任务操作——视觉检测系统通信设置

1. 任务内容

在视觉软件中设置视觉系统控制器的通信方式、IP 地址和输入/输出端口号,具体参数要求见表 4-4,为视觉系统与机器人之间的通信做准备。

表 4-4   视觉控制器通信设置要求

通信方式	无协议(TCP)
IP 地址	192. 168. 0. 200
输入/输出端口号	2000

2. 任务实施

序号	操作步骤	示意图
1	选择"工具"→"系统设置"命令,进入系统设置界面	

视频

视觉检测系统
通信设置

续表

序号	操作步骤	示意图
2	在系统设置界面,单击"通信模块"选项卡,将"串行(以太网)"设置为"无协议(TCP)",并单击"适用"按钮	
3	选择"功能"菜单,先执行"保存"命令,保存当前的设定;然后选择"系统重启"命令,使通信模块的设置生效	
4	选择"工具"→"系统设置"命令,再次进入系统设置界面。单击"以太网(无协议TCP)"进入其设置界面 更改视觉控制系统的 IP 地址,保证与机器人处于同一网段的不同地址,然后修改输入/输出端口号为 2000,完成后单击"适用"按钮 选择"功能"→"保存"命令,通信设置完毕	

4.1.4 任务操作——设置机器人的 IP 地址

1. 任务内容

在示教器中查看并修改机器人的 IP 地址,为视觉系统与机器人之间的通信做准备。注意,机器人与视觉控制器的 IP 地址需要在同一网段的不同地址,如:192.168.0.201。同时注意对所使用的机器人网口的选择。

2. 任务实施

序号	操作步骤	示意图
1	在机器人的"控制面板"中单击"配置",进入参数配置界面。然后单击"主题",并选择 Communication,选择"IP Setting"→"添加"命令,进入 IP 设置界面	
2	双击 IP 值,输入 IP 地址"192.168.0.201";更改网口为广域网"WAN";将标签改为"CCD",备注该 IP 地址用于和视觉系统进行通信,重启完成设置 注意:如果使用局域网 LAN,则机器人与外部设备的连接是通过局域网口进行通信的	

视频

设置机器人的 IP 地址

任务 4.2 视觉检测系统的成像调节及流程编制

4.2.1 任务操作——视觉检测成像调节

1. 任务引入

拍摄被测物体关键部位的特征以得到高质量的光学图像,是图像采集的首要任务。视觉检测之前要确认成像清晰度、大小、位置等是否符合检测要求,可以通过调节光源亮度、镜头焦距、物距以及光圈的大小,使成像的轮廓更加清晰,显示更加明亮。

2. 任务内容

① 参考图 4-5 所示布局,拼入检测单元。

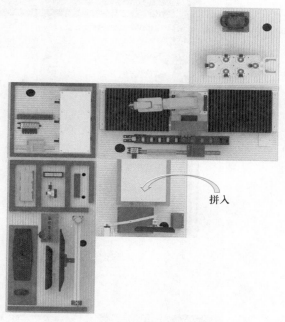

拼入

图 4-5 拼入检测单元

② 使用工业机器人夹持轮毂零件确定检测点位,将图 4-6 所示较为模糊的轮毂成像,调节为清晰显示轮毂二维码区域、轮毂视觉检测区域 1、视觉检测区域 2 的成像。

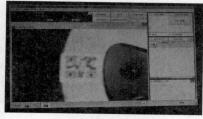
(a) 初始二维码成像

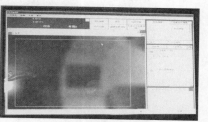
(b) 初始标签成像

图 4-6 待调节成像

③ 存储检测点位至检测点位变量一维数组 VisualTestPoint｛3｝中。其中第 1 位存储二维码检测点位,第 2、3 位分别存储视觉检测区域 1 和区域 2 的点位数据。

3. 任务实施

序号	操作步骤	示意图
1	单击显示窗口的状态显示按钮"■",将相机图像显示模式改为动态显示	
2	将零件移动至相机上方,使二维码检测区域成像尽可能地处于显示器中部,大小如右图所示为宜,初步确定二维码区域视觉检测点位	

续表

序号	操作步骤	示意图
3	旋转光源控制器旋钮,调节光源亮度	
4	松开图示锁定螺钉,旋转镜头外圈调整镜头焦距,使图像显示清晰 如果在调节过程中始终无法得到合格的成像,则检测点位处于镜头焦距范围之外,需调整检测点位位置直至得到满意成像	 
5	松开图示锁定螺钉,旋转镜头光圈,调整显示进光量和景深,使图像局部特征显示更加清晰	 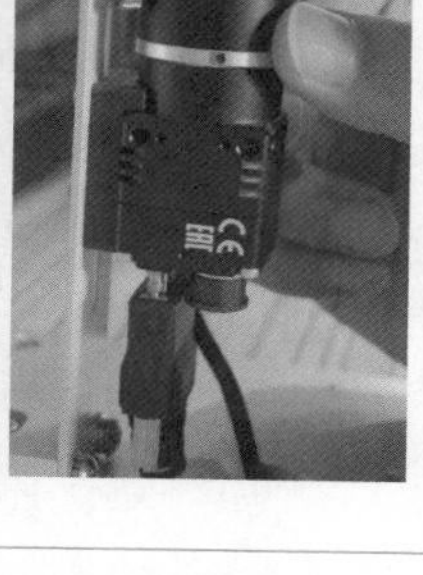

序号	操作步骤	示意图
6	新建数组 Visu- alTestPoint｛3｝，记录确定的二维码检测点位数据	
7	保持光源及相机的设置不变，通过调整机器人位姿，使视觉检测区域 1 和区域 2 的标签可以清晰成像。参照步骤 6 记录点位信息	

4.2.2　任务操作——编辑视觉检测流程

1. 任务引入

平台的加工对象为轮毂，有二维码和标签两类检测区域。标签颜色的状态以及二维码的数值决定着产品加工的流程走向，需要为两类检测区域分别编辑具体的检测流程。流程编辑的前提是被测产品成像符合检测条件。

2. 任务内容

在视觉检测软件中，分别为轮毂的二维码数值和标签颜色分配不同的场景组和场景，具体见表 4-5，从而编辑检测流程。注意检测结果的输出方式。本任务要求二维码的输出结果为检测字符；检测绿色标签判定为"OK"，输出结果为"0009"（此输出要求为方便后续任务编程，详见 4.3.2 节）；检测红色标签判定为"NG"，输出结果为"0007"。在流程编辑时均可设定输出结果的大小和位数。

PPT

视觉检测模板
设置

视频

视觉检测模板
设置

表 4 – 5　检测场景分配

检测项目	场景组	场景
标签颜色	1	0
二维码数值	1	1

3. 任务实施

序号	操作步骤	示意图
		一、编辑标签颜色检测流程
1	利用机器人将轮毂零件移动至视觉检测区域 1 的检测点位	
2	单击"场景切换"按钮,将场景组切换为场景组 1"1. Scene group 1",场景切换为场景 0"0. Scene 0",单击"确定"按钮	
3	单击"流程编辑"按钮,在流程编辑界面插入"标签"和"串行数据输出"	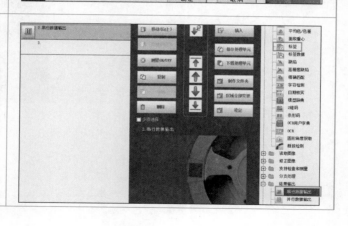

续表

序号	操作步骤	示意图
		一、编辑标签颜色检测流程
4	单击"标签"图标,进入其设置界面。单击"区域设定"按钮,使用长方形工具为标签选择合适的测量区域 注意:该区域要给标签的位置误差留足够的余量	
5	单击"颜色指定"按钮,选中"自动设定"复选框,然后框选标签的颜色区域,点击"确定",指定被测标签的颜色	
6	单击"测量参数"按钮,设定标签的测量项目 以"面积"分类方法为例,抽取条件选"面积"一项。单击"测量"按钮,得到当前标签面积为4970,则设定抽取条件为3000~6000(标签面积在此范围内且预留一定阈度)	

续表

序号	操作步骤	示意图
一、编辑标签颜色检测流程		
7	单击"判定"按钮，设置判定条件"0：标签数"和"1：面积"。其中面积的范围与测量参数相同，均为 3000 ～ 6000，单击"确定"按钮，"标签"流程设定完毕	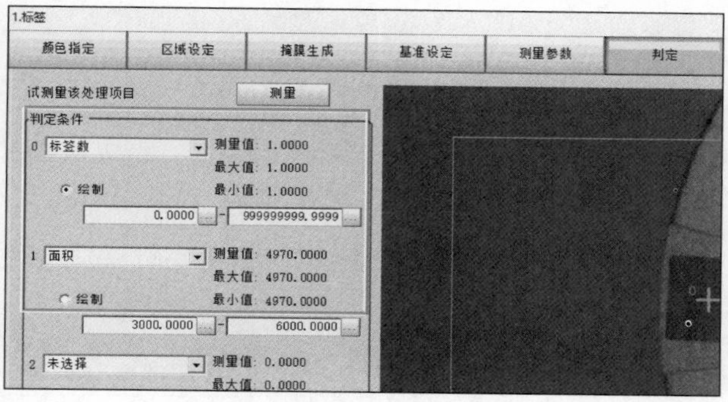
8	单击"串行数据输出"图标，进入其设置界面。在"设定"选项卡中，选定综合判定函数表达式"TJG"，该函数的直接输出结果为"+1"（对应检测结果 OK）和"-1"（对应检测结果 NG）。 考虑到任务4.3.2 检测结果数据回传及数据转化的一致性，可以将输出结果都转化为正数。图示在综合判定结果基础上加 8（自定义），即可满足上述要求	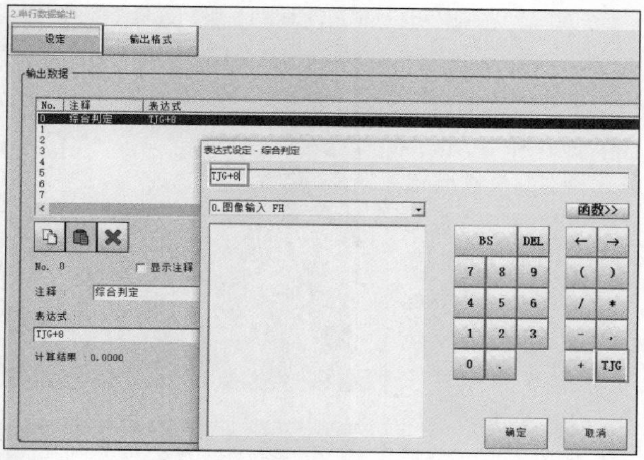

序号	操作步骤	示意图
		一、编辑标签颜色检测流程
9	在"输出格式"选项卡中,通信方式选择"以太网"。数据输出格式设为4位整数,0位小数。负数表示设为"－",正数表示设为"＋"。"消零"选择"有",即检测数值不足设定位数时可以自动补零,确保传输数据的格式的固定 单击"确定"按钮。"串行数据输出"流程设置完毕	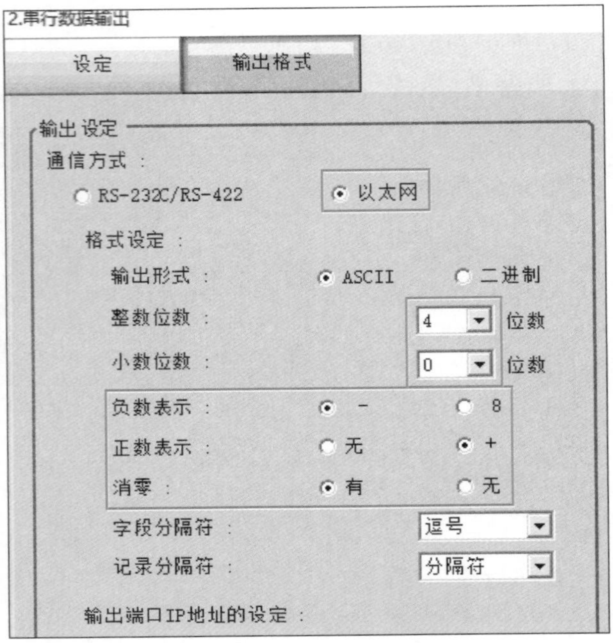
10	设置完成后,分别检测不同颜色的标签,执行测量,查看测量结果是否与设置的模板一致。如右图所示,当标签颜色为绿色时,检测应判定为OK,表达式结果为0009;当标签颜色为红色时,检测应判定为NG,表达式结果为0007,在"功能"下拉菜单中,选择"保存",保存标签检测流程设定	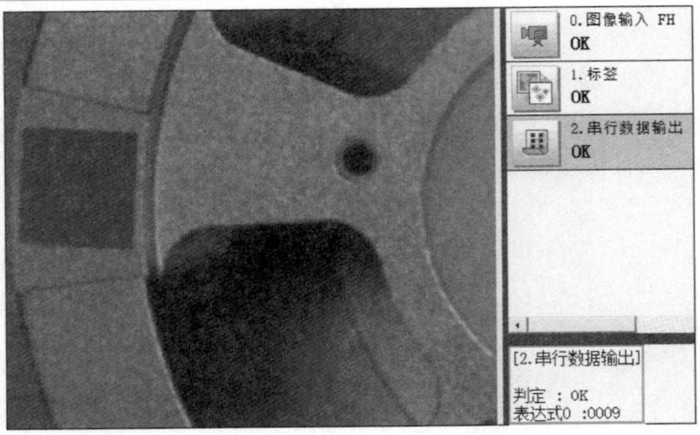 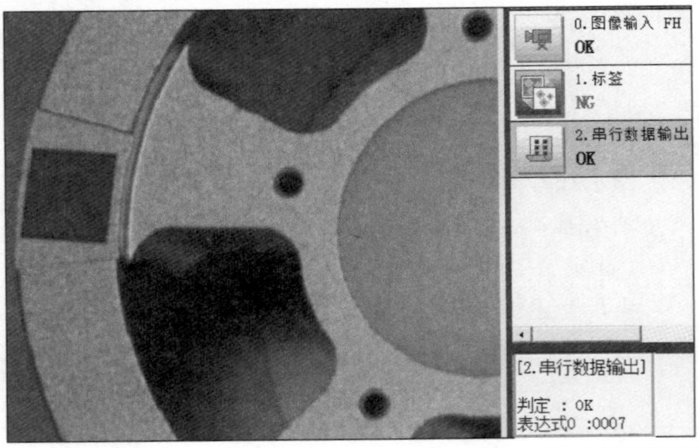

续表

序号	操作步骤	示意图
	二、编辑二维码数值检测流程	
11	参考步骤 2,将场景组切换为场景组 1"1. Scene group 1",场景切换为场景 1"1. Scene 1",利用机器人将轮毂零件移动至二维码检测点位,单击"流程编辑"按钮,在流程编辑界面插入"2维码"流程	
12	参考步骤 4 为二维码选择合适的测量区域 单击"测量参数"选项卡,读取模式选择"DPM",显示设定选中"结果字符串显示"复选框,单击"确定"按钮	
13	单击"输出参数"选项卡,通信输出选择"以太网",字符输出的范围选择"1 – 4",为检测结果设定位数。选中"输出错误字符"复选框,如填写"99",意为在执行二维码检测流程时未检测到二维码,则输出结果"0099"	

续表

序号	操作步骤	示意图
二、编辑二维码数值检测流程		
14	设置完成后，分别检测不同数值的二维码，执行测量，查看测量结果是否与实际二维码数值一致，在"功能"下拉菜单中，选择"保存"命令，保存二维码检测流程设定	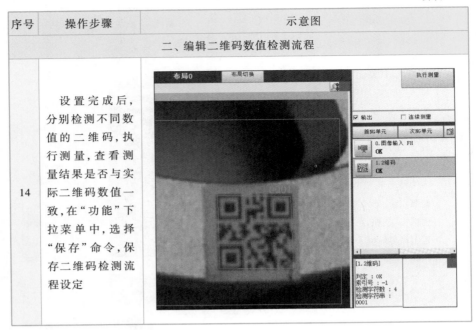

任务 4.3   触发视觉检测及结果回传

4.3.1   视觉检测系统通信指令与回传结果

1. 套接字（Socket）

套接字是支持 TCP/IP 网络通信的基本操作单元，可以看做是不同主机之间的进程进行双向通信的"通信桥梁"及端点，简单地说就是通信双方的一种约定，用套接字中的相关函数来完成通信过程。

Socket 可以看成在两个程序进行通信连接的一个端点，是连接应用程序和网络驱动程序的桥梁。Socket 在应用程序中创建，通过绑定与网络驱动建立关系。此后，应用程序发送给 Socket 的数据，由 Socket 交给网络驱动程序在网络上发送出去。控制器从网络上收到与该 Socket 绑定 IP 地址（同一网段）和端口号相同的数据后，由网络驱动程序交给 Socket，应用程序便可从该 Socket 中提取接收到的数据，网络应用程序就是这样通过 Socket 进行数据的发送与接收。

2. 通信指令

要通过以太网进行通信，至少需要一对套接字，其中一个运行在客户端（ClientSocket），另一个运行在服务器端（ServerSocket）。根据连接启动的方式以及要连接的目标，套接字之间的连接过程可以分为三个步骤：服务器监听、客户端请求、连接确认。

① 服务器监听是指服务器端套接字并不定位具体的客户端套接字，而是处于等待连接的状态，实时监控网络状态。

② 客户端请求是客户端的套接字发出连接请求,要连接的目标是服务器端套接字。为此,客户端的套接字必须首先描述它要连接的服务器端的套接字,指出服务器端套接字的地址和端口号,然后再向服务器端套接字提出连接请求。

③ 连接确认是当服务器端套接字监听到或者说接收到客户端套接字的连接请求时,它就响应客户端套接字的请求,建立一个新的线程,把服务器端套接字的信息发送给客户端,一旦客户端确认了此连接,连接即可建立,此后可以执行数据的收发动作。而服务器端将继续处于监听状态,继续接收其他客户端的连接请求。

通信过程中,机器人作为客户端,需要向视觉控制系统(服务器端)发出请求指令。为了机器人和视觉系统能顺利完成检测任务所需要的通信,机器人要用到表 4-6 所示指令。

表 4-6　通信指令

指令/函数	功能
SocketCreate	创建新的套接字
SocketConnect	用于将机器人套接字与服务器端中的视觉控制器相连
SocketClose	当不再使用套接字连接时,使用该指令关闭套接字
SocketSend	用于发送通信内容(如:字符串),使用已连接的套接字 Socket
SocketReceive	机器人接收来自视觉控制器的数据

本任务能够使用到的视觉系统控制指令有三种:选择场景组、选择场景和执行测量。视觉控制器默认的系统通信代码见表 4-7。

表 4-7　通信代码

命令格式	功能
SG a	切换所使用的场景组编号 a(num 型)
S b	切换所使用的场景编号 b(num 型)
M	执行一次测量

3. 回传结果

图 4-7 所示为按照任务 4.2.2 的输出要求设置时,视觉控制器通过无协议方式回传至机器人的检测结果。

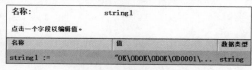

(a) 二维码检测回传字符

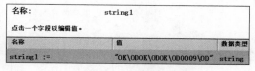
(b) 标签颜色检测回传字符

图 4-7　检测结果回传字符

回传结果(反馈数据)格式与命令格式互相对应,视觉系统回传至机器人的检测结果字符见表 4-8。其中,测量结果的显示格式与视觉检测流程输出设置有关,具体操作可回顾任务 4.2.2。

表 4 - 8 回 传 结 果

反馈数据对象	场景组切换完毕	场景切换完毕	测量成功	测量结果	后缀
"二维码"—1	OK\OD	OK\OD	OK\OD	0001	\OD\OD
"标签颜色"—绿	OK\OD	OK\OD	OK\OD	0009	\OD
"标签颜色"—红	OK\OD	OK\OD	OK\OD	0007	\OD

　　对于回传结果的字符串,可以利用"StrPart"函数从中截取能代表测量结果的字符作为视觉最终的检测结果。如图 4 - 8 所示,以二维码反馈数据的截取为例,其中"\OD"算作一个字符,图示为从第 12 个字符开始,向后截取 2 位字符,截取结果即为"01"。

图 4 - 8 "StrPart"函数应用

PPT

机器人与视觉
通信程序的编
写与调试

4.3.2 任务操作——机器人与视觉通信程序的编写与调试

1. 任务引入

　　视觉系统与机器人通过机器人端通信程序完成通信,包括视觉通信连接、视觉检测请求的通信、视觉检测结果的通信。

　　视觉通信连接:由机器人向视觉控制器发送字符串,并选择合适的场景进行工作;

　　视觉检测请求的通信:机器人向视觉控制器发送字符串,请求检测;

　　视觉检测结果的通信:检测结果以字符串的形式发送给机器人,机器人解码字符串获取信息。

2. 任务内容

　　编写并调试通信程序,通过工业机器人控制视觉系统拍照并将检测结果回传。在通信过程中,需要先构建以下变量,见表 4 - 9。

表 4 - 9 数据传输变量

序号	变量	类型	功能
1	Socket1	socketdev	用于机器人控制器与视觉控制器网络连接的套接字
2	String1	string	用于接收回传数据信息的字符串变量
3	String2	string	存储经过提取有用数据信息的字符串变量

3. 任务实施

序号	操作步骤	示意图
一、编写通信程序		
1	新建程序 CConnect,此程序即为视觉通信程序,后续任务 4.4 中实操亦将在此程序的基础上实施	
2	在创建套接字的时候需要保证套接字未参与连接,可以利用 SocketClose 指令来确保套接字为待连接的套接字	
3	利用 Socket-Creat 指令创建流式套接字"Socket1"	

序号	操作步骤	示意图
		一、编写通信程序
4	利用 Socket-Connect 指令连接机器人与视觉控制器，IP 地址为"192.168.0.200"，此地址即为视觉控制器的 IP 地址，输入输出的端口号设置为"2000"，数据与任务 4.1.3 中的步骤 4 中保持一致	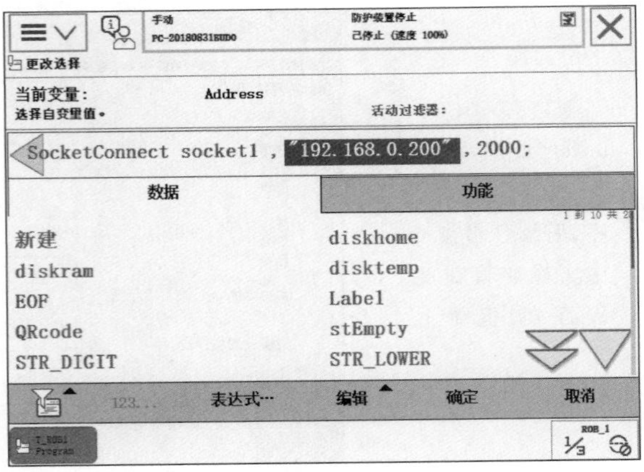
5	利用 Socket-Send 指令，通过套接字 Socket1 向视觉控制器发送字符串"SG 1"，用于切换至场景组 1	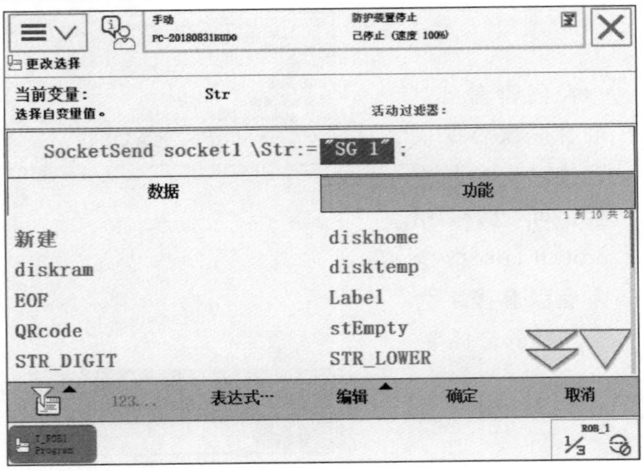
6	利用 Socket-Send 指令，通过套接字 Socket1 向视觉控制器发送字符串"S 1"，用于切换至场景 1 同理，如果需要切换至场景 0，则发送字符串"S 0"，如右下图所示	SocketSend socket1 \Str:="S 1"; SocketSend socket1 \Str:="S 0";

续表

序号	操作步骤	示意图
一、编写通信程序		

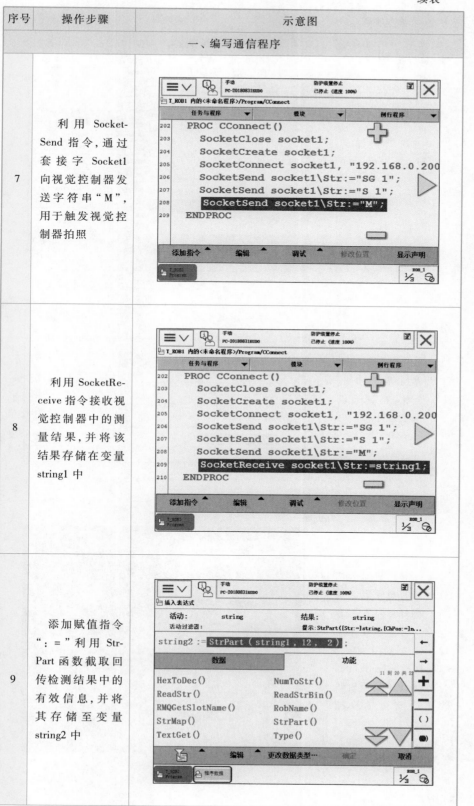

序号	操作步骤
7	利用 Socket-Send 指令，通过套接字 Socket1 向视觉控制器发送字符串"M"，用于触发视觉控制器拍照
8	利用 SocketReceive 指令接收视觉控制器中的测量结果，并将该结果存储在变量 string1 中
9	添加赋值指令": ="利用 StrPart 函数截取回传检测结果中的有效信息，并将其存储至变量 string2 中

续表

序号	操作步骤	示意图
		一、编写通信程序
10	数据传输完毕,利用 Socket-Close 指令来关闭套接字	 手动 PC-20180831RUDO 防护装置停止 已停止(速度 100%) T_ROB1 内的<未命名程序>/Program/CConnect 任务与程序 ▼ 模块 ▼ 例行程序 ▼ Communicate 204 SocketCreate socke 205 SocketConnect sock 206 SocketSend socket1 RMQEmptyQueue RMQFindSlot 207 SocketSend socket1 RMQGetMessage RMQGetMsgData 208 SocketSend socket1 RMQGetMsgHeader RMQReadWait 209 SocketReceive soc RMQSendMessage RMQSendWait 210 string2 := StrPart SCWrite SocketAccept 211 SocketClose socket SocketBind SocketClose 212 ENDPROC ← 上一个 下一个 → 添加指令 编辑 调试 修改位置 显示声明 1/3

11	为每一次的套接字发送和接收添加等待时间。至此,视觉通信程序编制完毕	```PROC CConnect()
		  SocketClose socket1;
		  SocketCreate socket1;
		  SocketConnect socket1, "192.168.0.200", 2000;
		  WaitTime 0.2;
		  SocketSend socket1\Str:="SG 1";
		  WaitTime 0.2;
		  SocketSend socket1\Str:="S 1";
		  WaitTime 0.2;
		  SocketSend socket1\Str:="M";
		  WaitTime 0.2;
		  SocketReceive socket1\Str:=string1;
		  WaitTime 0.2;
		  string2 := StrPart(string1,12,2);
		  WaitTime 1;```

		二、调试通信程序
12	操作机器人携轮毂至轮毂二维码视觉检测点位 若步骤 6 发送的字符串为"S0",则操作机器人携轮毂至轮毂标签视觉检测点位	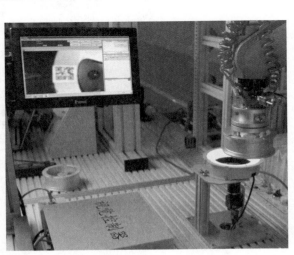

续表

序号	操作步骤	示意图
		二、调试通信程序
13	在手动模式下执行程序 CConnect,完成轮毂二维码/标签视觉检测	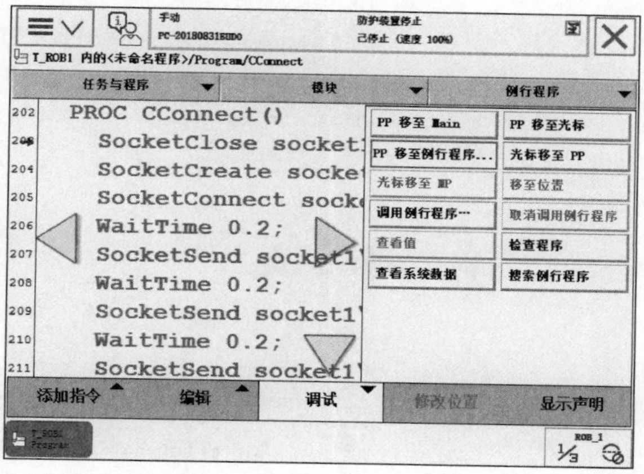
14	在主菜单单击"程序数据",选择 string 型数据,分别查看 string1、string2 两个字符串,正确接收和截取字符串,则视觉通信程序编制无误	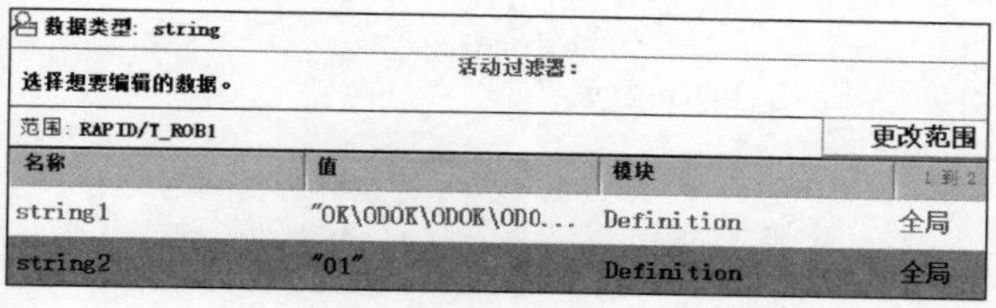

任务 4.4　检测单元智能化改造

4.4.1　视觉检测与流程判定

1. 参数化视觉检测

在执行视觉检测时,根据实际功能要求,有时只需检测一个待测部位。当待测部位较多,检测项目较为多样化时,就需要利用参数来选择视觉检测项目。

轮毂零件有 2 个二维码检测位置和 4 个标签颜色检测区域,以任务 4.3.2 的视觉通信程序为基础,对二维码检测程序和标签颜色检测程序做参数化改进。如图 4-9(a)所示,在二维码参数化检测时,添加代表轮毂正面、反面的变量 a,并分别对应不同的检测点位;如图 4-9(b)所示,在标签颜色参数化检测时,添加代表轮毂视觉检测区域 1、区域 2、区域 3 和区域 4 的变量 a,并分别对应不同的检测点位。

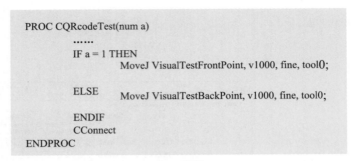

```
PROC CQRcodeTest(num a)
        ......
        IF a = 1 THEN
                    MoveJ VisualTestFrontPoint, v1000, fine, tool0;

        ELSE        MoveJ VisualTestBackPoint, v1000, fine, tool0;

        ENDIF
        CConnect
ENDPROC
```

(a) 二维码

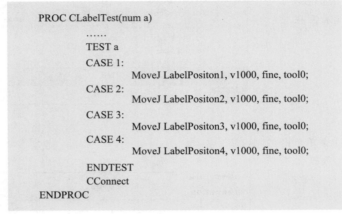

```
PROC CLabelTest(num a)
        ......
        TEST a
        CASE 1:
                    MoveJ LabelPositon1, v1000, fine, tool0;
        CASE 2:
                    MoveJ LabelPositon2, v1000, fine, tool0;
        CASE 3:
                    MoveJ LabelPositon3, v1000, fine, tool0;
        CASE 4:
                    MoveJ LabelPositon4, v1000, fine, tool0;
        ENDTEST
        CConnect
ENDPROC
```

(b) 标签颜色

图 4 – 9　参数化视觉检测

2. 视觉检测与流程判定

视觉检测在自动化生产的流程控制中扮演非常重要的角色。正如人看到不同的事态会做出不同的反应一样,视觉检测会将检测结果传输给主控制器,主控制器根据结果来执行不同的流程,因此视觉检测在系统化编程时,通常处于决策地位。

图 4 – 10　视觉检测与流程判定

如图 4 – 10 所示,流程开始时,机器人取得的轮毂状态未知(此处以二维码为例),后序加工流程也就无从选择。实际应用中可以将轮毂二维码的检测结果作为判断基准,例如:检测结果为奇数时,执行加工工序 A 流程;检测结果为偶数时,执行加工工序 B 流程。

4.4.2　任务操作——轮毂状态检测

1. 任务内容

如图 4 – 11 所示,任务需要在仓储单元中随机放入 5 个轮毂零件,反面朝上,按照轮毂所存放的仓位编号由小到大依次取出轮毂,视觉检测其正面二维码和视觉检测区域 1、2 后,记录标签颜色、二维码数值的检测信息备用,然后将其放回原仓位。

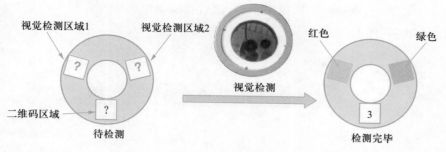

图 4 - 11 轮毂检测

2. 任务分析

(1) 明确检测流程

如图 4 - 12 所示,检测流程相当于在
任务 3.2.3 取料、放料的基础上增加了检
测工艺,其中取料策略变化为由小至大仓
位取出轮毂,因此本任务只需着重对检测
工艺做程序编制,其他功能程序均可借用。

(2) 数据转化及存储

① 数据转化。

检测的目的一方面在于使控制器得知
轮毂零件各检测区域的状态,另一方面在
于对检测结果进行对比、数学计算等处理,
以便进行流程判定。显然 num 型的存储

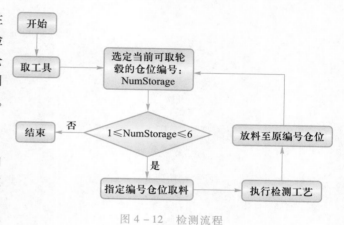

图 4 - 12 检测流程

数据在处理时比 string 型数据更具灵活性,可以将检测数据进行转化后存储,
转化标准参考表 4 - 10。

表 4 - 10 数据转化要求

项目	默认	二维码检测						标签颜色检测	
检测结果	—	0001	0002	0003	0004	0005	0006	绿色	红色
截取 string	""	"01"	"02"	"03"	"04"	"05"	"06"	"09"	"07"
num	0	1	2	3	4	5	6	9	7

数据类型转化可以利用字符转化函数 StrToVal 来实现。如图 4 - 13 示例,
函数 StrToVal 可以将 string 型变量"01"转化为 num 型变量 1。当转化完成后,
函数的返回值为 1(TRUE);若没有进行转化,则函数返回值为 0(FALSE)。

② 数据存储。

机器人需要记录当前各检测区域的检测结果。可以利用任务 3.2.4 中
已经构建的一维数组 StorageQRcode{6}来存储二维码,在此基础上还需要
添加 2 个一维数组 StorageVisual1{6}、StorageVisual2{6},分别标识某仓位
轮毂所对应的视觉检测区域 1 与区域 2 的标签颜色,分别如图 4 - 14 及
图 4 - 15 所示。

(3) 检测工艺

每个轮毂需要在检测单元完成 3 个区域的检测,即机器人需要携轮毂到

达 3 个位置,分别执行 3 次检测步骤,然后将检测结果分别存储至三个数组中,如图 4 – 16 所示。

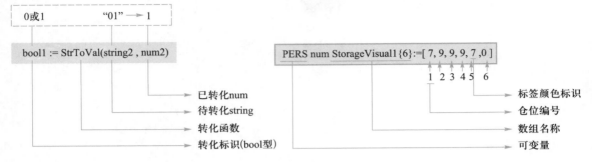

图 4 – 13 函数 StrToVal 应用

图 4 – 14 视觉检测区域 1 标签颜色标识数组

PERS num StorageVisual2{6}:=[,9,9,7,7,9,0,]

图 4 – 15 视觉检测区域 2 标签颜色标识数组

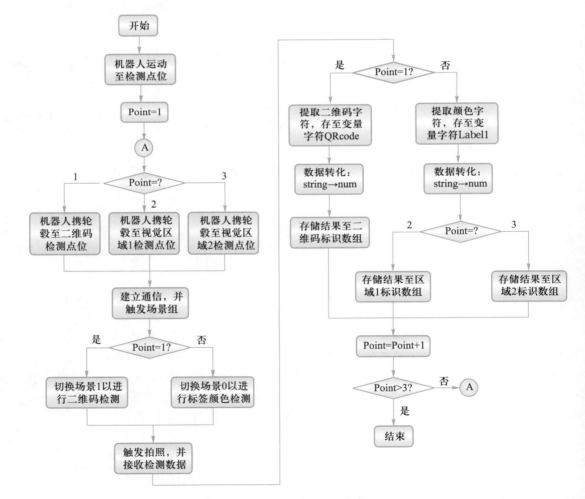

图 4 – 16 检测流程架构

3. 任务实施

序号	操作步骤	示意图
		一、检测工艺编程
1	新建轮毂检测程序 PVisualTest，此程序主要完成对单一轮毂三个特征的状态检测 　　然后添加回归 Home 点语句，调用滑台平移程序，使机器人移动至检测位置	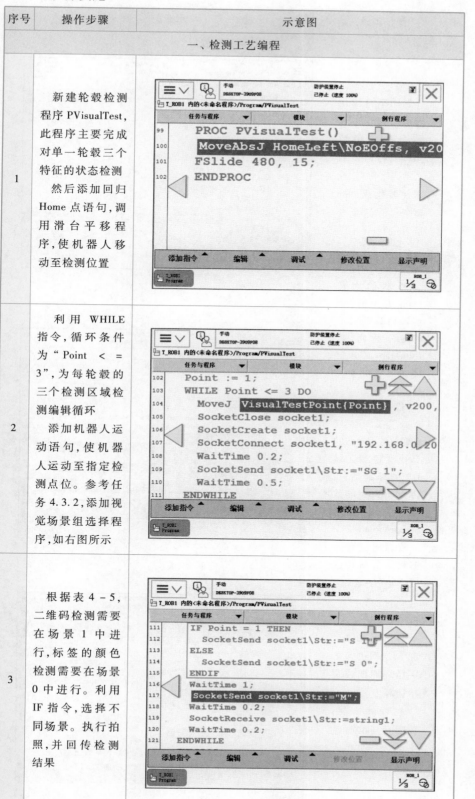
2	利用 WHILE 指令，循环条件为"Point <= 3"，为每轮毂的三个检测区域检测编辑循环 　　添加机器人运动语句，使机器人运动至指定检测点位。参考任务 4.3.2，添加视觉场景组选择程序，如右图所示	
3	根据表 4-5，二维码检测需要在场景 1 中进行，标签的颜色检测需要在场景 0 中进行。利用 IF 指令，选择不同场景。执行拍照，并回传检测结果	

续表

序号	操作步骤	示意图
		一、检测工艺编程
4	利用字符转化函数 StrToVal 和字符截取函数 StrPart,将回传的二维码字符串,截取并转化成 num 型变量存储至变量 NumTrans 中	
5	检测的次数 Point 为 1 时,当前转化数据对应的是二维码,将 NumTrans 的数据存储至数组 StorageQRcode 中 检测的次数 Point 为 2/3 时,当前转化数据对应的是视觉检测区域 1/2 的标签颜色,将 NumTrans 的数据存储至数组 StorageVisual1/2 中 数组的位数为取料的活动仓位值 NumStorage	
6	对循环次数自加 1,从而进入下一循环周期或跳出循环 在程序末尾,关闭新建的套接字,并使机器人回归 Home 点	

续表

序号	操作步骤	示意图
二、轮毂检测流程编程		

7	新建程序 PHubTestFive，此程序将依次对仓储单元各轮毂执行检测工艺 利用 ProcCall 指令，调用取工具程序，机器人取轮毂夹爪工具（2 号）	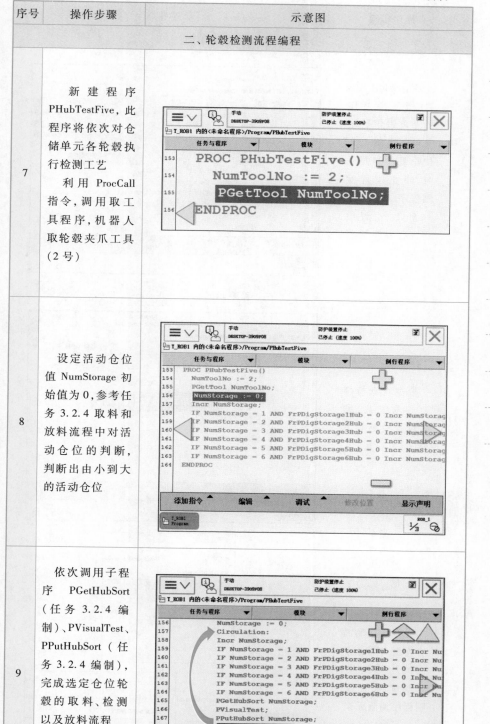
8	设定活动仓位值 NumStorage 初始值为 0，参考任务 3.2.4 取料和放料流程中对活动仓位的判断，判断出由小到大的活动仓位	
9	依次调用子程序 PGetHubSort（任务 3.2.4 编制）、PVisualTest、PPutHubSort（任务 3.2.4 编制），完成选定仓位轮毂的取料、检测以及放料流程 利用 GOTO 指令循环执行仓储单元轮毂的检测	

序号	操作步骤	示意图
	二、轮毂检测流程编程	
10	再次利用 GO-TO 指令，为程序的循环设定跳出条件。当所有仓位轮毂检测完毕时，停止执行检测程序 至此，轮毂检测流程程序编制完成	
	三、程序调试	
11	根据视觉检测要求及工艺，编制轮毂检测的主程序	
12	运行系统程序后查看各数组记录的检测结果，若与实际一致，则程序编制无误	

4.4.3　排序算法

排序,就是使一串记录数据按照其中的某个或某些关键字的大小,递增或递减排列起来的操作。所谓排序算法,即通过特定的算法因式将一组或多组数据按照既定模式进行排序。排序算法在很多领域,尤其是在大量数据的处理方面被尤为重视,一个优秀的算法可以节省大量的资源。选择算法可以考虑以下几方面:

（1）时间复杂度

从初始状态到排序完成的过程中花费的时间,通常以对数据的操作次数为度量标准。当数据规模 n 发生变化时,不同排序算法的操作次数会呈现一定的函数规律。

（2）空间复杂度

从初始状态到排序完成的过程中,算法执行时所需（额外）存储空间的度量,它也是数据规模 n 的函数。

（3）使用场景

排序有时侧重对空间的要求,有时侧重对时间的要求,需要根据实际使用场景选择一定的排序算法。

（4）稳定性

稳定性是独立于时间和空间之外的因素。如果 a 原本在 b 前面,而 a = b,排序之后 a 仍然在 b 的前面,即为稳定;如果 a 原本在 b 的前面,而 a = b,排序之后 a 可能会出现在 b 的后面,即为不稳定。

各类排序算法的时间复杂度、空间复杂度以及稳定性详见表 4 - 11,其中 n 为数据规模。

表 4 - 11　各类排序方法的特点

排序方法	时间复杂度（平均）	时间复杂度（最坏）	时间复杂度（最好）	空间复杂度	稳定性
插入排序	$O(n^2)$	$O(n^2)$	$O(n)$	$O(1)$	稳定
希尔排序	$O(n^{1.3})$	$O(n^2)$	$O(n)$	$O(1)$	不稳定
选择排序	$O(n^2)$	$O(n^2)$	$O(n^2)$	$O(1)$	稳定
堆排序	$O(n\log_2 n)$	$O(n\log_2 n)$	$O(n\log_2 n)$	$O(1)$	不稳定
冒泡排序	$O(n^2)$	$O(n^2)$	$O(n)$	$O(1)$	稳定
快速排序	$O(n\log_2 n)$	$O(n^2)$	$O(n\log_2 n)$	$O(n\log_2 n)$	不稳定
归并排序	$O(n\log_2 n)$	$O(n\log_2 n)$	$O(n\log_2 n)$	$O(n)$	稳定
计数排序	$O(n+k)$	$O(n+k)$	$O(n+k)$	$O(n+k)$	稳定
桶排序	$O(n+k)$	$O(n^2)$	$O(n)$	$O(n+k)$	稳定
基数排序	$O(n+k)$	$O(n+k)$	$O(n+k)$	$O(n+k)$	稳定

下面,以冒泡算法为例进一步说明。

1. 冒泡排序是什么

冒泡排序是一种简单的排序算法。它重复地走访要排序的数列,一次比较两个元素,如果它们的顺序与设定的大小顺序不同,就把它们交换过来。重复走访列直到无须再做交换,意味着该数列已经排序完成。这个算法的名字由来是因为越小的元素会经由交换慢慢"浮"到数列的顶端。

2. 算法描述

冒泡排序的算法步骤如下所示。

① 比较相邻的元素。如果后者比前者小,就交换它们两个。

② 单轮内,针对未排序元素对由后到前依次循环进行比较和交换,在本轮确定尚未排序元素中最小的元素,该元素亦视为已排序元素。

③ 循环执行多轮比较(最大为 n),直到排序完成。

3. 冒泡图解

如图 4–17 所示,该冒泡的数据规模为 6,处理次数为 8 次(6～36 范围内),整个过程用了 4 轮循环,完成数据的排序。排序过程只需要 1 个额外空间作数据暂存。

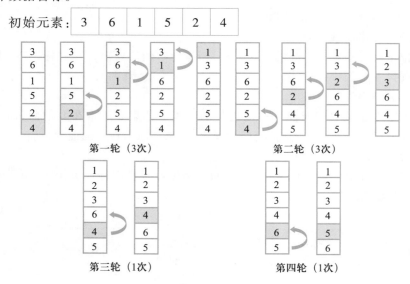

图 4–17 冒泡排序

4. 算法拓展

在比较相邻元素时,也可以将交换相邻元素的条件变为:前者比后者小。这样我们会得到一列由大到小排列的元素。

4.4.4 任务操作——轮毂排序

视频
轮毂排序

1. 任务引入

逛超市时,形形色色的商品摆放在货架上,给消费者一种井井有条的感觉,使得我们可以非常方便地选择所需物品。在自动化仓储过程中,也同样需要将存储的产品按照如产品的型号、加工状态、用途等特点进行归类放置,如此可大大提高自动化生产的效率。

经过任务 4.4.2 的轮毂状态检测,各对应数组中完整地记录了轮毂零件的状态,检测结果(示例)见表 4–12。本任务以检测状态结果为基础,对已存储的轮毂零件进行排序。

表 4 – 12　轮毂初始状态(特征检测结果)

仓位编号	轮毂	二维码区域	视觉检测区域 1	视觉检测区域 2
1 号	轮毂 A	3	红	绿
2 号	轮毂 B	3	绿	绿
3 号	轮毂 C	1	绿	红
4 号	轮毂 D	3	绿	红
5 号	轮毂 E	4	红	绿
6 号	空	—	—	—

2. 任务内容

在已经明确各料仓中轮毂状态的基础上,对仓储单元中随机放入的五个轮毂零件进行排序。每个仓位只存放一个轮毂,依次对轮毂二维码检测区域、视觉检测区域 1、视觉检测区域 2 的轮毂状态进行对比,排序条件的优先级如图 4 – 18 所示。

3. 任务分析

(1) 选择排序算法

与任务 3.2.3 顺序调整不同,本排序任务的条件较多且各个条件的优先级不同,因此在编程初期就需要先规划利用哪种算法对轮毂排序。排序任务的数据规模不超过仓位数(6)且当前只有一个空仓。相对而言时间复杂度、空间复杂度则更为关键。综合考虑,采用冒泡这个稳定排序算法进行排序。

(2) 排序方式

排序过程中的每一次数据交换,并不等同于实际轮毂零件的交换!

在冒泡排序中一般需要经过多轮的顺序调整,每一轮都可能会有一个或多个被存储在数据结构(例如数组)中的轮毂信息进行交换(如图 4 – 17 所示)。如果每一步的顺序交换都让机器人实际取放料进行轮毂的交换,排序的中间过程会比较长,将大大降低排序的效率。

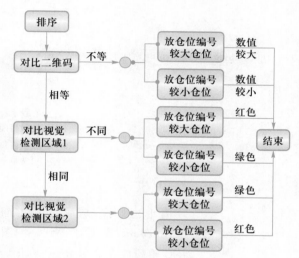

图 4 – 18　排序优先条件

如图 4 – 19 所示,为提高排序效率,可以按照优先条件先只对轮毂的信息进行交换、排序,确定各个轮毂最终应该位于的仓位,即目标仓位。可以利用不同的字符(如 A、B、C)来标识各个轮毂,然后对比排序前后的轮毂分布数组(分别如图 4 – 20、图 4 – 21 所示),判断出当前各仓位轮毂的目标仓位号(如图 4 – 22 所示),进而根据目标仓位号实施具体的排序过程。

轮毂信息 →(冒泡)→ 目标仓位 → 执行排序

图 4 – 19　排序规划

得到目标仓位号之后实施的排序过程,可以参考任务 3.2.3 中轮毂顺序调整的编程方法,此处不做详述。需要注意的是,空仓位的编号也参与排序,因此最终空仓也会得到目标仓位编号。然而在轮毂顺序调整时,会优先判断空仓编号,并且待调仓位的判断也是以仓位有料作为前提的,所以即使当前空仓位有目标仓位编号,也不会执行实际的顺序调整动作。

（3）数据存储

在任务 4.4.2 轮毂状态检测编程的基础上,需要新建 2 个 string 型数组来标识轮毂,分别记录排序前和排序后的轮毂所在仓位。新建 1 个 num 型数组来记录各轮毂的目标仓位编号。

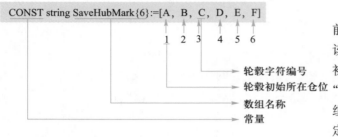

图 4 - 20　排序前轮毂分布数组

① SaveHubMark{6} 为标识排序之前轮毂的所在仓位情况,在排序过程中该数组将保持不变。如图 4 - 20 所示,初始 3 号仓位的轮毂被标识为"C","C"即为该轮毂的唯一字符编号。该数组的元素值在程序运行前需要人为输入定义。

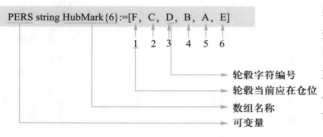

图 4 - 21　排序中轮毂分布数组

② HubMark{6} 为标识排序中当前轮毂的所在仓位情况,在排序过程中该数组会随着算法程序运行不断更新。如图 4 - 21 所示,意为"C"轮毂当前应被放置在 2 号仓位。当冒泡算法执行结束后,该数组即可表示排序后最终轮毂的分布情况。

③ TargetStorage{6} 主要标识初始仓位对应轮毂的目标仓位,该数组的取值通过排序完成后的轮毂分布数组 HubMark{6} 和排序前轮毂分布数组 SaveHubMark{6} 对比得到。如图 4 - 22 所示:排序前 C 轮毂在 3 号仓位,排序后 C 轮毂应在 2 号仓位,则记:3 号仓位轮毂的目标仓位编号为 2(TargetStorage{3}=2)。目标仓位标识数组为后续排序动作的执行提供依据。

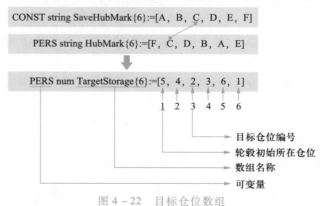

图 4 - 22　目标仓位数组

（4）信息交换

轮毂信息的交换,主要内容包括排序中轮毂分布数组 HubMark{6} 以及三个轮毂状态数组——二维码标识数组 StorageQRcode{6}、视觉检测区域 1

标识数组 StorageVisual1{6}、视觉检测区域 2 标识数组 StorageVisual2{6}这四个数组中各元素的相互调换。

　　信息交换实施方法,可以参考图 3 - 24 所示的策略。需要新构建 string 型变量和借用 num 型变量来作为暂存变量,分别为"StrTrans"和"NumTrans"。

　　(5)排序策略

　　根据冒泡排序的基本方法以及辅助排序的数据存储结构,可总结出排序的编程策略(示例),如图 4 - 23 所示。在冒泡排序阶段(a),变量 Point 表示冒泡的循环次数,NumStorage 表示当前活动仓位编号;在确定目标仓位阶段(b),变量 Point 表示仓位指针,NumStorage 表示当前需要确定目标仓位的轮毂所在初始仓位编号。

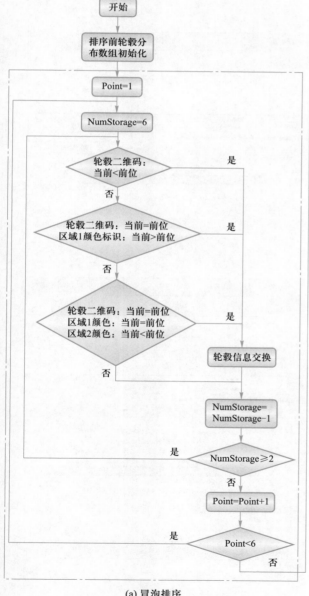

图 4 - 23　排序策略

4. 任务实施

序号	操作步骤	示意图
		一、编制轮毂信息交换子程序
1	新建信息交换子程序 FExchange,该程序主要完成当前活动仓位与前一仓位的信息交换（必要时），这就要求活动仓位编号在 2～6 之间,在此将该要求作为 IF 指令的条件限制	
2	编写轮毂字符编号交换语句 A:前一仓位的轮毂字符编号先赋值给 string 型暂存变量 StrTrans B:当前活动仓位的轮毂字符编号赋值给前一仓位 C:字符暂存变量 StrTrans 中存储的字符编号赋值给活动仓位	
3	编写二维码数值交换语句 D:前一仓位的轮毂二维码数值先赋值给 num 型暂存变量 NumTrans E:当前活动仓位的轮毂二维码数值赋值给前一仓位 F:num 型暂存变量 StrTrans 中存储的二维码数值赋值给活动仓位	

续表

序号	操作步骤	示意图
		一、编制轮毂信息交换子程序
4	参考步骤 3,完成视觉检测区域 1 和区域 2 的标签颜色信息的交换,如右图所示 至此轮毂信息交换子程序编制完成	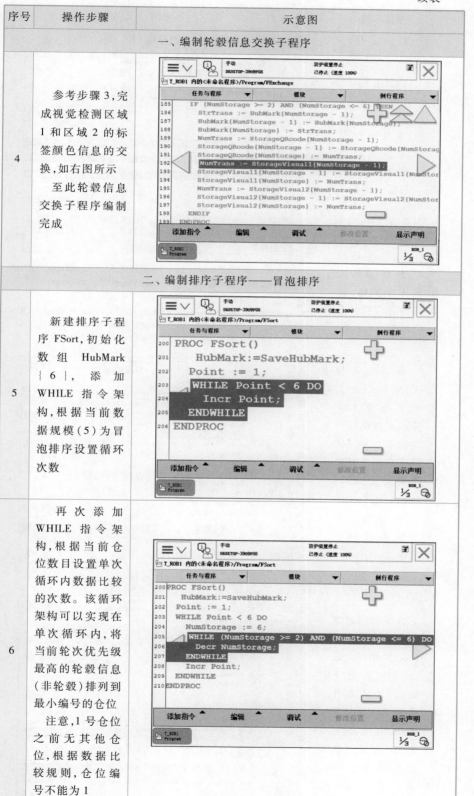
		二、编制排序子程序——冒泡排序
5	新建排序子程序 FSort,初始化数组 HubMark{6},添加 WHILE 指令架构,根据当前数据规模(5)为冒泡排序设置循环次数	
6	再次添加 WHILE 指令架构,根据当前仓位数目设置单次循环内数据比较的次数。该循环架构可以实现在单次循环内,将当前轮次优先级最高的轮毂信息(非轮毂)排列到最小编号的仓位 注意,1 号仓位之前无其他仓位,根据数据比较规则,仓位编号不能为 1	

示意图内容:

步骤 4:
```
185    IF (NumStorage >= 2) AND (NumStorage <= 6) THEN
186       StrTrans := HubMark{NumStorage - 1};
187       HubMark{NumStorage - 1} := HubMark{NumStorage};
188       HubMark{NumStorage} := StrTrans;
189       NumTrans := StorageQRcode{NumStorage - 1};
190       StorageQRcode{NumStorage - 1} := StorageQRcode{NumStorag
191       StorageQRcode{NumStorage} := NumTrans;
192       NumTrans := StorageVisual1{NumStorage - 1};
193       StorageVisual1{NumStorage - 1} := StorageVisual1{NumStor
194       StorageVisual1{NumStorage} := NumTrans;
195       NumTrans := StorageVisual2{NumStorage - 1};
196       StorageVisual2{NumStorage - 1} := StorageVisual2{NumStor
197       StorageVisual2{NumStorage} := NumTrans;
198    ENDIF
199 ENDPROC
```

步骤 5:
```
200 PROC FSort()
201    HubMark:=SaveHubMark;
202    Point := 1;
203    WHILE Point < 6 DO
204       Incr Point;
205    ENDWHILE
206 ENDPROC
```

步骤 6:
```
200 PROC FSort()
201    HubMark:=SaveHubMark;
202    Point := 1;
203    WHILE Point < 6 DO
204       NumStorage := 6;
205       WHILE (NumStorage >= 2) AND (NumStorage <= 6) DO
206          Decr NumStorage;
207       ENDWHILE
208       Incr Point;
209    ENDWHILE
210 ENDPROC
```

续表

序号	操作步骤	示意图
	二、编制排序子程序——冒泡排序	
7	添加 IF 指令，参考图 4 - 18 所示排序优先级要求，为轮毂信息的交换编辑条件，如下所示： G:前一仓位的轮毂二维码大于当前活动仓位 其他两个条件，均可参见图 4 - 23 所示的冒泡排序策略，具体编制语句如右图所示	(StorageQRcode{NumStorage−1} = StorageQRcode{NumStorage}) AND (StorageVisual1{NumStorage−1} <StorageVisual1{NumStorage}) (StorageQRcode{NumStorage−1} = StorageQRcode{NumStorage}) AND (StorageVisual1{NumStorage−1} = StorageVisual1{NumStorage}) AND (StorageVisual2{NumStorage−1} > StorageVisual2{NumStorage})
8	在每个条件下，调用信息交换子程序 FExchange，每执行一次信息交换，便停止后续轮毂状态的对比，可利用标签指令 GOTO 跳出当前 IF 交换条件判定架构	
	三、编制排序子程序——确定目标仓位	
9	该段程序继续在排序子程序 FSort 中编辑。添加 WHILE 指令架构，循环条件设置为 1 ~ 6 范围内，可由小到大依次确定各料仓的目标仓位编号	

续表

序号	操作步骤	示意图
		三、编制排序子程序——确定目标仓位
10	再次添加 WHILE 指令架构,循环条件设置为 1～6 范围内,确保排序后的轮毂分布数组 HubMark{6} 可以与排序前轮毂分布数组 Save-HubMark{6}的每一个元素值依次进行比对	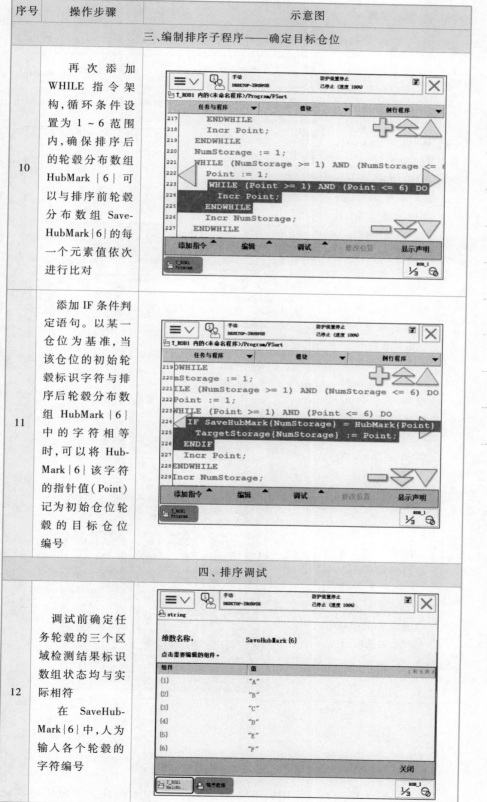
11	添加 IF 条件判定语句。以某一仓位为基准,当该仓位的初始轮毂标识字符与排序后轮毂分布数组 HubMark{6} 中的字符相等时,可以将 Hub-Mark{6}该字符的指针值(Point)记为初始仓位轮毂的目标仓位编号	
		四、排序调试
12	调试前确定任务轮毂的三个区域检测结果标识数组状态均与实际相符 在 SaveHub-Mark{6}中,人为输入各个轮毂的字符编号	

续表

序号	操作步骤	示意图
	四、排序调试	
13	运行程序 FSort,可查看排序后的轮毂分布数组 HubMark{6}和目标仓位数组 TargetStorage{6}中的目标仓位编号是否与目标结果一致	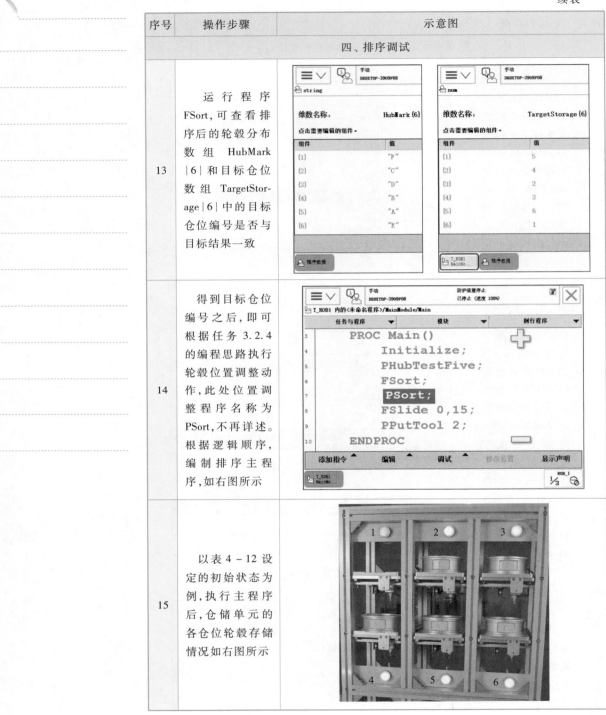
14	得到目标仓位编号之后,即可根据任务 3.2.4 的编程思路执行轮毂位置调整动作,此处位置调整程序名称为 PSort,不再详述。根据逻辑顺序,编制排序主程序,如右图所示	
15	以表 4 - 12 设定的初始状态为例,执行主程序后,仓储单元的各仓位轮毂存储情况如右图所示	

 知识测评

1. 选择题

(1) 平台的检测单元采用以下哪种方式,通过以太网在视觉控制器和机

器人之间进行通信。（　　）

　　A. 并行通信　　B. EtherNet/IP　　C. EtherCAT　　D. 无协议

（2）进行 Rapid 编程时，可以利用下列哪个函数进行变量的数据类型转化。（　　）

　　A. StrPart 函数　　B. StrToVal　　C. StrOrder　　D. StrMap

2. 填空题

（1）从组成结构来看，典型的机器视觉系统可分为两大类：_____机器视觉系统和_____机器视觉系统。

（2）套接字之间的连接过程可以分为三个步骤：服务器监听、_____、_____。

（3）排序算法在很多领域得到相当地重视，尤其是在大量数据的处理方面，选择一个算法可以考虑_____、_____、使用场景、_____等方面。

3. 判断题

（1）PC 式机器视觉系统一定要有光源、光学镜头、CCD 或 CMOS 相机、图像采集卡、传感器、图像处理软件、控制单元以及一台 PC 构成。（　　）

（2）视觉检测在系统化编程时，其检测结果直接影响流程的走向，因此在编程中通常处于决策地位。（　　）

4. 简答题

在得到轮毂排序后的最终分布情况时，如何得到每个轮毂的目标仓位编号？

项目五 打磨单元及分拣单元的集成调试与应用

学习任务

- 5.1 打磨单元智能化改造
- 5.2 分拣单元智能化改造

学习目标

■ 知识目标
- 了解翻转工装的硬件组成
- 了解翻转工装使用的规则

■ 技能目标
- 掌握实现翻转工装功能的程序编写及调试
- 掌握实现轮毂的正反面打磨的程序编写及调试
- 掌握实现分拣功能的程序编写及调试
- 掌握轮毂正反二维码取余分拣的程序编写及调试

■ 素养目标
- 具有安全与环保责任意识
- 具有严谨求实、认真负责、踏实敬业的工作态度
- 具有动手、动脑和勇于创新的积极性

思维导图

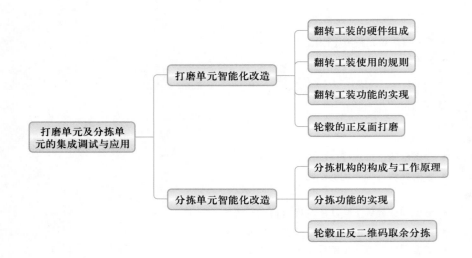

任务 5.1　打磨单元智能化改造

5.1.1　翻转工装的功能

1. 翻转工装的硬件组成

打磨单元的翻转工装由升降气缸、翻转气缸和夹爪三部分组成,如图 5 - 1 所示。其中升降气缸用于改变夹爪的高度,翻转气缸可以实现夹爪的翻转动作,夹爪用于夹紧轮毂零件。

视频

翻转工装的功能

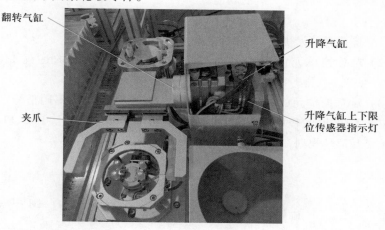

图 5 - 1　翻转工装的硬件组成

2. 翻转工装使用的规则

翻转工装服务于两个工位:打磨工位和旋转工位,每个工位上都有用来固定轮毂零件的夹具,如图 5 - 2 所示。翻转工装可以将轮毂零件从打磨工位/旋转工位的一侧翻转到另一侧,并同时使轮毂零件的正反面实现翻转。

图 5 - 2　翻转工装的工位

翻转工装功能的实现需要遵循以下规则:

① 为了避免取放轮毂及加工过程中机器人与打磨单元发生碰撞,当机器人位于对打磨工位/旋转工位中的某一侧时,翻转工装夹爪必须位于另一侧。

② 夹爪取放轮毂零件时,升降气缸需处于下限位;夹爪翻转时,升降气缸需处于上限位。

③ 由于升降气缸、翻转气缸均连接双控电磁阀,需要通过 2 个信号来控

制气缸完成动作。例如,控制升降气缸上升时,需要复位升降气缸下降信号,并置位升降气缸上升信号。

④ 为了保证放置轮毂零件时不与工位产生干涉,根据轮毂零件和工位夹具的匹配情况,正面朝上的轮毂只能放于打磨工位,反面朝上的轮毂只能放于旋转工位。

5.1.2   任务操作——翻转工装功能的实现

1. 任务引入

在了解了翻转工装的硬件组成及实现功能要遵循的规则之后,本任务需要通过编程来实现翻转工装的功能。

2. 任务内容

(1) 将打磨单元拼入,并完成电源、气路、通信接线。

(2) 对总控单元的 PLC 进行配置,建立与打磨单元的远程 I/O 模块通信。

(3) 对总控单元的 PLC 进行编程,根据机器人发送的不同信号,实现翻转工装的不同功能,程序段中需要包括以下的功能:(机器人与 PLC、PLC 与打磨单元交互信号规划参考表 5 - 1、表 5 - 2)

表 5 - 1   机器人与 PLC 交互信号

硬件设备	机器人信号	功能描述	类型	对应 PLC I/O 点	对应硬件设备
机器人远程 I/O No. 1 FR1108 1 ~ 8 通道口	FrPGroData	为 20:打磨单元翻转工装夹爪已至打磨工位侧 为 21:打磨单元翻转工装夹爪已至旋转工位侧 为 22:轮毂已从打磨工位翻转至旋转工位 为 23:轮毂已从旋转工位翻转至打磨工位	Byte	QB16	总控单元 PLC 远程 I/O 模块 No. 5 FR2108 1 ~ 8 通道口
机器人远程 I/O No. 6 FR2108 1 ~ 8 通道口	ToPGroData	为 34:复位打磨单元电磁阀控制信号 为 20:请求打磨单元翻转工装夹爪翻转至打磨工位侧 为 21:请求打磨单元翻转工装夹爪翻转至旋转工位侧 为 22:请求将轮毂零件翻转至旋转工位侧 为 23:请求将轮毂零件翻转至打磨工位侧	Byte	IB 19	总控单元 PLC 远程 I/O 模块 No. 4 FR1108 1 ~ 8 通道口

　　① 翻转工装夹爪翻转至打磨(旋转)工位:PLC 接收机器人信号,使翻转工装夹爪从旋转(打磨)工位翻转到打磨(旋转)工位一侧。

　　② 将工件从打磨(旋转)工位搬至旋转(打磨)工位:PLC 接收机器人信号,翻转工装夹爪夹持轮毂零件从打磨(旋转)工位翻转到旋转(打磨)工位。

　　③ 通过机器人信号可以复位打磨单元的电磁阀,复位工装和工位状态。

表 5-2　PLC 与打磨单元交互信号

硬件设备	对应 PLC I/O 点	功能描述	对应硬件设备
PLC 远程 I/O 模块 No. 1 FR1108 5~8 通道口	I20.4	翻转工装夹爪松开	打磨单元光电传感器
	I20.5	翻转工装夹爪夹紧	
	I20.6	翻转工装上升到位	
	I20.7	翻转工装下降到位	
PLC 远程 I/O 模块 No. 2 FR1108 1~2 通道口	I21.0	翻转工装翻转至旋转工位侧	
	I21.1	翻转工装翻转至打磨工位侧	
PLC 远程 I/O 模块 No. 3 FR2108 1~8 通道口	Q20.0	打磨工位夹具气缸动作,值为 1 时夹紧,值为 0 时松开	打磨单元电磁阀
	Q20.1	翻转工装翻转旋转工位侧	
	Q20.2	翻转工装翻转打磨工位侧	
	Q20.3	翻转工装升降气缸上升	
	Q20.4	翻转工装升降气缸下降	
	Q20.5	翻转工装夹爪气缸动作,值为 1 时夹紧,值为 0 时松开	
	Q20.7	旋转工位夹具气缸动作,值为 1 时夹紧,值为 0 时松开	

3. 任务分析

　　打磨单元的功能程序可以使用一个程序块 FB 来编写,为了实现任务内容中提到的程序功能,需要结合信号规划,为程序块 FB 添加对应的输入/输出信号(包括外部和内部),打磨单元 FB 块编程思路示意图如图 5-3 所示。

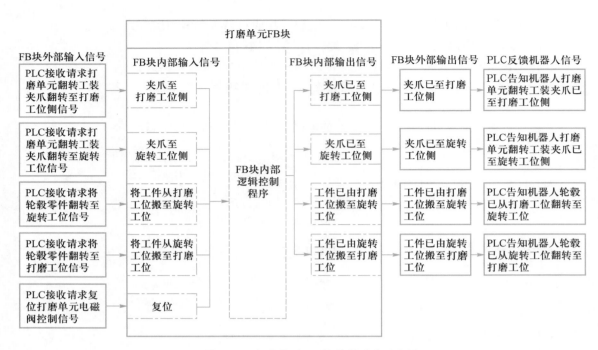

图 5 - 3　打磨单元 FB 块编程思路示意图

4. 任务实操

序号	操作步骤	示意图
		一、打磨单元的拼接及接线
1	参考项目二任务 2.1.1 完成打磨单元的拼接及接线	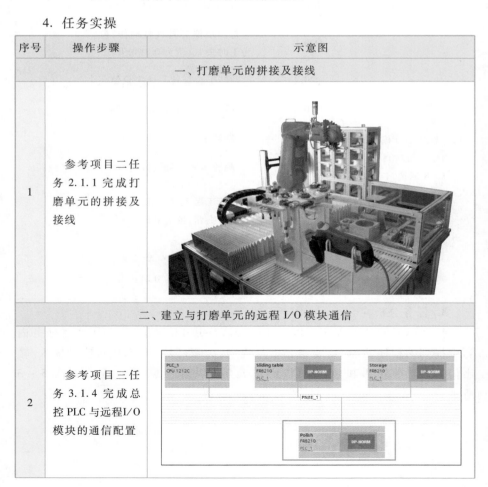
		二、建立与打磨单元的远程 I/O 模块通信
2	参考项目三任务 3.1.4 完成总控 PLC 与远程I/O 模块的通信配置	

续表

序号	操作步骤	示意图
		三、PLC 程序编写
3	新建并进入“打磨单元”子程序块[FB2]，如右上图所示，根据PLC的输入/输出信号规划，建立功能块内部输入/输出变量表 另外，在编程过程中可根据需要添加用到的静态变量，右下图仅为示意参考	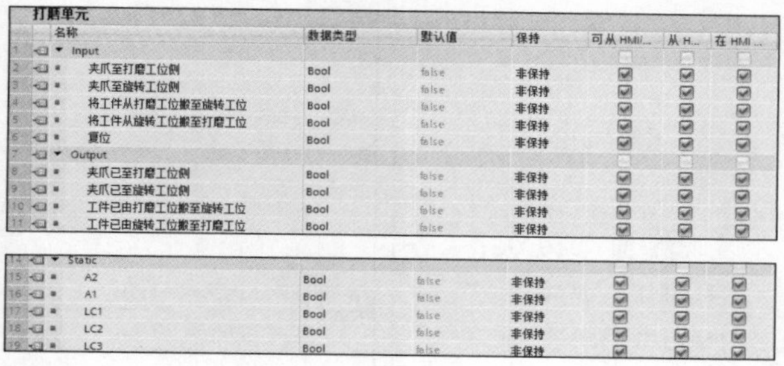
4	在主程序中调用打磨单元功能程序块，添加等于指令和 M50.0、M50.1、 M50.2、M50.3 中间过渡信号	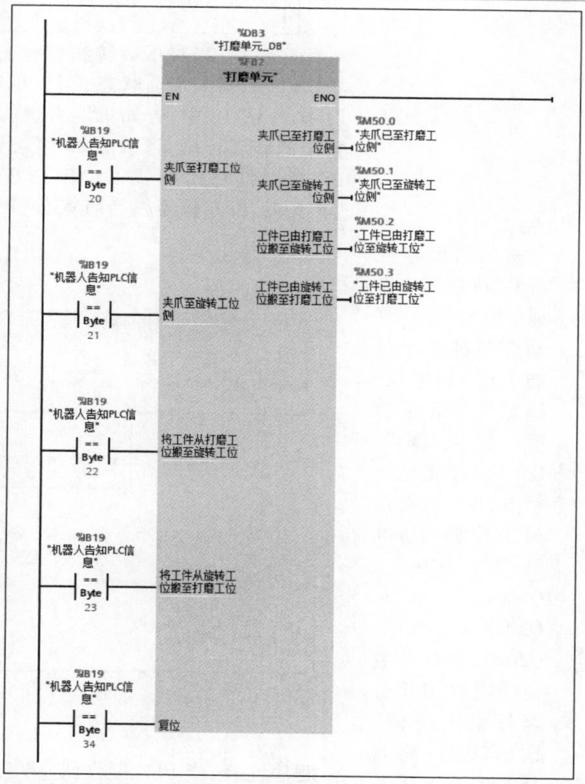 程序注释：当输入信号 IB19 的值为 20 时，机器人请求 PLC 将夹爪翻转到打磨工位；当输入信号 IB19 的值为 21 时，机器人请求 PLC 将夹爪翻转到旋转工位；当输入信号 IB19 的值为 22 时，机器人请求将工件从打磨工位搬至旋转工位；当输入信号 IB19 的值为 23 时，机器人请求将工件从旋转工位搬至打磨工位；当输入信号 IB19 的值为 34 时，复位打磨单元的电磁阀，达到初始化设备的目的

拓展阅读

武汉奋进智能

续表

序号	操作步骤	示意图
		三、PLC 程序编写
5	添加 M50.0、M50.1、 M50.2、M50.3 动合触点,扫描运算结果信号上升沿指令、移动值指令	程序注释:当夹爪翻转到打磨工位后,将数值 20 移入 QB16 中,告知机器人当前状态;当夹爪翻转到旋转工位后,将数值 21 移入 QB16 中,告知机器人当前状态;当工件已由打磨工位搬至旋转工位后,将数值 22 移入 QB16 中,告知机器人当前状态;当工件已由旋转工位搬至打磨工位后,将数值 23 移入 QB16 中,告知机器人当前状态
6	进入打磨单元程序功能块,新建"翻转工装气动夹爪翻转至打磨工位"程序段;添加"夹爪至打磨工位侧"、I20.6、I21.1 动合触点,"夹爪至旋转工位侧"动断触点, Q20.4.、Q20.1、 Q20.2、Q20.3 复位线圈,Q20.3、Q20.2 置位线圈,"夹爪已至打磨工位侧"输出线圈;实现翻转工装夹爪从旋转工位翻转到打磨工位一侧(翻转工装夹爪翻转至旋转工位"程序段的编写方法类似,此处不再赘述)	程序注释:当 PLC 接收到"夹爪至打磨工位侧"的输入信号时,翻转工装升降下位线圈复位、升降上位线圈置位;当光电传感器检测到升降气缸处于上限位时,翻转至旋转工位侧线圈复位,翻转至打磨工位侧线圈置位,当光电传感器检测到翻转至打磨工位侧时,PLC 告知机器人夹爪已至打磨工位侧,并将之前置位的信号复位

序号	操作步骤	示意图
		三、PLC 程序编写
7	新建"将工件从打磨工位搬至旋转工位"程序段，添加"将工件从打磨位搬至旋转工位"、I21.1 动合触点，扫描运算结果信号上升沿指令，LC3、LC1、LC2、Q20.1 复位线圈，Q20.2、LC1 置位线圈	 程序注释：当 PLC 接收到"将工件从打磨工位搬至旋转工位"的输入信号时，翻转工装翻转到旋转工位线圈复位，翻转到打磨工位线圈置位，当光电传感器检测到翻转工装翻转至打磨工位后，LC1 过渡线圈置位
8	添加 LC1、I20.7 常开触点，Q20.3 复位线圈，Q20.4、LC2 置位线圈	 程序注释：当 LC1 动合触点闭合后，翻转工装升降气缸上升线圈复位、升降下降线圈置位，当光电传感器检测到翻转工装到达下限位，LC2 过渡线圈置位
9	添加 LC2、I20.5、I20.6、I21.0 动合触点，Q20.5、Q20.3、Q20.1、LC3 置位线圈，LC1、Q20.4、Q20.2 复位线圈	 程序注释：当 LC2 动合触点闭合后，将 LC1 复位，翻转工装夹爪气缸线圈置位。当检测到夹爪闭合时，翻转工装上升；当检测到翻转工装到达上限位时，翻转工装翻转到旋转工位侧；当检测到达到旋转工位侧时，LC3 线圈置位

续表

序号	操作步骤	示意图
		三、PLC 程序编写
10	添加 LC3、I20.7、I20.4 动合触点，Q20.4 置位线圈，Q20.3、Q20.5 复位线圈，"工件已由打磨工位搬至旋转工位"输出线圈，复位位域线圈（将工件从旋转工位搬至打磨工位的程序段编程方法类似，此处不再赘述）	 程序注释：当 LC3 动合触点闭合后，翻转工装下降，下降到位后，翻转工装夹爪气缸线圈复位，翻转工装夹爪松开，传感器检测到夹爪松开到位后，PLC 告知机器人工件已由打磨工位搬至旋转工位侧，并将之前置位的信号复位
11	添加复位动合触点，复位位域指令	 程序注释：通过机器人发送的复位信号可以将 Q20.1 开始的连续 7 个电磁阀控制信号复位，实现翻转工装控制信号的初始化
		四、PLC 程序的调试
12	将组输出信号 ToPGroData 的值改为 34，复位翻转工装所有电磁阀的控制信号，保证翻转工装在翻转时夹爪处于张开状态，并且打磨工位夹具和旋转工位夹具处于松开状态	

续表

序号	操作步骤	示意图
		四、PLC 程序的调试
13	将组输出信号 ToPGroData 的值改为 20/21, 观察到夹爪翻转到打磨工位/旋转工位	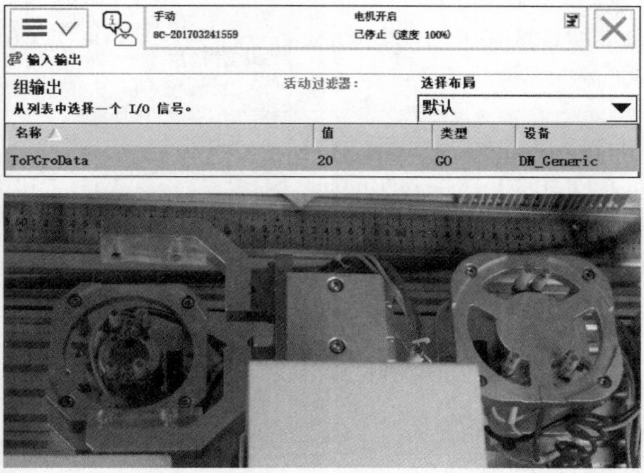
14	手动将轮毂零件放置到打磨工位/旋转工位上, 将组输出信号 ToPGroData 的值改为 22/23, 观察到夹爪夹持轮毂零件翻转到旋转工位/打磨工位上	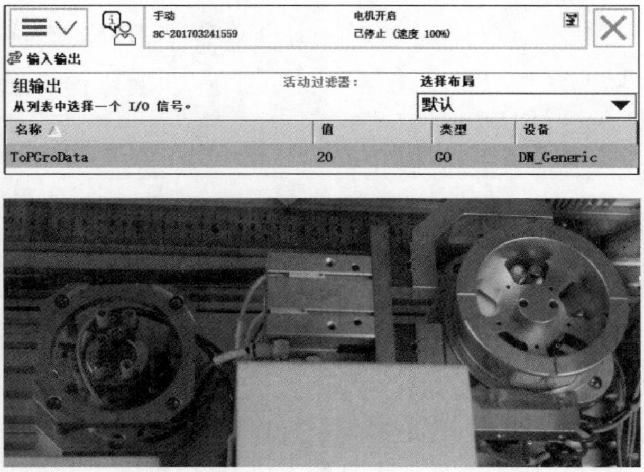

5.1.3 任务操作——轮毂的正反面打磨

1. 任务引入

实现了翻转工装的工件翻转功能之后,本任务需要在程序中进一步拓展打磨单元的功能,实现对轮毂正反面的打磨。

2. 任务内容

① 在仓储单元中的 5 号仓位放入 1 个正面朝上的轮毂零件。

② 编程实现机器人由仓储单元拾取轮毂零件,放入打磨工位,对打磨加工区域 1 进行打磨,翻转后对打磨区域 4 进行打磨,打磨完成后取出轮毂放回原仓位。机器人与 PLC、PLC 与新增打磨单元交互信号规划参考表 5-3、表 5-4。

PPT

打磨工艺与
打磨工作站

表 5 – 3   机器人与 PLC 交互信号

硬件设备	机器人信号	功能描述	类型	对应 PLC I/O 点	对应硬件设备
机器人远程 I/O No. 1 FR1108 1 ~ 8 通道口	FrPGroData	为 26：允许开始打磨	Byte	QB16	总控单元 PLC 远程 I/O 模块 No. 5 FR2108 1 ~ 8 通道口
机器人远程 I/O No. 6 FR2108 1 ~ 8 通道口	ToPGroData	为 26：请求开始打磨	Byte	IB 19	总控单元 PLC 远程 I/O 模块 No. 4 FR1108 1 ~ 8 通道口

表 5 – 4   PLC 与新增打磨单元交互信号

硬件设备	端口号	对应 PLC I/O 点	功能描述	对应硬件设备
PLC 远程 I/O 模块 No. 1 FR1108 1 ~ 4 通道口	1	I20. 0	打磨工位产品检知	光电传感器
	2	I20. 1	旋转工位产品检知	
	3	I20. 2	打磨工位夹具松开	
	4	I20. 3	打磨工位夹具夹紧	
PLC 远程 I/O 模块 No. 2 FR1108 3 ~ 4 通道口	3	I21. 2	旋转工位夹具松开	
	4	I21. 3	旋转工位夹具夹紧	

3. 任务分析

（1）机器人程序编程分析

从仓储单元取料程序和取工具程序已在之前任务中完成了编写，可以沿用。本任务中需要用到三种工具：取放正面朝上轮毂的工具、取放反面朝上轮毂的工具和打磨工具。

本任务中需要编写的程序功能分解如下：

① 将轮毂零件放于打磨工位：该子程序用于实现机器人将正面朝上的轮毂放置到打磨工位 PolishStation 上。

② 从旋转工位取轮毂零件：该子程序用于实现机器人从旋转工位 RotateStation 上取出轮毂。

③ 对打磨加工区域 1 进行打磨：该子程序用于实现对轮毂正面的打磨加工区域 PolishPosition1 的打磨。

④ 对打磨加工区域 4 进行打磨：该子程序用于实现将正面朝上的轮毂零件从打磨工位翻转到旋转工位，轮毂零件固定在旋转工位上，机器人对轮毂反面的打磨加工区域 PolishPosition4 进行打磨。

（2）PLC 程序编程分析

本任务中编写的 PLC 程序需要实现接收机器人发送的请求打磨信号，检测出当前轮毂零件位于打磨工位还是旋转工位，通过夹具将轮毂零件固定住，并告知机器人允许打磨，为打磨工艺的进行做好准备。对于 5.1.2 节完成的打磨单元的程序块 FB，需要加入新的外部和内部输入/输出信号，如图 5-4 所示。

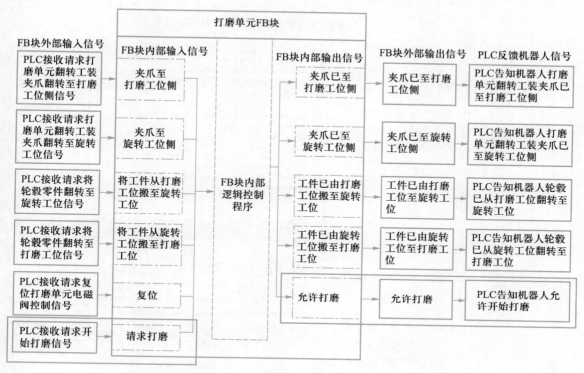

图 5-4 打磨单元 FB 块新增的输入/输出信号

4. 任务实操

序号	操作步骤	示意图
		一、编写将轮毂零件放于打磨工位程序
1	添加请求翻转工装夹爪翻转至旋转工位指令、等待夹爪已翻转至旋转工位指令、将轮毂零件放置到打磨工位指令，置位松开夹爪信号，注意松开轮毂前后需要添加必要的等待时间	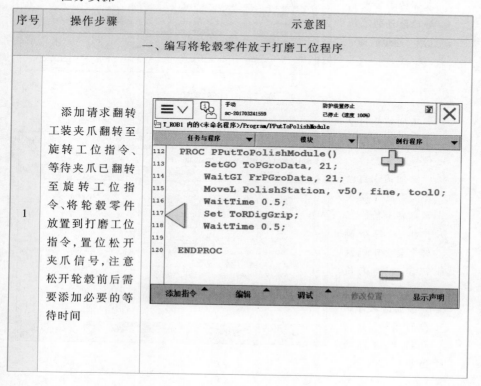

续表

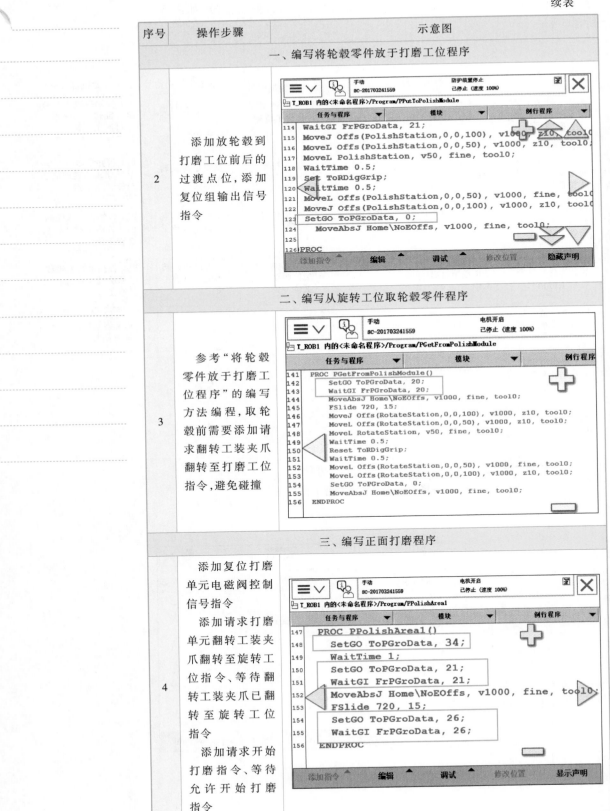

序号	操作步骤	示意图
		一、编写将轮毂零件放于打磨工位程序
2	添加放轮毂到打磨工位前后的过渡点位，添加复位组输出信号指令	手动 SC-201703241559 防护装置停止 己停止（速度 100%） T_ROB1 内的<未命名程序>/Program/PPutToPolishModule 任务与程序　模块　例行程序 114 WaitGI FrPGroData, 21; 115 MoveJ Offs(PolishStation,0,0,100), v1000, z10, tool0; 116 MoveL Offs(PolishStation,0,0,50), v1000, z10, tool0; 117 MoveL PolishStation, v50, fine, tool0; 118 WaitTime 0.5; 119 Set ToRDigGrip; 120 WaitTime 0.5; 121 MoveL Offs(PolishStation,0,0,50), v1000, fine, tool0; 122 MoveJ Offs(PolishStation,0,0,100), v1000, z10, tool0; 123 SetGO ToPGroData, 0; 124 MoveAbsJ Home\NoEOffs, v1000, fine, tool0; 125 126 PROC 添加指令　编辑　调试　修改位置　隐藏声明
		二、编写从旋转工位取轮毂零件程序
3	参考"将轮毂零件放于打磨工位程序"的编写方法编程，取轮毂前需要添加请求翻转工装夹爪翻转至打磨工位指令，避免碰撞	手动 SC-201703241559 电机开启 己停止（速度 100%） T_ROB1 内的<未命名程序>/Program/PGetFromPolishModule 任务与程序　模块　例行程序 141 PROC PGetFromPolishModule() 142 SetGO ToPGroData, 20; 143 WaitGI FrPGroData, 20; 144 MoveAbsJ Home\NoEOffs, v1000, fine, tool0; 145 FSlide 720, 15; 146 MoveJ Offs(RotateStation,0,0,100), v1000, z10, tool0; 147 MoveL Offs(RotateStation,0,0,50), v1000, z10, tool0; 148 MoveL RotateStation, v50, fine, tool0; 149 WaitTime 0.5; 150 Reset ToRDigGrip; 151 WaitTime 0.5; 152 MoveL Offs(RotateStation,0,0,50), v1000, fine, tool0; 153 MoveL Offs(RotateStation,0,0,100), v1000, z10, tool0; 154 SetGO ToPGroData, 0; 155 MoveAbsJ Home\NoEOffs, v1000, fine, tool0; 156 ENDPROC
		三、编写正面打磨程序
4	添加复位打磨单元电磁阀控制信号指令 添加请求打磨单元翻转工装夹爪翻转至旋转工位指令、等待翻转工装夹爪已翻转至旋转工位指令 添加请求开始打磨指令、等待允许开始打磨指令	手动 SC-201703241559 电机开启 己停止（速度 100%） T_ROB1 内的<未命名程序>/Program/PPolishArea1 任务与程序　模块　例行程序 147 PROC PPolishArea1() 148 SetGO ToPGroData, 34; 149 WaitTime 1; 150 SetGO ToPGroData, 21; 151 WaitGI FrPGroData, 21; 152 MoveAbsJ Home\NoEOffs, v1000, fine, tool0; 153 FSlide 720, 15; 154 SetGO ToPGroData, 26; 155 WaitGI FrPGroData, 26; 156 ENDPROC 添加指令　编辑　调试　修改位置　显示声明

续表

序号	操作步骤	示意图
		三、编写正面打磨程序
5	添加移动到打磨加工区域 1 指令、添加打开和关闭打磨工具的指令，到达打磨位置前后添加过渡点位	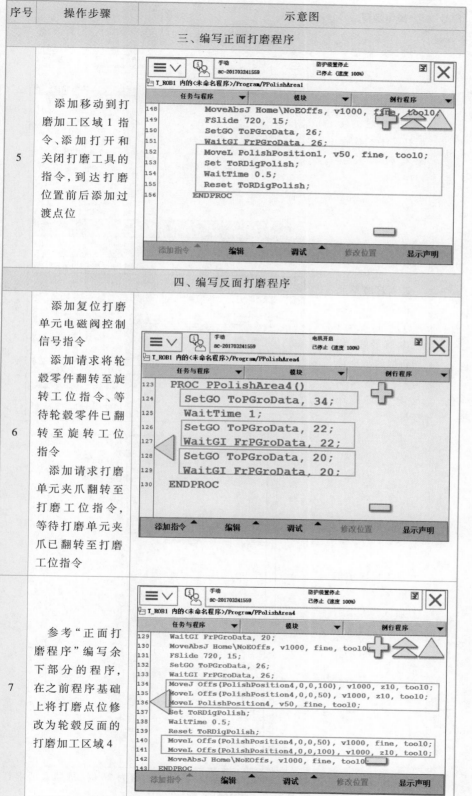
		四、编写反面打磨程序
6	添加复位打磨单元电磁阀控制信号指令 添加请求将轮毂零件翻转至旋转工位指令、等待轮毂零件已翻转至旋转工位指令 添加请求打磨单元夹爪翻转至打磨工位指令，等待打磨单元夹爪已翻转至打磨工位指令	
7	参考"正面打磨程序"编写余下部分的程序，在之前程序基础上将打磨点位修改为轮毂反面的打磨加工区域 4	

Step 5 screen (PPolishArea1):
```
148  MoveAbsJ Home\NoEOffs, v1000, fine, tool0;
149  FSlide 720, 15;
150  SetGO ToPGroData, 26;
151  WaitGI FrPGroData, 26;
152  MoveL PolishPosition1, v50, fine, tool0;
153  Set ToRDigPolish;
154  WaitTime 0.5;
155  Reset ToRDigPolish;
156  ENDPROC
```

Step 6 screen (PPolishArea4):
```
123  PROC PPolishArea4()
124  SetGO ToPGroData, 34;
125  WaitTime 1;
126  SetGO ToPGroData, 22;
127  WaitGI FrPGroData, 22;
128  SetGO ToPGroData, 20;
129  WaitGI FrPGroData, 20;
130  ENDPROC
```

Step 7 screen (PPolishArea4):
```
129  WaitGI FrPGroData, 20;
130  MoveAbsJ Home\NoEOffs, v1000, fine, tool0;
131  FSlide 720, 15;
132  SetGO ToPGroData, 26;
133  WaitGI FrPGroData, 26;
134  MoveJ Offs(PolishPosition4,0,0,100), v1000, z10, tool0;
135  MoveL Offs(PolishPosition4,0,0,50), v1000, z10, tool0;
136  MoveL PolishPosition4, v50, fine, tool0;
137  Set ToRDigPolish;
138  WaitTime 0.5;
139  Reset ToRDigPolish;
140  MoveL Offs(PolishPosition4,0,0,50), v1000, fine, tool0;
141  MoveL Offs(PolishPosition4,0,0,100), v1000, z10, tool0;
142  MoveAbsJ Home\NoEOffs, v1000, fine, tool0;
143  ENDPROC
```

续表

序号	操作步骤	示意图
		五、打磨主程序编写
8	结合轮毂正反面打磨工艺流程编写机器人主程序	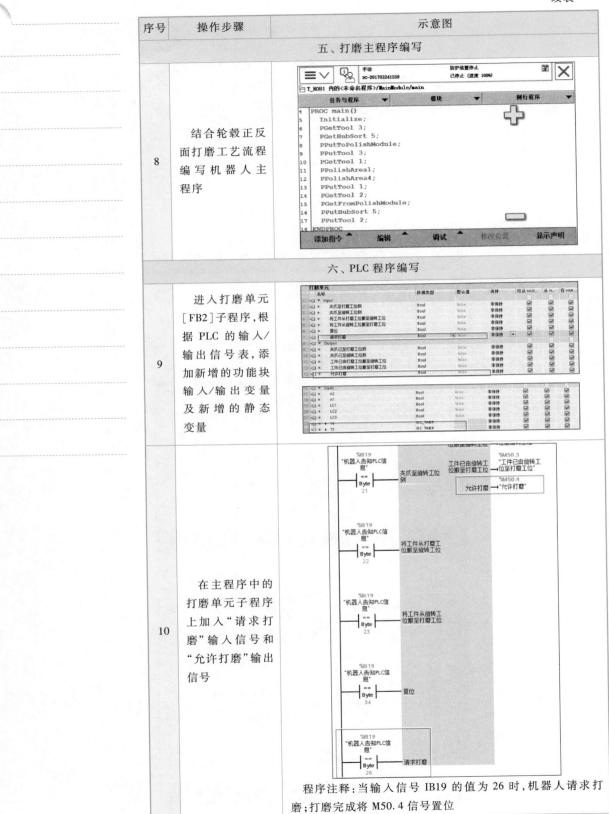
		六、PLC 程序编写
9	进入打磨单元[FB2]子程序,根据 PLC 的输入/输出信号表,添加新增的功能块输入/输出变量及新增的静态变量	
10	在主程序中的打磨单元子程序上加入"请求打磨"输入信号和"允许打磨"输出信号	程序注释:当输入信号 IB19 的值为 26 时,机器人请求打磨;打磨完成将 M50.4 信号置位

续表

序号	操作步骤	示意图
		六、PLC 程序编写
11	添加 M50.4 动合触点,扫描运算结果信号上升沿指令,移动值指令	%M50.4 "允许打磨"　P_TRIG　CLK　Q　"中间变量"打磨_bool[4]　MOVE　EN　ENO　26　IN　OUT1　%QB16 "PLC反馈机器人信息" 程序注释:当输入信号 IB19 的值为 26 时,将数值 26 移入 QB16 中,告知机器人可以进行打磨
12	进入打磨单元程序块,新建"允许打磨动作"程序段,添加"请求打磨"、I20.0、I20.1、I20.3、I21.3 动合触点,接通延时定时器,Q20.0、Q20.7、"允许打磨"输出线圈	程序段 7:　允许打磨动作 注释 #请求打磨　%I20.0 "打磨工位产品检知"　#T3 TON Time IN Q PT ET　T#1s　%Q20.0 "打磨工位夹具气缸" %I20.1 "旋转工位产品检知"　#T4 TON Time IN Q PT ET　T#1s　%Q20.7 "旋转工位夹具气缸" %I20.3 "放料工位夹具夹紧"　#允许打磨 %I21.3 "旋转工位夹具夹紧" 程序注释:接收到请求打磨输入信号后,当传感器检测到打磨工位或者旋转工位上有轮毂零件时,对应的工位夹具气缸会将轮毂夹紧;当传感器检测到夹具夹紧之后,发送信号告知机器人可以进行打磨
		七、程序调试
13	运行系统程序,观察机器人及打磨单元动作是否与规划一致	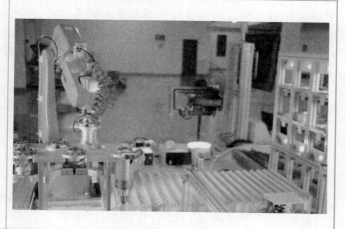

PPT
分拣机构的
基本功能

🤖 任务 5.2　分拣单元智能化改造

5.2.1　分拣机构的构成与工作原理

（1）分拣机构的构成

分拣机构由起始位置产品检知传感器、分拣道口传送到位检知传感器、升降气缸、推出气缸、定位气缸、分拣工位有料检知传感器、3 个分拣工位组成，如图 5-5 所示。

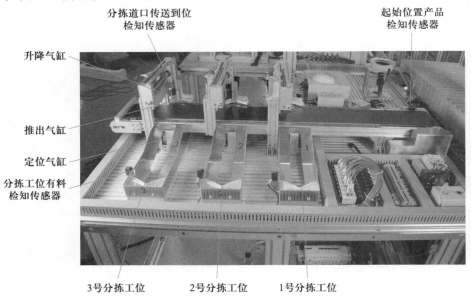

图 5-5　分拣机构的构成

（2）分拣机构的工作原理

当分拣机构传送带起始位置检测到零件时，传送带电动机启动运送零件。分拣机构根据程序要求将对应道口的升降气缸降下，拦截传送带上的零件；当对应分拣道口传送到位检知传感器检测到零件时，传送带停止，通过推出气缸将零件推入分拣工位；推出气缸推出到极限位置后，同时升降气缸升起、推出气缸缩回。定位气缸推出，将零件送入分拣工位，最后分拣工位有料检知传感器能检测到零件。

5.2.2　任务操作——分拣功能的实现

1. 任务内容

（1）将分拣单元拼入，并完成电源、气路、通信接线。

（2）对总控单元的 PLC 进行配置，建立与分拣单元的远程 I/O 模块通信。

（3）对总控单元的 PLC 进行编程，需要实现根据机器人发送的不同信号，将轮毂零件分拣到对应的分拣工位，程序包含如下的功能：（机器人与PLC、PLC 与分拣单元交互信号规划参考表 5-5、表 5-6 所示）

视频
分拣功能的实
现

① 启动传送带电动机及升降气缸:根据 PLC 接收到的机器人信号和传送带起始位置产品检知传感器的信号,能启动传送带电动机及升降气缸的动作。

② 道口进料:分拣机构推送轮毂零件,完成道口进料动作。

③ 通过机器人不同信号,分拣机构可以将轮毂零件分拣到不同的分拣工位。

④ 分拣完成后能反馈给机器人分拣完成的信号。

表 5-5　机器人与 PLC 交互信号

硬件设备	机器人信号	功能描述	类型	对应 PLC I/O 点	对应硬件设备
机器人远程 I/O No. 1 FR1108 1~8 通道口	FrPGroData	为 27:分拣完成	Byte	QB16	总控单元 PLC 远程 I/O 模块 No. 5 FR2108 1~8 通道口
机器人远程 I/O No. 6 FR2108 1~8 通道口	ToPGroData	为 31:分拣到 1 号分拣工位 为 32:分拣到 2 号分拣工位 为 33:分拣到 3 号分拣工位	Byte	IB 19	总控单元 PLC 远程 I/O 模块 No. 4 FR1108 1~8 通道口

表 5-6　PLC 与分拣单元交互信号

硬件设备	对应 PLC I/O 点	功能描述	对应硬件设备
PLC 远程 I/O 模块 No. 1 FR2108 1~8 通道口	I10.0	传送带起始端是否有料检知	光电开关
	I10.1	1 号分拣道口传送到位检知	
	I10.2	2 号分拣道口传送到位检知	
	I10.3	3 号分拣道口传送到位检知	
	I10.4	1 号分拣工位产品检知	
	I10.5	2 号分拣工位产品检知	
	I10.6	3 号分拣工位产品检知	
	I10.7	1 号分拣机构推出到位	磁性开关
PLC 远程 I/O 模块 No. 2 FR1108 1~8 通道口	I11.0	1 号分拣机构升降到位	磁性开关
	I11.1	2 号分拣机构推出到位	
	I11.2	2 号分拣机构升降到位	
	I11.3	3 号分拣机构推出到位	
	I11.4	3 号分拣机构升降到位	
	I11.5	1 号分拣道口定位到位	
	I11.6	2 号分拣道口定位到位	
	I11.7	3 号分拣道口定位到位	

续表

硬件设备	对应 PLC I/O 点	功能描述	对应硬件设备
PLC 远程 I/O 模块 No. 4 FR2108 1~8 通道口	Q10.0	1 号分拣机构推出气缸	气缸电磁阀
	Q10.1	1 号分拣机构升降气缸	
	Q10.2	2 号分拣机构推出气缸	
	Q10.3	2 号分拣机构升降气缸	
	Q10.4	3 号分拣机构推出气缸	
	Q10.5	3 号分拣机构升降气缸	
	Q10.6	1 号分拣道口定位气缸	
	Q10.7	2 号分拣道口定位气缸	
PLC 远程 I/O 模块 No. 5 FR1108 1~2 通道口	Q11.0	3 号分拣道口定位气缸	
	Q11.1	传动带驱动电动机启动	传送带驱动电动机

2. 任务分析

分拣单元的功能程序同样可以使用一个程序块 FB 来编写,如图 5-6 所示为分拣单元 FB 块编程思路示意图。

图 5-6　分拣单元 FB 块编程思路示意图

3. 任务实操

序号	操作步骤	示意图
一、分拣单元的拼接及接线		
1	参考项目二任务 2.1.1 完成分拣单元的拼接及接线	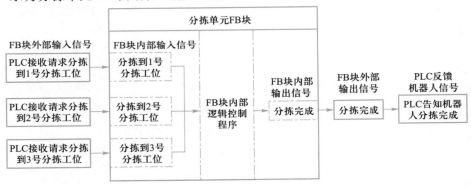

续表

序号	操作步骤	示意图
		二、建立与分拣单元的远程 I/O 模块通信
2	参考项目三任务 3.1.4 完成总控 PLC 与远程 I/O 模块的通信配置	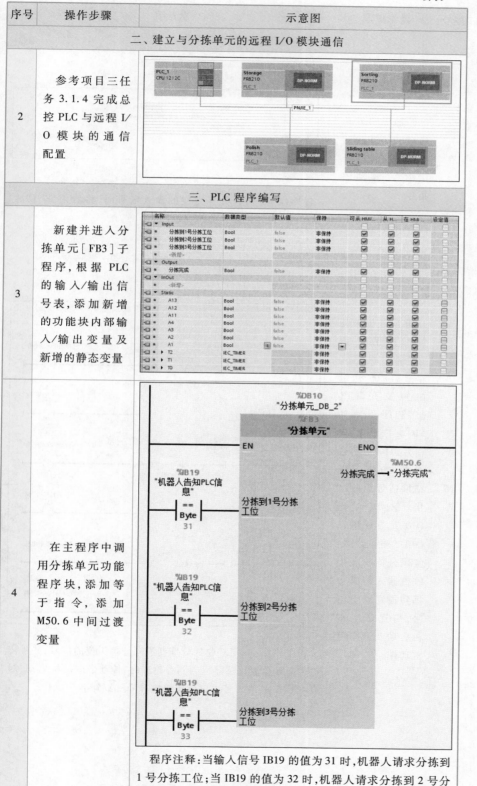
		三、PLC 程序编写
3	新建并进入分拣单元 [FB3] 子程序，根据 PLC 的输入/输出信号表，添加新增的功能块内部输入/输出变量及新增的静态变量	
4	在主程序中调用分拣单元功能程序块，添加等于指令，添加 M50.6 中间过渡变量	程序注释：当输入信号 IB19 的值为 31 时，机器人请求分拣到 1 号分拣工位；当 IB19 的值为 32 时，机器人请求分拣到 2 号分拣工位；当 IB19 的值为 33 时，机器人请求分拣到 3 号分拣工位

续表

序号	操作步骤	示意图
		三、PLC 程序编写
5	添加 M50.6 动合触点,扫描运算结果信号上升沿指令,移动值指令	 程序注释:当有分拣完成的输入信号时,将数值 27 移入 QB16 中,告知机器人分拣完成
6	进入分拣单元[FB3]子程序,新建"通过机器人信号启动传送带电机及升降气缸"程序段;添加 FB 块内部输入信号、I10.0 动合触点、扫描运算结果信号上升沿指令、Q11.1、Q10.1、Q10.3、Q10.5 置位线圈;实现分拣单元接收机器人请求分拣到指定道口信号,传送带电动机启动及升降气缸动作	 程序注释:当 PLC 收到分拣到不同分拣工位的信号,并且传送带起始位置传感器检测到有轮毂时,传动带电动机启动,对应 1 号、2 号或 3 号道口分拣机构升降气缸降下

续表

序号	操作步骤	示意图
		三、PLC 程序编写

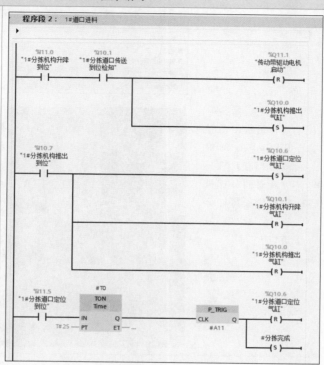

程序注释:磁性开关检测到升降机构升降到位、且光电传感器检测到传送带送料到位,此时传送带电动机复位停止、推出气缸推出

磁性开关检测到推出气缸推出到位,升降气缸和推出气缸电磁阀复位,定位气缸推出

磁性开关检测到定位气缸定位到位,延时 2 s 后,定位气缸缩回,并告知机器人分拣完成

7 — 新建"道口进料"程序段,以 1 号道口进料程序段为例,添加 I11.0、 I10.1、 I10.7、I11.5 动合触点, Q11.1、 Q10.1、 Q10.0、 Q10.6 复位线圈、 Q10.0、 Q10.6、 "分拣完成"置位线圈;添加接通延时定时器、扫描运算结果信号上升沿指令;实现分拣 1 号道口进料功能

| | | 四、程序的调试 |

8 — 手动操纵机器人,将轮毂零件放置到传送带起始位置产品检知传感器能检测到的区域上

续表

序号	操作步骤	示意图
		四、程序的调试
9	将组输出信号 ToPGroData 的值改为 31/32/33 观察到分拣机构将轮毂零件分拣到 1/2/3 号道口	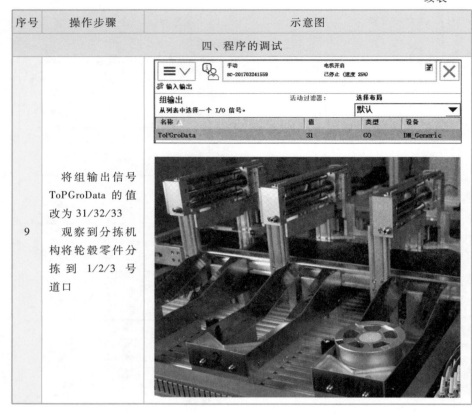

5.2.3 任务操作——轮毂正反二维码取余分拣

1. 任务引入

本任务从实际生产提炼出较为相对理想的分拣场景:基于轮毂零件正反两面的二维码数值,通过一定计算,然后根据计算结果实施分拣任务。

2. 任务内容

① 在仓储单元 5 号料仓中放入 1 个轮毂零件,方向不定。

② 工业机器人利用吸盘工具确定轮毂方向,利用打磨单元对轮毂零件进行翻转,然后利用检测单元检测轮毂正反二维码数值。

③ 将 2 个二维码数值相加后对 3 取余数并对余数加 1,将轮毂分拣到此结果对应的分拣道口。

3. 任务分析

本任务中涉及使用吸盘工具对于轮毂正反面进行判断,因此会引入一个记录轮毂正反面的变量,存储轮毂当前正反面的信息,同时还需要参考之前任务中完成的一些程序段编写新程序段,从而满足本任务的要求:

① 料仓取料程序:该子程序已在 3.2.3 节中完成编写,此处涉及取正反面两种轮毂,因此需要对取正反面轮毂时候的点位进行示教,分别将正反点位存至数组 StorageHubPositionSide1{6} 和 StorageHubPositionSide2{6} 中;同时需要加入通过吸盘工具判断轮毂正反面的流程,并对于轮毂正反面的信息记录在变量 NumSideUp 中。NumSideUp 为 1 时,正面朝上;NumSideUp 为 2 时,反

视频

轮毂正反二维
码取余分拣

面朝上。

②　与视觉系统通信程序：参考 4.4.2 节中编写的轮毂检测程序，编写该任务中的与视觉系统通信程序，此处需要加入视觉检测后将轮毂正反面的二维码信息储存的功能，轮毂朝上时的反面二维码信息存储到变量 QRcodeBack 中，轮毂朝下时的正面二维码信息存储到变量 QRcodeFront 中。

③　二维码检测程序：参考 4.4.2 节中编写的轮毂检测程序，编写二维码检测程序，需要对正反面轮毂视觉检测时的点位分别进行示教并记录在数组 Visual{2} 中。

④　将轮毂零件放于打磨单元：在 5.1.3 节中已完成将正面朝上的轮毂零件放置到打磨工位上程序段的编写，此处需要加入当轮毂为反面时，放置到旋转工位的流程分支。

⑤　从打磨单元取轮毂零件：在 5.1.3 节中已完成从旋转工位取出反面朝上的轮毂零件的程序段编写，此处需要加入当轮毂为正面时，从打磨工位取出轮毂的流程分支。

⑥　轮毂正反翻转：该程序是新增程序，采用带参数的例行程序，根据轮毂正反两种情况时不同的参数值调用不同程序段，通过机器人信号指令控制轮毂从打磨工位翻转到旋转工位，或从旋转工位翻转到打磨工位，实现轮毂正反面的转换。

⑦　分拣程序：该程序是新增程序，将正面或反面朝上的轮毂零件移动到传送带起始位，该点位信息存储在数组 Sort{2} 中，然后根据二维码运算结果将轮毂分拣到对应道口，其中二维码运算结果被保存在变量 NumSort 中。

4.　任务实操

序号	操作步骤	示意图
	一、料仓取料程序改写	
1	使用吸盘工具，分别对 5 号仓位取正/反面朝上的轮毂时的点位进行示教记录	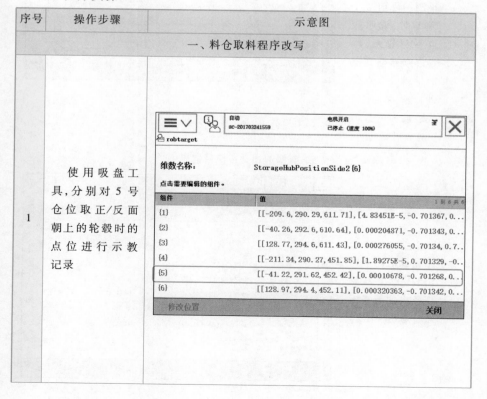

续表

序号	操作步骤	示意图
		一、料仓取料程序改写
2	添加移动到吸取正面轮毂零件点位；添加置位打开吸盘工具的信号指令	
3	添加条件分支判断语句，当真空检测结果信号为 1 时，说明吸取到的是轮毂正面，将代表正面的数值 1 记录到变量中；当真空检测结果信号不为 1 时，说明吸取不到轮毂，吸盘继续移动到反面轮毂吸取点位进行吸取，并将代表反面的数值 2 记录到变量中	
		二、编写与视觉系统通信程序
4	参考 4.4.2 节中完成的轮毂检测程序，编写该任务中的与视觉系统通信程序	

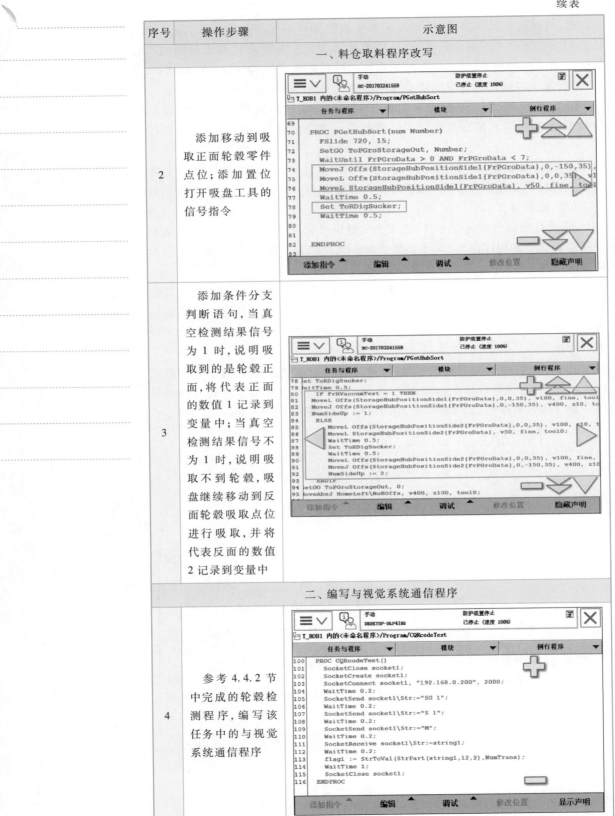

步骤2示意图内容：

```
PROC PGetHubSort(num Number)
    FSlide 720, 15;
    SetGO ToPGroStorageOut, Number;
    WaitUntil FrPGroData > 0 AND FrPGroData < 7;
    MoveJ Offs(StorageHubPositionSide1{FrPGroData},0,-150,35),
    MoveL Offs(StorageHubPositionSide1{FrPGroData},0,0,35),v1
    MoveL StorageHubPositionSide1{FrPGroData}, v50, fine, tool
    WaitTime 0.5;
    Set ToRDigSucker;
    WaitTime 0.5;

ENDPROC
```

步骤3示意图内容：

```
Set ToRDigSucker;
WaitTime 0.5;
MoveL Offs(StorageHubPositionSide1{FrPGroData},0,0,35), v100, fine, tool
    IF FrRVaccumTest = 1 THEN
    MoveJ Offs(StorageHubPositionSide1{FrPGroData},0,-150,35), v400, z10, to
    NumSideUp := 1;
    ELSE
        MoveL Offs(StorageHubPositionSide2{FrPGroData},0,0,35), v100, z10, t
        MoveL StorageHubPositionSide2{FrPGroData}, v50, fine, tool0;
        WaitTime 0.5;
        Set ToRDigSucker;
        WaitTime 0.5;
        MoveL Offs(StorageHubPositionSide2{FrPGroData},0,0,35), v100, fine,
        MoveJ Offs(StorageHubPositionSide2{FrPGroData},0,-150,35), v400, z10
        NumSideUp := 2;
    ENDIF
SetGO ToPGroStorageOut, 0;
MoveAbsJ HomeLeft\NoEOffs, v400, z100, tool0;
```

步骤4示意图内容：

```
PROC CQRcodeTest()
    SocketClose socket1;
    SocketCreate socket1;
    SocketConnect socket1, "192.168.0.200", 2000;
    WaitTime 0.2;
    SocketSend socket1\Str:="SG 1";
    WaitTime 0.2;
    SocketSend socket1\Str:="S 1";
    WaitTime 0.2;
    SocketSend socket1\Str:="M";
    WaitTime 0.2;
    SocketReceive socket1\Str:=string1;
    WaitTime 0.2;
    flag1 := StrToVal(StrPart(string1,12,2),NumTrans);
    WaitTime 1;
    SocketClose socket1;
ENDPROC
```

续表

序号	操作步骤	示意图
		二、编写与视觉系统通信程序
5	添加紧凑型条件判断语句，将视觉检测出的轮毂正反面二维码信息分别存入不同的变量中	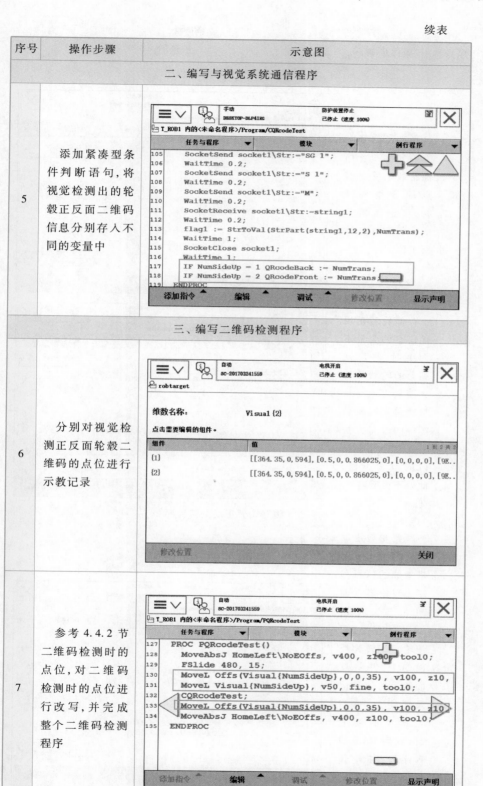
		三、编写二维码检测程序
6	分别对视觉检测正反面轮毂二维码的点位进行示教记录	
7	参考 4.4.2 节二维码检测时的点位，对二维码检测时的点位进行改写，并完成整个二维码检测程序	

续表

序号	操作步骤	示意图
四、将轮毂零件放于打磨单元程序改写		
8	添加条件分支判断语句，当存储轮毂正反面信息的变量为 1 时，将正面朝上的轮毂放置到打磨工位	
9	存储轮毂正反面信息的变量不为 1 时，将反面朝上的轮毂放置到旋转工位（从打磨单元取轮毂零件的改写方法可以参考此程序段的改写方法，此处不再赘述）	
五、编写轮毂正反翻转程序		
10	新建轮毂正反翻转程序，采用带参数的例行程序。当轮毂正面朝上时，调用 CASE 1 程序段，使轮毂翻转为反面朝上，并将反面朝上的信息记录到变量中；当轮毂反面朝上时，调用 CASE 2 程序段，使轮毂翻转为正面朝上，并将正面朝上的信息记录到变量中	

续表

序号	操作步骤	示意图
		六、编写分拣程序
11	添加将轮毂移动到分拣传送带起始位置指令，添加于分拣传动带放料前后的过渡点	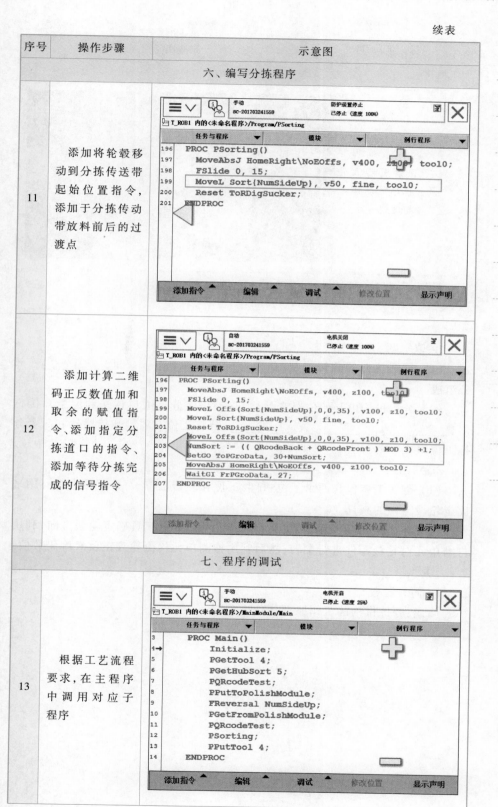
12	添加计算二维码正反数值加和取余的赋值指令、添加指定分拣道口的指令、添加等待分拣完成的信号指令	
		七、程序的调试
13	根据工艺流程要求，在主程序中调用对应子程序	

序号	操作步骤	示意图
	七、程序的调试	
14	运行系统程序,观察机器人及分拣单元动作是否与规划一致	

知识测评

1. 填空题

（1）打磨单元的翻转工装由_____、_____和_____三部分组成。

（2）分拣机构由起始位置产品检知传感器、分拣道口传送到位检知传感器、_____、_____、_____、分拣工位有料检知传感器和3个分拣工位组成。

2. 判断题

（1）翻转工装包含两个工位：打磨工位和旋转工位,每个工位上都有用来固定轮毂零件的夹具。（　　）

（2）在任务5.2.3操作中,工业机器人利用吸盘工具确定轮毂方向,利用打磨单元对轮毂零件进行翻转,然后利用检测单元检测轮毂正反二维码数值。（　　）

3. 简答题

简述：分拣机构的工作原理是什么？

项目六 加工单元的集成调试与应用

学习任务

- 6.1 数控系统通信模块的应用
- 6.2 数控加工前的准备
- 6.3 加工单元智能化改造

学习目标

■ 知识目标

- 了解数控系统的组成、I/O 通信模块及控制方式
- 了解铣削加工刀具类型及刀具管理包含的功能
- 了解数控铣床坐标系相关概念
- 了解面板操作单元及机床控制面板的组成
- 了解机床设置与手动功能

■ 技能目标

- 掌握数控系统 PLC 程序的上传和下载
- 掌握数控系统 PLC 程序的测试
- 掌握数控系统中新建刀具的方法
- 掌握数控加工前的对刀方法
- 掌握机器人取轮毂并启动数控加工的程序编写及调试
- 掌握自动化数控加工后的成品吹屑及分拣程序编写及调试

■ 素养目标

- 具有耐心、专注的意志力
- 增强安全观念
- 具有严谨求实、认真负责、踏实敬业的工作态度

思维导图

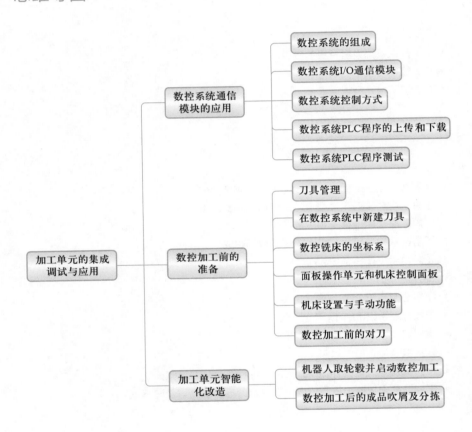

加工单元的集成调试与应用
├── 数控系统通信模块的应用
│   ├── 数控系统的组成
│   ├── 数控系统I/O通信模块
│   ├── 数控系统控制方式
│   ├── 数控系统PLC程序的上传和下载
│   └── 数控系统PLC程序测试
├── 数控加工前的准备
│   ├── 刀具管理
│   ├── 在数控系统中新建刀具
│   ├── 数控铣床的坐标系
│   ├── 面板操作单元和机床控制面板
│   ├── 机床设置与手动功能
│   └── 数控加工前的对刀
└── 加工单元智能化改造
    ├── 机器人取轮毂并启动数控加工
    └── 数控加工后的成品吹屑及分拣

任务 6.1　数控系统通信模块的应用

6.1.1　数控系统及通信模块

1. 数控系统的组成

加工单元的数控系统采用西门子 828D 型数控系统,数控系统的主要控制部件包括控制单元 PPU、机床控制面板 MCP 以及 PLC I/O 模块 PP72/48 PN,如图 6 - 1 所示。其中,PPU 集成了数控系统中的 PLC。

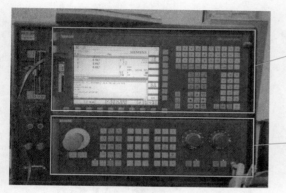

控制单元 PPU

MCP 机床控制面板

PLC I/O 模块

图 6 - 1　数控系统主要控制部件

PPU 是整个数控系统的核心,它将 HMI、PC 键盘、CNC、数控系统 PLC 等集于一体。PPU 主要实现对机床伺服轴的控制,其中数控系统 PLC 多用于对除伺服轴外的辅助设备,如安全门、夹具、工作状态指示灯、冷却液等动作的逻辑控制。

2. 数控系统 I/O 通信模块

PP72/48D PN 是一种基于 ProfiNet 网络通信的输入/输出模块,可提供 72 个数字输入和 48 个数字输出。每个模块具有三个独立的 50 芯插槽:X111、X222、X333,每个插槽中包括了 24 位数字量输入和 16 位数字量输出,PP72/48D PN 输入/输出模块如图 6 - 2 所示。X2 ProfiNet 接口中的接口 1 与控制单元 PPU 背面的 PN1 接口相连,如图 6 - 3 所示,由于 PLC 集成在 PPU 中,因此 PP72/48D PN 模块的 I/O 信号可以看作内部 PLC 的 I/O 信号,PP72/48D PN 输入/输出信号的逻辑地址和接口端子号的对应关系见表 6 - 1。

3. 数控系统控制方式

数控系统控制的对象分为:伺服轴和其他辅助设备。二者的控制相互存在关联,例如,当夹具未夹紧时,不应允许伺服轴运动加工;而伺服轴运动异常时需要指示灯报错提示等。

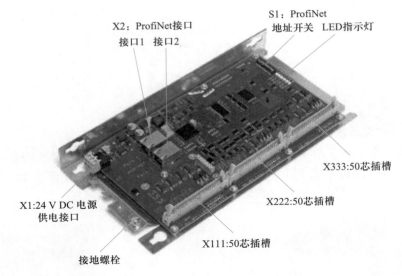

图 6－2　PP72/48D PN 输入/输出模块

图 6－3　PP72/48D PN 接口 1 与控制单元 PPU 背面的 PN1 接口连接示意图

表 6－1　PP72/48D PN 输入/输出信号地址和接口端子号的对应关系

端子	X111	X222	X333	端子	X111	X222	X333
1	数字输入公共端 0 V DC			7	I 0.4	I 3.4	I 6.4
2	24 V DC 输出			8	I 0.5	I 3.5	I 6.5
3	I 0.0	I 3.0	I 6.0	9	I 0.6	I 3.6	I 6.6
4	I 0.1	I 3.1	I 6.1	10	I 0.7	I 3.7	I 6.7
5	I 0.2	I 3.2	I 6.2	11	I 1.0	I 4.0	I 7.0
6	I 0.3	I 3.3	I 6.3	12	I 1.1	I 4.1	I 7.1

续表

端子	X111	X222	X333	端子	X111	X222	X333
13	I 1.2	I 4.2	I 7.2	32	Q 0.1	Q 2.1	Q 4.1
14	I 1.3	I 4.3	I 7.3	33	Q 0.2	Q 2.2	Q 4.2
15	I 1.4	I 4.4	I 7.4	34	Q 0.3	Q 2.3	Q 4.3
16	I 1.5	I 4.5	I 7.5	35	Q 0.4	Q 2.4	Q 4.4
17	I 1.6	I 4.6	I 7.6	36	Q 0.5	Q 2.5	Q 4.5
18	I 1.7	I 4.7	I 7.7	37	Q 0.6	Q 2.6	Q 4.6
19	I 2.0	I 5.0	I 8.0	38	Q 0.7	Q 2.7	Q 4.7
20	I 2.1	I 5.1	I 8.1	39	Q 1.0	Q 3.0	Q 5.0
21	I 2.2	I 5.2	I 8.2	40	Q 1.1	Q 3.1	Q 5.1
22	I 2.3	I 5.3	I 8.3	41	Q 1.2	Q 3.2	Q 5.2
23	I 2.4	I 5.4	I 8.4	42	Q 1.3	Q 3.3	Q 5.3
24	I 2.5	I 5.5	I 8.5	43	Q 1.4	Q 3.4	Q 5.4
25	I 2.6	I 5.6	I 8.6	44	Q 1.5	Q 3.5	Q 5.5
26	I 2.7	I 5.7	I 8.7	45	Q 1.6	Q 3.6	Q 5.6
27, 29	无定义			46	Q 1.7	Q 3.7	Q 5.7
28, 30	无定义			47, 49	数字输出公共端 DC 24 V		
31	Q 0.0	Q 2.0	Q 4.0	48, 50	数字输出公共端 DC 24 V		

数控系统的控制是由 PPU 完成的,伺服轴的运动路径解算等是由 PPU 中 NC 等部件完成,而集成在 PPU 中的 PLC 则只负责辅助设备的逻辑控制,以及收发涉及 NC、HMI 控制的信息。如安全门、三色灯、夹具等辅助设备的控制,可将设备控制的电气接线接到 PLC I/O 模块的 X111、X222、X333 插槽中,数控 PLC 程序一方面处理辅助设备的控制逻辑,另一方面通过数据接口,实现 PLC 和 NC、PLC 和 HMI 之间的信息交换。

6.1.2 任务操作——数控系统 PLC 程序的上传和下载

1. 任务引入

数控系统 PLC 对于数控系统来说是非常重要的,在实际任务实施过程中,我们需要通过上传数控系统中的 PLC 程序,来明确 PLC 程序中已有的功能;针对不同的功能要求,有时也需要对数控系统 PLC 程序加以调整和优化,如此也会涉及程序的下载。

2. 任务内容

① 参考项目二任务 2.1.1 完成加工单元电源、气路、通信的接线。

② 将数控系统中的 PLC 程序上传到计算机 PLC 编程软件上,对这个程序进行备份保存。

③ 将计算机中编写好的 PLC 程序下载到数控系统的 PLC 中。

📱 视频

数控系统 PLC
程序的上传
和下载

3. 任务实施

序号	操作步骤	示意图
	一、数控系统 PLC 程序的上传	
1	使用网线连接数控系统 X127 网口和计算机网口	
2	打开 PLC Programming Tool 软件,双击"通信"进入"通信设定"界面	
3	双击"地址:"0"",选择计算机的网卡,系统会标明应选网卡型号,然后确认	
4	将 X127 端口的 IP 地址输入到通信的远程地址,双击刷新,828D 的绿色边框图标出现,说明连接成功	

续表

序号	操作步骤	示意图
	一、数控系统 PLC 程序的上传		
5	单击菜单栏上的"载入"按钮，弹出载入对话框，确认需要载入的数据信息后，单击"确认"按钮，将程序上传到计算机软件中	
6	载入完成后，会弹出"载入成功"对话框，单击"保存"按钮，对该上传上来的程序进行备份保存	
	二、数控系统 PLC 程序下载		
7	单击菜单栏上的"下载"按钮，并对编辑完的 PLC 程序进行保存	

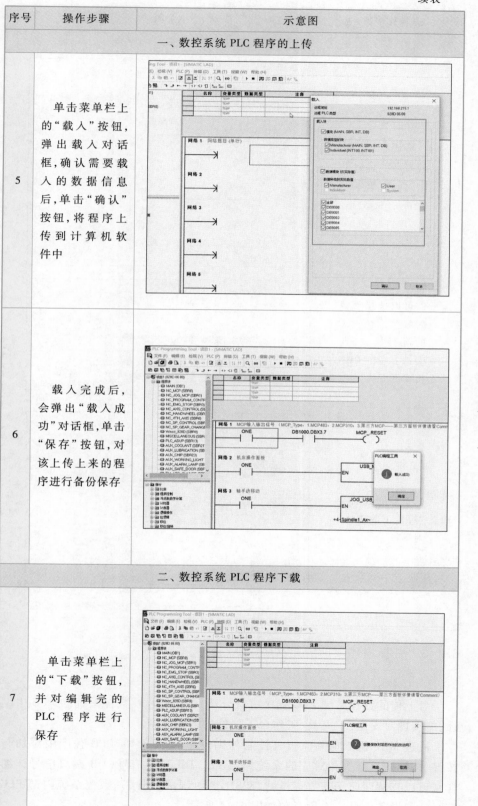

续表

序号	操作步骤	示意图
二、数控系统 PLC 程序下载		
8	确认需要下载的数据信息后单击"确认"按钮	
9	可以选择下载时数控系统 PLC 的运行模式,此处选择"在 RUN 模式下下载"	
10	下载完成后会弹出"下载成功"对话框	

6.1.3　任务操作——数控系统 PLC 程序测试

1. 任务引入

对上传的数控系统 PLC 程序进行分析,可知通过在数控系统的 PLC 中编程,能实现对安全门、夹具、工作台等部件的精确控制。

通过 MCP 机床控制面板去控制外围设备时,需要在 PLC 程序中添加与按键、按键指示灯等相对应的系统内部 PLC DB 接口信号(DB 接口信号详细含义可以查阅西门子官方提供的"828D 简明调试手册"),数控系统内部 PLC 控制外围设备信号关系示意图如图 6-4 所示。

视频

手动控制加工单元安全门及夹具

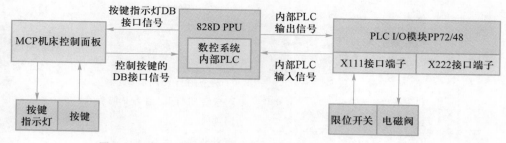

图 6 - 4　数控系统内部 PLC 控制外围设备信号关系示意图

以手动控制安全门打开关闭的 PLC 程序段为例,如图 6 - 5 所示,分析数控内部 PLC 如何手动控制外围设备的动作。按下 JOG 手动模式按钮,当按下安全门打开按钮(见任务内容),系统内部接口信号 DB1000. DBX7.7 动合触点闭合,Q0.0 线圈接通,安全门打开;当安全门处于打开位置时,I1.3 动合触点闭合,DB1100. DBX5.7 系统接口信号线圈接通,安全门打开状态指示灯亮起;安全门关闭、夹具动作以及工作台移动的过程同理,此处不再赘述。

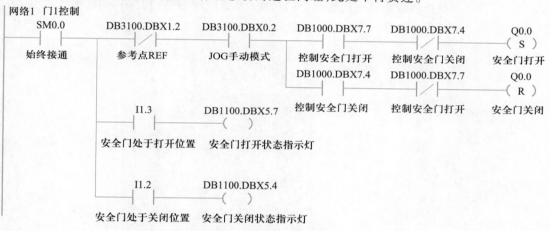

图 6 - 5　数控 PLC 手动控制安全门打开关闭

接下来需要测试 PLC 程序中手动控制安全门打开关闭、夹具松开夹紧、工作台前后移动等功能。通过 6.1.1 节中的内容,已经了解到数控系统内部的 PLC 与数控系统 I/O 通信模块相互连接,并具有相互的对应关系。表 6 - 2 所示为数控系统 PLC 与数控系统 X111 端子交互信号关系。

表 6 - 2　数控系统 PLC 与数控系统 X111 端子交互信号

数控系统 X111 端子转换器端子号	数控系统 PLC I/O 点	功能描述	对应硬件
13	I 1.2	安全门处于关闭位置	限位开关
14	I 1.3	安全门处于打开位置	
19	I 2.0	工作台处于后位	
20	I 2.1	工作台处于前位	
21	I 2.2	夹具松开到位	
22	I 2.3	夹具夹紧到位	

续表

数控系统 X111 端子转换器端子号	数控系统 PLC I/O 点	功能描述	对应硬件
31	Q 0.0	安全门打开和关闭:值为 1 时安全门打开,值为 0 时安全 门关闭	电磁阀
32	Q 0.1	夹具夹紧张开: 值为 1 时夹具夹紧, 值为 0 时夹具张开	
42	Q 1.3	工作台前移	
44	Q 1.5	工作台后移	

2. 任务内容

通过数控系统机床控制面板上的按键(如图 6-6 所示),测试 PLC 程序手动控制数控机床动作部分的功能,手动控制安全门开闭、夹具夹紧松开、工作台前后移动。

门1开	夹具合	
门1关	夹具开	
门2开	工作台前	
门2关	工作台后	

图 6-6　机床控制面板上的按键

3. 任务实施

序号	操作步骤	示意图
1	将数控系统切换到 JOG 手动操纵模式	

续表

序号	操作步骤	示意图
2	通过按安全门打开关闭按钮,实现安全门的打开和关闭;当安全门处于打开和关闭状态时,对应按钮上的指示灯会亮起	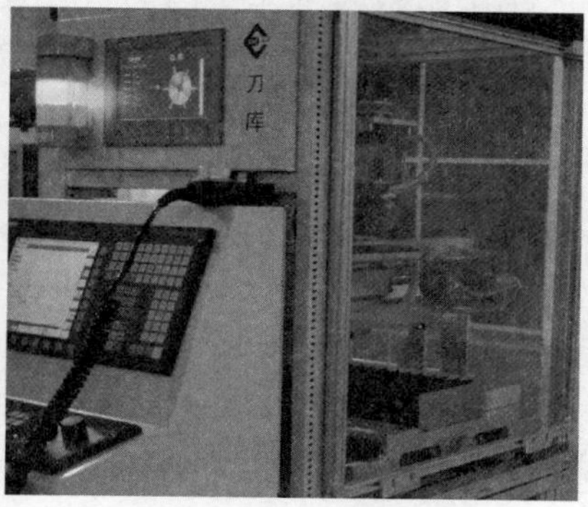  门1关
3	通过按夹具打开关闭按钮,实现夹具的夹紧和松开;当夹具处于夹紧和松开状态时,对应按钮上的指示灯会亮起	  夹具合
4	通过按控制工作台前后移动按钮,实现工作台的前后移动;当工作台处于前位或后位状态时,对应按钮上的指示灯会亮起	  工作台前

任务 6.2　数控加工前的准备

6.2.1　刀具管理

PPT
刀具管理

西门子 828D 型数控系统为了方便操作人员对于刀具的管理,标配了机床刀具管理功能,包含刀具清单、刀具磨损、刀库 三个列表。将刀具的相关信息保存到 NC 系统中,通过内部数据计算完成刀具的补偿、轨迹的偏移、进给速度确定、主轴转数确定等。

1. 刀具类型

（1）刀具类型信息

在 828D 的 NC 系统中,已经自动为不同的刀具分配了类型以及识别号,每种刀具类型被分配了一个 3 位的编号,见表 6 - 3。在系统的刀具参数界面上,不同的图形符号表示不同刀具的外形特征。

表 6 - 3 刀具组类型

刀具类型	刀具组
1XY	铣刀
2XY	钻头
3XY	备用
6XY	备用
7XY	专用刀具,如探头、切槽锯片

（2）预置刀具类型与名称

在创建刀具的时候,系统会提供多个刀具类型的选项。系统预置了一些刀具类型供操作者选择,如图 6 - 7 所示。

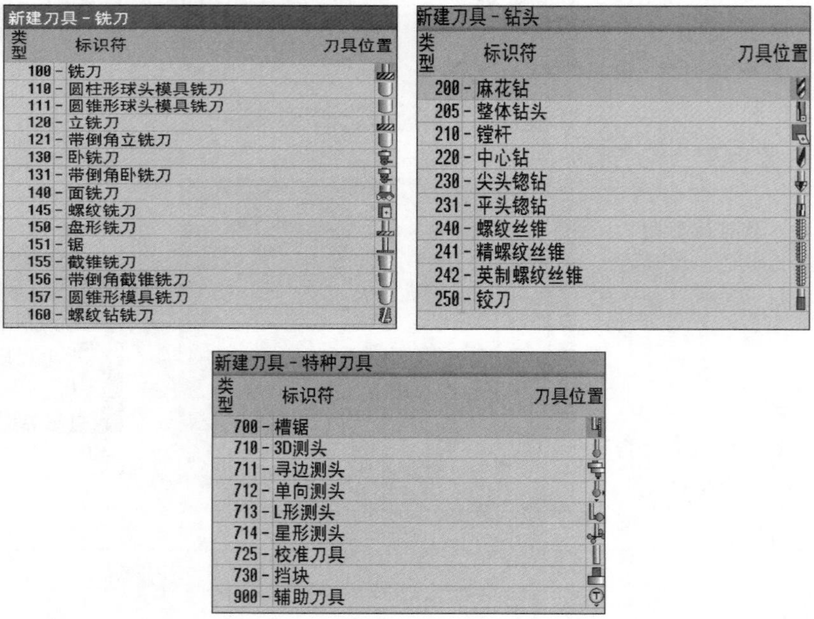

图 6 - 7 系统预置的刀具类型

2. 刀具管理功能

（1）刀具清单列表

刀具清单列表(简称刀具表)中显示了创建、设置刀具的工艺参数和功能,每把刀具可以通过刀具名称和备用刀具编号进行识别,如图 6 - 8 所示。刀具清单中各个参数的介绍见表 6 - 4。

图 6 - 8 刀具清单列表

表 6 - 4 刀具表参数

参数	含义
位置	当前刀具的位置
类型	刀具的类型
刀具号	刀具的编号
D	刀具沿号
H	刀具沿号（使用发那科数控程序时会用到）
长度	刀具的长度
半径	刀具半径

（2）刀具磨损列表

在刀具磨损表中包含了持续运行中必需的所有参数和功能。长期使用的刀具可能会出现磨损。通过对磨损进行测量，并将磨损值输入刀具磨损列表中。在计算刀具长度或刀具半径补偿时，控制系统会考虑这些数据，刀具磨损界面如图 6 - 9 所示，刀具磨损列表中前 4 列的符号含义与刀具清单列表中一致，下面只介绍刀具磨损列表中的一些不同的符号含义，见表 6 - 5。

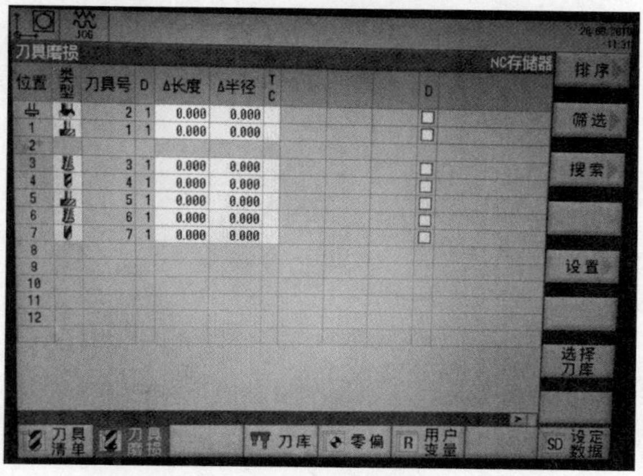

图 6 - 9 刀具磨损界面

表 6-5   刀具磨损参数

参数	含义
Δ 长度	刀具的长度磨损
Δ 半径	刀具的半径磨损
TC	刀具的监控
D	当复选框被选中时，该刀具被禁用

（3）刀库

在刀库中显示了与刀具、刀库相关的参数，如图 6-10 所示。刀库列表中前 4 列的符号含义与刀具清单列表中一致，下面只介绍刀库列表中的一些不同的符号含义，见表 6-6。

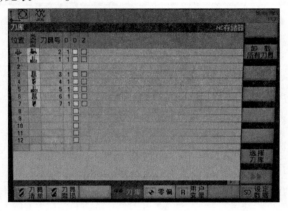

图 6-10   刀库界面

表 6-6   刀库列表参数

参数	含义
D	禁用刀位
Z	刀具标记为"超大"

6.2.2   任务操作——在数控系统中新建刀具

1. 任务内容

根据表 6-7 完成加工单元刀库中 6 把刀具的新建。

表 6-7   刀具信息表

刀具编号	刀具类型	刀具直径/mm	刀刃长度/mm	刀具长度/mm
01	铣刀	2	12	38
02	铣刀	2	17	38
03	铣刀	2	15	38
04	铣刀	2	10	38
05	圆柱形球头模具铣刀	2	15	38
06	圆柱形球头模具铣刀	2	10	38

2. 任务实施

序号	操作步骤	示意图
1	在刀具清单界面中选中需要建立刀具的刀具行，并按右侧面板上的"新建刀具"按钮新建第 1 把刀具	
2	刀具类型选择铣刀	
3	输入刀具号为 1 并"确认"	
4	输入刀具长度和刀具半径	

续表

序号	操作步骤	示意图
5	参考步骤 1~4 新建余下的 5 把刀具	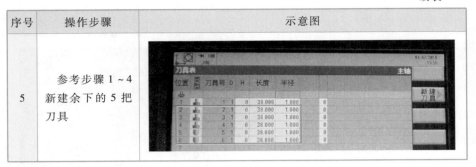

6.2.3　数控铣床的坐标系

1. 标准坐标系

在数控编程时,为了描述机床的运动,简化程序编制的方法及保证记录数据的互换性,数控机床的坐标系和运动方向均已标准化。

机床直线运动的坐标轴按照 ISO 841 和我国的 JB3051 - 1999 标准,规定为右手直角笛卡儿坐标系,其中规定基本的直线运动坐标轴用 X、Y、Z 表示,围绕 X、Y、Z 轴旋转的坐标用 A、B、C 表示,拇指、食指、中指分别表示 X、Y、Z 轴及其方向,A、B、C 的正方向用右手螺旋法则判定,即拇指分别代表 X、Y、Z 的正向,其余 4 指握拳代表回转轴正方向,工件固定,刀具移动时采用上面规定的法则,如果工件移动、刀具不动时,X 轴、Y 轴的正方向反向,并用 X'、Y' 表示,如图 6 - 11 所示。

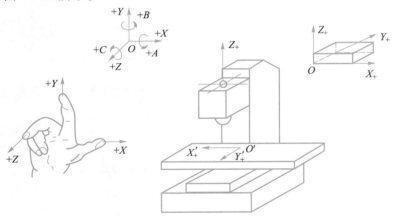

图 6 - 11　机床标准坐标系的定义

2. 机床零点和机床坐标系

(1) 机床零点

机床零点又可以称作机床原点,它是机床坐标系的原点,是由机床制作商设置的机床上的一个固定点,不能进行更改,它不仅是在机床上其他零点的基准点,而且还是机床调试和加工时的基准点。

(2) 机床坐标系 MCS

机床坐标系 MCS 是机床上固有的坐标系,是用来确定工件坐标系的基本坐标系,是确定刀具(刀架)或工件(工作台)位置的参考系,机床零点为该坐标系的原点。机床坐标系各坐标和运动正方向按前述标准坐标系规定设定,如图 6 - 12 所示。

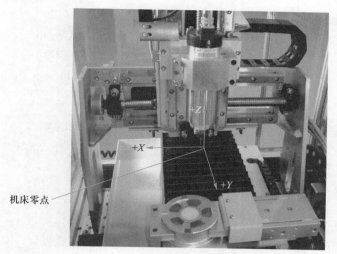

图 6 - 12 机床坐标系

3. 机床参考点

与机床原点相对应的还有一个机床参考点,它也是机床上的一个固定点,需要在初次上电调试机床的时候手动进行设置,设置过参考点的机床才可以正常使用。机床通过回参考点的手动操作过程,指定了机床参考点到机床原点的距离,使两者之间保持固定的联系。

4. 工件坐标系零点和工件坐标系 WCS

工件坐标系零点也称为工件原点或编程原点,编程人员以零件图上的某一固定点为原点建立工件坐标系(WCS,也称编程坐标系),编程尺寸均按工件坐标系中的尺寸给定,工件坐标系是参照机床坐标系而形成的坐标系,如图 6 - 13所示。

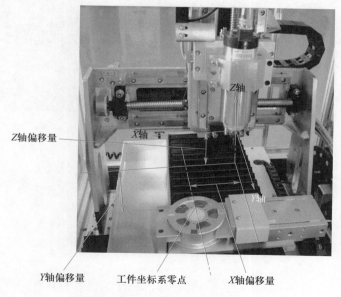

图 6 - 13 工件坐标系

6.2.4　面板操作单元和机床控制面板

1. 面板操作单元

828D 型数控系统面板操作单元采用彩色显示屏,显示屏的周边配有 8 个水平软按键和 8 个垂直软按键,通过这些按键可以进入不同的菜单界面,如图 6 - 14 所示;通过键盘可以输入程序文本、刀具名称以及文本语言指令等信息。

图 6 - 14　面板操作单元的组成

1—前盖;2—菜单回调键;3—字母区;4—控制键区;5—热键区;6—光标区;7—数字区;8—菜单扩展键;

9—3/8″螺孔,安装辅助装置;10—X127:以太网接口;11—状态 LED 灯:RDY、NC;

12—X125:USB 接口,用于与 MCP 连接通信;13—CF 卡插槽

2. 机床控制面板

机床控制面板可以对机床进行控制,例如启动运行轴,手动控制机床轴的运动、自动运行加工程序等。如图 6 - 15 所示,机床控制面板上的按键按照区域进行了划分,部分按键、旋钮的功能说明见表 6 - 8。

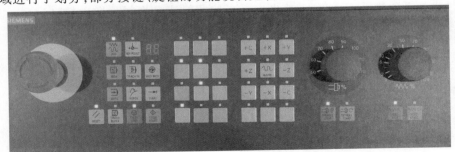

图 6 - 15　MCP483 USB 型机床控制面板

表 6 - 8　机床控制面板按键说明

按键/旋钮	说明	按键/旋钮	说明
⏻	机床急停按钮	JOG	JOG 点动模式
TEACH IN	示教模式	MDA	编程加工模式

续表

按键/旋钮	说明	按键/旋钮	说明
AUTO	自动模式	REPOS	再定位、重新逼近轮廓
REF.POINT	返回参考点	RESET	RESET 复位键,用于复位一些错误和状态
SINGLE BLOCK	单步执行程序,单步调试程序时使用	CYCLE STOP	循环停止键,用于停止程序运行
CYCLE START	用于启动程序,或者运行一些功能指令		用户自定义按键区,利用 PLC 工具可以定义这些按钮与机床相关设备关联进行快捷控制
[VAR]	可变增量进给	+C +X +Y +Z -Z -Y -X C	需要手动操纵运行的轴,+、-代表方向
WCS MCS	在工件坐标系(WCS)和机床坐标系(MCS)之间切换	RAPID	同时按下方向键时快速移动轴
	主轴倍率旋钮		进给倍率旋钮
SPINDLE STOP	主轴伺服停止	SPINDLE START	主轴伺服启动
FEED STOP	进给伺服停止	FEED START	进给伺服启动

6.2.5　机床设置与手动功能

1. 手动操纵机床动作的方式

(1)通过机床控制面板操纵机床动作

① 选择操纵模式为 JOG 手动模式。

② 打开主轴和进给使能,调节主轴和进给倍率。

③ 选择需要控制的轴及运动的方向,最多可以三轴同时动作。其中 RAPID 按键为手动快速按键,同时按下轴选的按键和快速移动按键将以手动最快速度移动坐标轴。X、Y、Z 分别为坐标系的三个轴,C 为第四轴,即为机床的主轴。轴选按键上的" + "" - "表示轴移动的方向,如: + X 表示向 X 轴的正

方向移动。对于主轴来说"+""-"则表示正反转，+C 表示主轴正转，按键如图 6-16 所示。

（2）通过手轮来操纵机床动作

除了键盘上的按钮可以控制轴的运动方向外，也可以通过手持式手摇脉冲发生器（手轮）来控制轴的运动。如图 6-17 所示，通过轴选旋钮、倍率旋钮、脉冲转盘的组合可以单独移动某个坐标轴进行正反转；通过轴选旋钮、倍率旋钮、方向控制也可以实现相同的功能，最多只能同时移动 1 个轴。手轮相对于 MCP 操作面板最大的特点是方便机床的对刀操作。

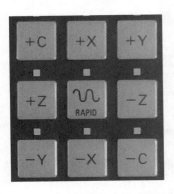

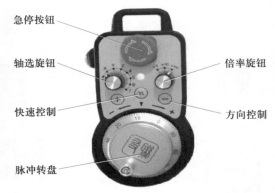

图 6-16　手动操纵机床运动的按键　　　　图 6-17　数控机床手轮

2. T,S,M 界面

在 T,S,M 界面中，通过选择或者输入参数可以完成数控加工前的准备工作（刀具更换、设置主轴转速/旋转方向、激活工件坐标系/加工平面等）。在手动方式下，按下按键 T,S,M 可以进入该界面，如图 6-18 所示。

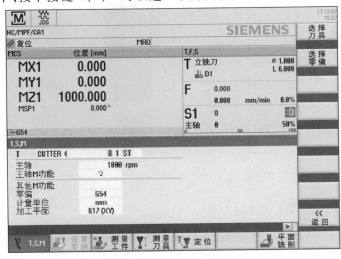

图 6-18　JOG 手动操作模式下的 T、S、M 界面

T,S,M 界面中输入栏的内容说明如下：

① T：用于输入刀具名称或刀位号。

② D：用于输入所选刀具的刀沿号（1~9）。

③ 主轴:用于输入主轴转速。

④ 主轴 M 功能:用于选择主轴的旋转方向,顺时针转动及逆时针转动。

⑤ 其他 M 功能:用于输入其他机床控制功能,如切削液的开和关。

⑥ 零偏:零点偏移基准(G54 ~ G59)的选择。

⑦ 计量单位:尺寸单位选择 in 或 mm。

⑧ 加工平面:选择加工平面 G17(XY 平面)、G18(ZX 平面)、G19(YZ 平面)。

3. 定位

定位功能用于快速将一个或多个轴按照给定的进给速度或以快速移动的形式运动到指定的坐标位置,为后续的加工做准备。在定位窗口中,可以设置进给速度 F 和四轴的定位目标位置,如图 6 – 19 所示,在手动模式下按下按键"定位",输入 F = 200、X = 20、Y = 20、Z = 20、SP1 = 20, 按下 CYCLE START 按键(见表 6 – 8),各个轴就会以 200 mm/min 的速度运行到 X20、Y20、Z20 的位置,同时主轴转动角度为 20°。

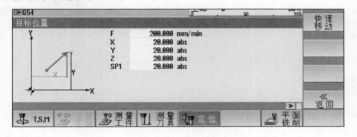

图 6 – 19　定位功能界面

4. 设置零偏

机床坐标系(MCS)中的位置值与工件坐标系(WCS)中新位置值之间的差值会被保存在当前有效的零点偏移基准(G54 ~ G59)。例如,采用激活的 G54 坐标系并选择显示工件坐标系(WCS),按下按键"设置零偏"进入设置零偏界面,可将当前机床的位置设定为工件坐标系的原点。一般在设置零偏之前,先通过手动操控,将机床运动到所需的工件零点上再按下"X = Y = Z = 0"按键,系统就会将当前位置设置为 G54 坐标系的零点,如图 6 – 20 所示。

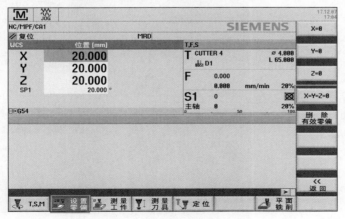

图 6 – 20　设置零偏界面

6.2.6 任务操作——数控加工前的对刀

1. 任务内容

数控加工前对刀的目的是为了找到工件坐标系原点位置,并为该坐标系设置零偏。本任务为轮毂零件加工前的对刀,使用 4 号铣刀对刀,待加工的轮毂零件如图 6-21 所示,工件坐标系原点设置在加工区域上表面中心位置。对刀之前完成刀具安装,并将轮毂零件安装到夹具上,如图 6-22 所示。

图 6-21 待加工的轮毂零件

图 6-22 对刀前的初始准备

2. 任务实施

序号	操作步骤	示意图
		一、T,S,M 界面设置
1	按下按键 T,S, M 进入 T,S,M 界面,输入工具号 "4",将主轴转速设置为"13000"	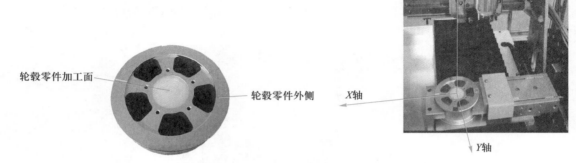
2	使用 SELECT 按键选择主轴转动方向为"顺时针",零偏为"G54",加工平面为"G17"	

续表

序号	操作步骤	示意图
		二、手动模式下运行主轴
3	打开 SPINDLE START 主轴使能和 FEED START 进给使能,按下 JOG 按键将机床切换到手动运行模式	
4	按下 CYCLE START 运行按钮将 T,S,M 界面中设置好的参数载入机床系统中,机床主轴转动起来,注意合理设置主轴转速以免发生危险	
		三、X,Y 轴对刀及设置零偏
5	按下"测量工件"按钮,选择"圆形凸台"	

序号	操作步骤	示意图
		三、X,Y 轴对刀及设置零偏
6	通过手轮操纵刀具对 Y 方向上轮毂外侧第一个点，按右侧按键"保存 P1"将该点保存为 P1 点，同理保存 Y 方向上轮毂外侧第二个点 P2	
7	操纵刀具对 X 方向上轮毂外侧第一个点，按下"保存 P3"按键将该点保存为 P3 点，同理保存 X 方向上轮毂外侧第二个点 P4	

续表

序号	操作步骤	示意图
		三、X,Y 轴对刀及设置零偏
8	按下"设置零偏"按键完成零偏的设置	
		四、刀具的快速定位及 Z 轴对刀
9	手动操纵机床移动到远离轮毂零件的安全位置	
10	按下"定位"按键进入目标位置定位界面，设置进给速度 F = 2000，目标位置点位 X = 0，Y = 0（快速定位时 Z 轴位置使用当前 Z 轴位置 74.4），按下"快速移动"按键使主轴能快速定位到目标点位	

序号	操作步骤	示意图
		四、刀具的快速定位及 Z 轴对刀
11	按下 CYCLE START 运行按钮使主轴快速运行到目标点位坐标	
12	使用手轮沿着 Z 轴方向对刀,使刀具接近工件加工表面中心	
13	进入设置零偏界面,按下"X = Y = Z = 0"按键完成 Z 轴对刀	

任务 6.3　加工单元智能化改造

6.3.1　任务操作——自动启动数控加工

1. 任务引入

在智能化生产流程中,数控加工的执行节拍要与工业机器人达成一致。本任务即在数控加工程序已经调试完毕的基础上,通过数控机床与工业机器人的通信交互以及编程,实现数控系统的自动加工。注意,在任务准备阶段,需要在数控机床中选择已经编制好的加工程序文件。

2. 任务内容

① 将加工单元拼入。

② 对总控单元的 PLC 进行配置,建立与加工单元的远程 I/O 模块通信。

③ 在仓储单元的 5 号仓位放入 1 个轮毂,正面朝上,编程实现机器人从仓储单元取轮毂,取出后放入加工单元,远程启动数控系统加工程序进行数控加工(机器人与 PLC、PLC 与加工单元交互信号规划参考表 6-9、表 6-10)。

表 6-9　机器人与 PLC 交互信号

硬件设备	机器人信号	功能描述	类型	对应 PLC I/O 点	对应硬件设备
机器人远程 I/O No. 1 FR1108 1~8 通道口	FrPGroData	为 28:加工单元允许取/放料 为 29:加工单元前门开到位 为 30:加工单元前门关到位	Byte	QB16	总控单元 PLC 远程 I/O 模块 No. 5 FR2108 1~8 通道口
机器人远程 I/O No. 5 FR2108 1 通道口	ToPDigCncDoorOpen	请求数控机床开门	bit	I18.0	总控单元 PLC 远程 I/O 模块 No. 3 FR1108 1 通道口
机器人远程 I/O No. 6 FR2108 1~8 通道口	ToPGroData	为 28:请求从加工单元取/放料 为 29:请求加工单元远程启动	Byte	IB 19	总控单元 PLC 远程 I/O 模块 No. 4 FR1108 1~8 通道口

视频

自动上下料及数控加工

表 6 - 10　PLC 与加工单元交互信号

硬件设备	对应总控 PLC I/O 点	功能描述	对应数控系统 PLC I/O 点	对应数控 I/O 硬件设备
加工单元远程 I/O 模块 No.2　FR2108 1~3通道口	Q23.0	远程启动 CNC,值为 1 时远程启动 CNC	I4.5	数控系统 X222 端子转换器 16~18 端子
	Q23.1	夹具夹紧和松开:值为 1 时夹具夹紧,值为 0 时夹具松开	I4.6	
	Q23.2	安全门动作:值为 1 时打开,值为 0 时关闭	I4.7	
加工单元远程 I/O 模块 No.1　FR1108 1~2通道口	I23.0	CNC 处于运行中	Q2.6	数控系统 X222 端子转换器 37~38 端子
	I23.1	安全门处于打开状态	Q2.7	
加工单元远程 I/O 模块 No.1　FR1108 4~8通道口	I23.3	CNC 处于加工完成状态	Q3.1	数控系统 X222 端子转换器 40~44 端子
	I23.4	工作台处于前位	Q3.2	
	I23.5	工作台处于后位	Q3.3	
	I23.6	CNC 处于暂停状态	Q3.4	
	I23.7	安全门处于关闭状态	Q3.5	

3. 任务分析

(1) 机器人程序编程分析

从仓储单元取料程序和取工具程序已在之前任务中完成了编写,可以沿用。本任务中需要编写放轮毂至加工单元并启动加工程序。

(2) PLC 程序编程分析

数控系统 PLC 和总控 PLC 远程 I/O 模块之间有硬件接线关系,数控系统 PLC 程序应已在任务 6.1.3 中确认并下载,因此需编写总控 PLC 程序段的相应功能,间接控制数控系统内部 PLC,实现对于夹具、安全门、工作台,数控系统启动等功能的远程控制,总控 PLC 间接控制数控系统 PLC 的关系示意图如图 6 - 23 所示。

本任务中需要编写与数控加工相关的 PLC 程序,包含以下几部分功能:

① 机器人请求取放轮毂程序段:机器人发送信号告知数控系统请求取放轮毂。

② 数控系统安全门及夹具动作控制:实现数控加工前夹具的松开、轮毂放置后夹具的夹紧、安全门的打开及关闭的功能。

③ 数控系统远程启动:实现通过机器人发送的信号远程启动数控系统进行加工的功能。

(3) 机器人远程启动数控系统进行加工的方式

在数控系统中手动选择好待运行的程序之后,当总控单元 PLC 接收到机器人发送的请求远程启动加工程序的输入信号时,总控单元 PLC 远程 I/O 模块 Q23.0 输出点接通,与其关联的数控系统内部 PLC 输入点就会接收到信号。

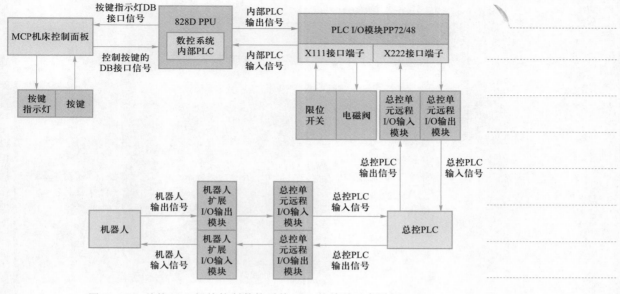

图 6 - 23　总控 PLC 间接控制数控系统 PLC 的关系示意图

　　当数控系统内部 PLC 的输入信号 I4.5 动合触点接通时,会将 M102.0 的中间过渡变量置位,M102.0 的动合触点接通,DB3200.DBX7.1 系统接口信号线圈接通,该接口信号的功能是启动已手动选择的数控程序进行加工,如图 6 - 24 所示。

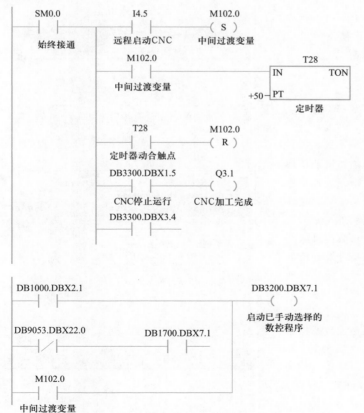

图 6 - 24　数控系统内部 PLC 启动数控程序的方式

4. 任务实施

序号	操作步骤	示意图
		一、加工单元的拼接及接线
1	参考项目二任务 2.1.1 完成加工单元的拼接及接线	
		二、建立与加工单元的远程 I/O 模块通信
2	参考项目三任务 3.1.4 完成总控 PLC-1 与远程 I/O 模块的通信配置	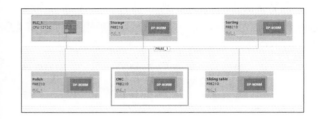
		三、编写机器人于加工单元放轮毂并启动加工程序
3	添加请求从加工单元放料及等待加工单元允许放料指令，添加请求数控机床开门指令及等待加工单元前门开到位指令（请求数控机床开门指令还会使数控机床的夹具复位，详见操作步骤 8 PLC程序）	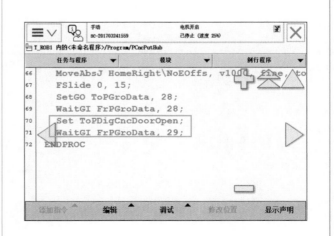

续表

序号	操作步骤	示意图
	三、编写机器人于加工单元放轮毂并启动加工程序	
4	添加机器人移动到加工单元中取放轮毂的点位指令,以及夹爪松开指令,为放轮毂前后添加过渡点	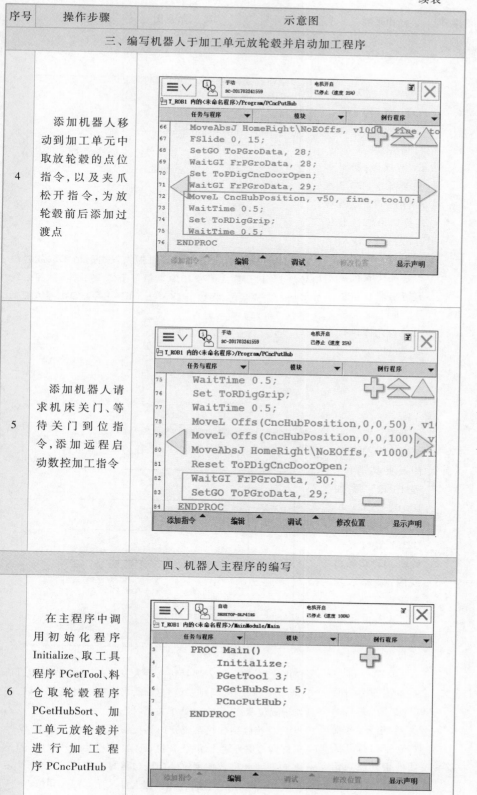
5	添加机器人请求机床关门、等待关门到位指令,添加远程启动数控加工指令	
	四、机器人主程序的编写	
6	在主程序中调用初始化程序Initialize、取工具程序PGetTool、料仓取轮毂程序PGetHubSort、加工单元放轮毂并进行加工程序PCncPutHub	

续表

序号	操作步骤	示意图
		五、PLC 程序编写
7	新建并进入加工单独［FB5］子程序，新建"机器人请求取放轮毂"程序段；添加等于指令、I23.3动合触点、扫描运算结果信号上升沿指令、移动值指令，实现数控系统接收机器人请求取放料信号，并反馈机器人是否允许执行取放料动作的信息	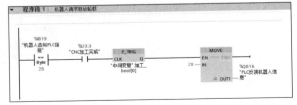 程序注释:使用比较指令处理机器人发送的请求取放料组信号值,当 PLC 输入信号 IB19 数值等于 28 时,并且数控系统处于加工完成状态,将数值 28 移入 QB16 中,告知机器人加工单元允许机器人取放料
8	新建"数控系统安全门打开关闭及夹具动作"程序段，添加I18.0、 I23.1、I23.7 动合触点、Q23.1 置位复位线圈、Q23.2 输出线圈；添加取反逻辑运算结果指令、扫描运算结果信号上升沿指令以及移动值指令，实现控制数控系统安全门打开/关闭、夹具的夹紧/松开，并能将安全门打开关闭的信息反馈给机器人	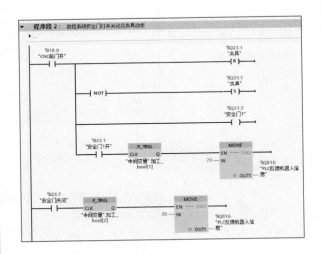 程序注释:PLC 输入端收到机器人发出的 CNC 请求开门信号,夹具复位松开,同时安全门打开,当没有收到该信号时,夹具处于置位状态,安全门处于关闭状态 当 PLC 接收到数控系统开门到位信号后将信号数值 29 传送至机器人信号输入端,告知机器人加工单元门开到位 当 PLC 接收到数控系统关门到位信号后将信号数值 30 传送至机器人信号输入端,告知机器人加工单元门关到位

续表

序号	操作步骤	示意图
		五、PLC 程序编写
9	新建"数控系统远程启动"程序段,添加等于指令、Q23.0 输出线圈,实现机器人将轮毂放入数控单元后远程启动数控单元进行加工	**程序段 3:** 数控系统远程启动 注释 %IB19 "机器人告知PLC信息" == Byte 29 %Q23.0 "远程启动" 程序注释:使用比较指令处理 PLC 收到机器人发送的请求放料组信号值 当 PLC 输入端信号数值等于 29 时,远程控制数控系统启动
10	在主程序中调用[FB5]子程序	**程序段 6:** 加工单元子程序 注释 %DB2 "加工单元_DB" %FB5 "加工单元" EN ENO
		六、程序的调试
11	数控程序 SHUKONG 已事先在数控系统中完成了编写,在"零件程序"中找到该数控程序 SHUKONG	SIEMENS SINUMERIK OPERATE 名称 类型 长度 日期 时间 HELIX DIR 18.09.05 16:40:59 SHUKONG MPF 2450 13.10.14 12:30:55 YY MPF 601 18.09.05 17:19:52 子程序 DIR 16.07.27 14:56:45 工件 DIR 18.08.31 10:23:55 执行 新建 打开 选中 复制 剪切 NC/零件程序 剩余空间 6.2 MB NC

续表

序号	操作步骤	示意图
六、程序的调试		
12	进入程序后单击"执行"按钮，使该程序处于被调用的等待状态，打开数控机床主轴和进给的使能开关	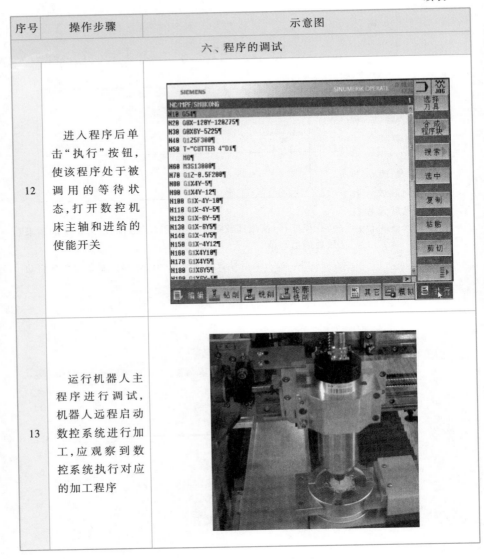
13	运行机器人主程序进行调试，机器人远程启动数控系统进行加工，应观察到数控系统执行对应的加工程序	

6.3.2　任务操作——加工成品吹屑及分拣

1. 任务引入

　　零件经过铣削加工之后，表面会黏连较多的碎屑。这些碎屑不仅会影响数控加工的精度，还会在传输、分拣等过程中影响智能化生产线设备的正常运行。因此碎屑的清除在智能制造过程中至关重要。本任务主要利用智能实训平台的打磨单元，来实现零件碎屑的自动清除，如图 6-25 所示。

2. 任务内容

　　① 编程实现机器人从加工单元取出加工完的轮毂零件。

　　② 编程实现将成品轮毂零件放置到吹屑工位，吹屑 2 s，同时使零件在吹屑工位内平转±90°，确保碎屑完全吹除，机器人将零件由吹屑工位内取出，然后放到分拣单元传送带上，分拣单元将轮毂零件分拣到 1 号道口(新增机器人与 PLC、总控单元 PLC 与打磨单元吹屑工位交互信号规划分别参考表 6-11、表 6-12)。

吹屑工位

图 6-25 机器人于吹屑工位进行吹屑

表 6-11 新增机器人与 PLC 交互信号

硬件设备	机器人信号	功能描述	类型	对应 PLC I/O 点	对应硬件设备
机器人远程 I/O No. 6 FR2108 1~8 通道口	ToPGroData	为 24:请求吹屑	Byte	IB 19	总控单元 PLC 远程 I/O 模块 No. 4 FR1108 1~8 通道口

表 6-12 PLC 与打磨单元吹屑工位交互信号

硬件设备	对应 PLC I/O 点	功能描述	对应硬件设备
PLC 远程 I/O 模块 No. 4 FR2108 1 通道口	Q21.0	吹屑工位吹气,当值为 1 时吹气	电磁阀

3. 任务分析

（1）机器人程序编程分析

机器人取工具程序、从仓储单元取料程序、分拣程序、于加工单元放轮毂并启动加工程序,已在之前的任务中完成了编写,可改写借用。本任务中需要编写吹屑程序、于加工单元取轮毂程序、分拣程序,各程序的功能说明如下:

① 数控单元取轮毂程序:该子程序用于实现机器人从数控系统取出加工完的轮毂零件(参考 6.3.1 节中于加工单元放轮毂并启动程序的编写方法)。

② 吹屑程序:该子程序用于机器人将成品轮毂零件放置到吹屑工位进行吹屑。

（2）PLC 程序编程分析

本任务中需要新增打磨单元吹屑程序,实现吹屑工位的吹气,如图 6-26 所示。分拣部分的程序可以沿用项目五任务 5.2.2 中的程序。

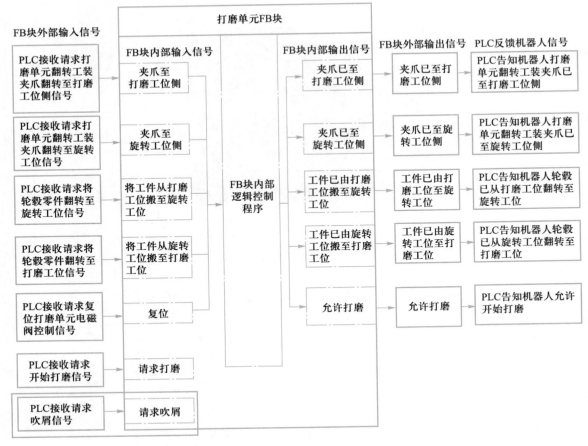

图 6 – 26   打磨单元需要新加入的功能

4. 任务实施

序号	操作步骤	示意图
一、编写吹屑 PBlowing 程序		
1	添加机器人移动到吹屑工位指令、请求吹屑指令、绕工具 Z 轴旋转 ±90° 指令，注意需要添加等待时间为后续动作的进行预留充足的时间	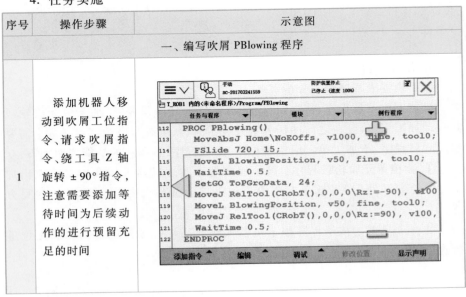

续表

序号	操作步骤	示意图
		一、编写吹屑 PBlowing 程序
2	为移动到吹屑工作位前后添加过渡点位，添加复位输出组信号指令	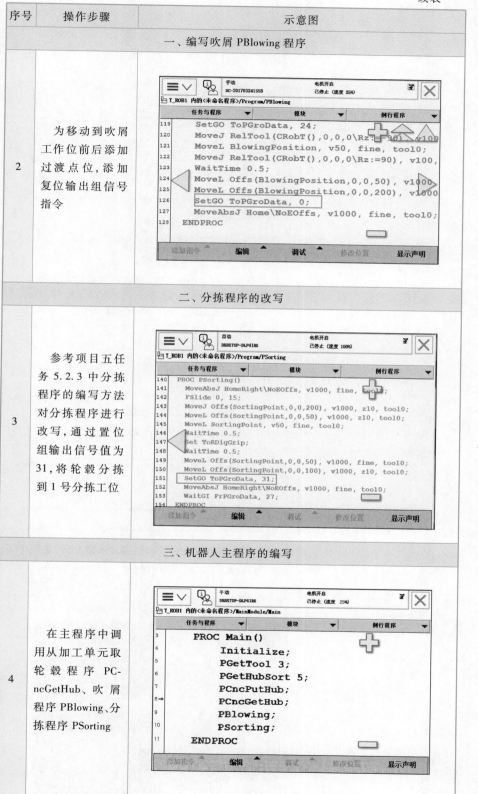
		二、分拣程序的改写
3	参考项目五任务 5.2.3 中分拣程序的编写方法对分拣程序进行改写，通过置位组输出信号值为 31，将轮毂分拣到 1 号分拣工位	
		三、机器人主程序的编写
4	在主程序中调用从加工单元取轮毂程序 PCncGetHub、吹屑程序 PBlowing、分拣程序 PSorting	

一、编写吹屑 PBlowing 程序

```
119   SetGO ToPGroData, 24;
120   MoveJ RelTool(CRobT(),0,0,0\Rz:=90), v100
121   MoveL BlowingPosition, v50, fine, tool0;
122   MoveJ RelTool(CRobT(),0,0,0\Rz:=90), v100,
123   WaitTime 0.5;
124   MoveL Offs(BlowingPosition,0,0,50), v1000
125   MoveL Offs(BlowingPosition,0,0,200), v1000
126   SetGO ToPGroData, 0;
127   MoveAbsJ Home\NoEOffs, v1000, fine, tool0;
128   ENDPROC
```

二、分拣程序的改写

```
140   PROC PSorting()
141     MoveAbsJ HomeRight\NoEOffs, v1000, fine, tool1;
142     FSlide 0, 15;
143     MoveJ Offs(SortingPoint,0,0,200), v1000, z10, tool0;
144     MoveL Offs(SortingPoint,0,0,50), v1000, z10, tool0;
145     MoveL SortingPoint, v50, fine, tool0;
146     WaitTime 0.5;
147     Set ToRDigGrip;
148     WaitTime 0.5;
149     MoveL Offs(SortingPoint,0,0,50), v1000, fine, tool0;
150     MoveL Offs(SortingPoint,0,0,100), v1000, z10, tool0;
151     SetGO ToPGroData, 31;
152     MoveAbsJ HomeRight\NoEOffs, v1000, fine, tool0;
153     WaitGI FrPGroData, 27;
154   ENDPROC
```

三、机器人主程序的编写

```
3     PROC Main()
4         Initialize;
5         PGetTool 3;
6         PGetHubSort 5;
7         PCncPutHub;
8         PCncGetHub;
9         PBlowing;
10        PSorting;
11    ENDPROC
```

序号	操作步骤	示意图
		四、PLC 程序的编写
5	进入打磨单元子程序，根据打磨单元吹屑工位信号接线对应关系表，添加新增的功能块内部输入变量	
6	在主程序的打磨单元上加入功能块对应的外部输入信号	 程序注释：当输入信号 IB19 的值为 24 时，机器人请求吹屑
7	添加打磨工位吹气程序段	 程序注释：接收到机器人请求吹屑的输入信号后，总控 PLC 控制吹屑工位电磁阀动作，执行吹气
		五、程序的调试
8	运行系统程序进行调试，观察到机器人夹持轮毂零件于吹屑工位内旋转吹屑，最终将轮毂分拣到 1 号道口	

知识测评

1. 填空题

（1）PPU 是整个数控系统的核心，它将 ＿＿＿＿＿＿、＿＿＿＿＿＿、＿＿＿＿＿＿、数控系统 PLC 等集于一体。

（2）西门子 828D 型数控系统为了方便操作人员对于刀具的管理，标配了机床刀具管理功能，包含＿＿＿＿＿＿、＿＿＿＿＿＿、＿＿＿＿＿＿三个列表。

2. 判断题

（1）PP72/48D PN 是一种基于 ProfiNet 网络通信的输入/输出模块，可提供 72 个数字输入和 36 个数字输出。（　　　）

（2）除了键盘上的按钮可以控制数控铣床轴的运动方向外，也可以通过手持式手摇脉冲发生器来控制轴的运动。（　　　）

3. 简答题

简述：数控加工前对刀的步骤？

项目七　利用组态软件搭建 SCADA 系统

学习任务

- 7.1 SCADA 系统设计及应用
- 7.2 基于工业网络的数据传输通信应用

学习目标

■ 知识目标

- 了解 SCADA 系统的组成及结构
- 了解 TCP 通信的网络体系及 TCP 协议内容
- 熟悉 S7 通信指令
- 了解组态软件的数据处理流程,熟悉 WinCC 的体系架构及通信原理
- 熟悉 WinCC 界面监控变量的监控方式
- 了解 OPC 以及 OPC UA 的通信特点,熟悉 OPC UA 的改进点及作用

■ 技能目标

- 掌握 PLC CPU 之间的通信过程
- 熟悉监控变量从 PLC 至 WinCC 的传递
- 熟悉 WinCC 界面的组态方法
- 熟悉 WinCC 界面的测试流程,能够对相关变量进行测试验证
- 熟练设置数控系统的网络端口
- 掌握建立 WinCC 与数控系统 OPC UA 通信的方法
- 熟悉数控系统相关监控变量的查询方式

■ 素养目标

- 具有动手、动脑和勇于创新的积极性
- 具有协同合作的团队精神
- 具有探索精神和求知能力

思维导图

利用组态软件搭建SCADA系统

SCADA系统设计及应用
- 什么是SCADA
- SCADA系统设计
- S7/TCP通信
- PLC CPU之间的通信
- SCADA组态软件WinCC
- WinCC的添加及与PLC之间的通信
- 监控变量转化及编程
- 添加SCADA系统监控变量
- SCADA系统画面组态
- SCADA系统功能测试

基于工业网络的数据传输通信应用
- OPC UA通信
- WinCC与数控系统的通信设置
- WinCC中添加数控系统监控变量
- 数控系统监控界面组态及测试

任务 7.1　SCADA 系统设计及应用

7.1.1　什么是 SCADA

SCADA(Supervisory Control And Data Acquisition)系统,是一类功能强大的计算机远程监督控制与数据采集系统,它综合利用了计算机技术、控制技术、通信与网络技术,完成了对测控点分散的各种过程或设备的实时数据采集,本地或远程的自动控制,以及生产过程的全面实时监控,并为安全生产、调度、管理、优化和故障诊断提供必要和完整的数据及技术手段。

如图 7-1 所示,SCADA 系统作为生产过程和事务管理自动化最为有效的计算机软硬件系统之一,它包含以下三个部分:下位机系统、上位机系统、数据通信网络。SCADA 系统的三个组成部分的有效集成,可完成对整个过程的有效监控。

（1）下位机系统

下位机可以看做各种智能节点,一般都有独立的软件系统和由用户开发的应用软件。该节点不仅完成数据采集功能,而且还能完成设备或过程的直接控制。一方面这些智能采集设备与生产过程中各种检测的控制设备相结合,实施感知设备各种

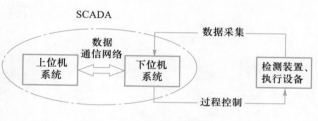

图 7-1　控制结构

参数的状态、各种工艺参数等,并将这些状态信号转化成数字信号,然后通过各种通信方式将下位机信息传递到上位机;另一方面下位机也可以接收上位机的监控。

（2）上位机系统

上位机系统通常包括 SCADA 服务器、工程师站、操作员站、Web 服务器等,这些设备通常采用以太网联网。上位机通过网络与在测控现场的下位机进行通信,并以声音、图形、报表等各种形式显示给用户,以达到监测的目的。同时数据经过处理后,告知用户设备的状态(如:报警、正常、待机等),这些处理后的数据既可以保存到数据库中,也可以通过网络系统传输到不同的监控平台,还可以与 MIS(管理信息系统)、GIS(地理信息系统)等其他系统结合形成功能更加强大的系统。上位机可以接受操作人员的指示,将控制指令发送到下位机中,以达到远程控制的目的。

（3）数据通信网络

通信网络可以实现 SCADA 系统内的数据通信。典型的 SCADA 系统通信网络如图 7-2 所示。在一个大型的 SCADA 系统中,包含多种层次的网络,如在下位机与现场设备之间有现场总线通信;在监控中心有以太网通信;而连接上、下位机的通信形式更是多样,如有线通信、无线通信等。

SCADA 系统广泛采用"管理集中,控制分散"的集散控制思想,因此即使上、下位机通信中断,现场的测控装置仍然可以正常工作,确保系统的安全可

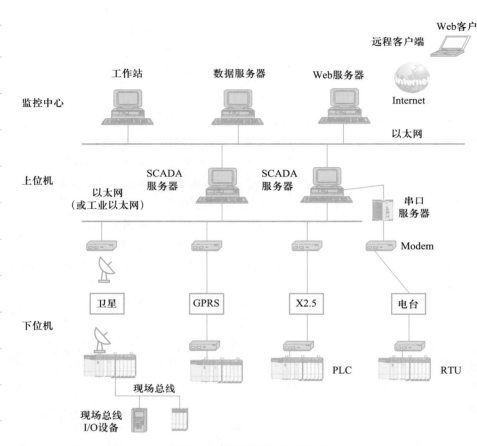

图 7 - 2　SCADA 系统通信网络

靠运行。正因为在监控的过程中具有地理分散的特点,所以与一般的过程监控相比,通信网络在 SCADA 系统中扮演的角色更为重要。SCADA 系统工作通常包含以下几种数据通信过程:

① 现场测控站点仪表、执行设备与下位机的通信。

② 下位机系统与 SCADA 服务器(上位机)的远程通信。

③ 监控中心不同功能计算机之间的通信。

④ 监控中心 Web 服务器与远程客户端的通信。

7.1.2　SCADA 系统设计

SCADA 系统
设计

SCADA 系统的设计与开发不仅首先要了解相应的国家和行业标准,还要掌握一定的生产工艺方面的知识,充分掌握自动检测技术、控制理论、网络与通信技术、计算机编程等方面的技术知识。在系统设计时要充分考虑 SCADA 系统的发展趋势;在系统开发过程中,还需要了解用户的真实需求和企业操作、管理人员的专业水平。

SCADA 系统的设计与开发主要包括三个部分的内容:上位机系统设计与开发、下位机系统设计与开发、通信网络的设计与开发。在进行设计前,首先要深入了解生产过程的工艺流程、特点;主要的检测点与控制点及它们的分布情况;明确控制对象所需要实现的动作与功能;确定控制方案;了解用户的使用和操作要求;了解用户对系统安全性与可靠性的需要;了解用户对监控系统是否有特殊的要求。

　　SCADA 系统的设计与开发具体内容会随系统规模、被控对象、控制方式等不同而有所差异,但系统设计与开发的基本内容和主要步骤大致相同,具体步骤如图 7 – 3 所示。后文将主要介绍上位机系统的设计过程。

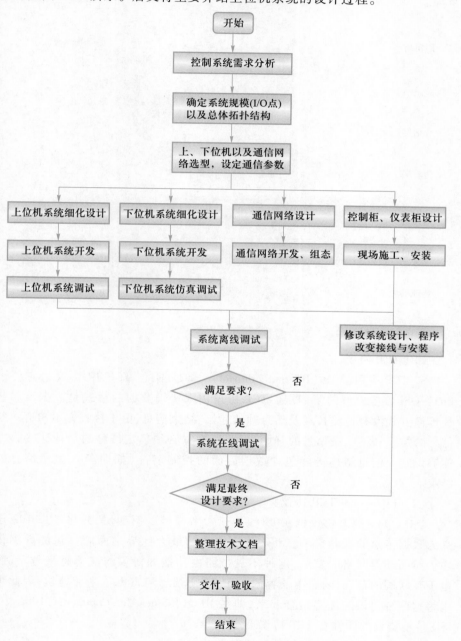

图 7 – 3 SCADA 系统设计步骤

7.1.3 S7 TCP 通信

1. S7 TCP

如图 7 - 4 所示,为 TCP、ISO - on - TCP 和 ISO 在 ISO - OSI 模型的位置图。

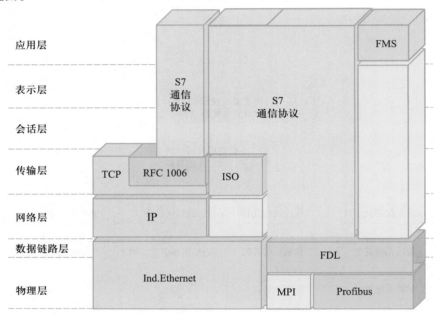

图 7 - 4   ISO - OSI 参考模型位置图

（1）TCP 协议

S7 TCP 应用了 IP（Internet protocol），即所谓的"TCP/IP 协议",它位于 ISO - OSI 参考模型的第四层。TCP 协议用来传输数据的形式是数据流。这种传输方式没有传输长度及信息帧的起始、结束信息,由于接收方不知道一条信息的结束和下一条信息的开始,因此发送方必须确定信息的结构让接收方能够识别。信息结构可能包含数据后面的控制字符（如回车）,表示信息的结束。

（2）ISO - on - TCP 协议

ISO - on - TCP 协议也在 ISO - OSI 参考模型的第四层,并将端口 102 定义为数据传输的默认端口。ISO 传输协议的最大优势是面向打包的数据传输。然而随着网络的发展,这种不支持路由功能的协议将变得越来越不利。由于互联网的存在,与路由兼容的 TCP/IP 协议已经占据了主导地位,因此可以将这两种协议的优势结合起来,即在 RFC（Request for Comments）1006 中,ISO 传输协议的属性在 TCP 协议上定义。

以上两种传输协议的属性及特点详见表 7 - 1。

2. TCP 连接数据的发送和接收

TCP 协议栈支持同时建立两个 TCP 连接:主动连接与被动连接。TCP 是基于连接、面向连接的协议,从一方向另一方发送数据之前,都必须先在双方之间建立一条连接。对 TCP 连接状态的监视和状态有关的信息保存在发送控制块中,而 TCP 连接状态的改变由 TCP 的软件状态机来实现。发送数据时,软件状态机会在数据前面加上 TCP 包头,然后再发送到 IP 层;接收数据时,上层协议按字节发送,并被划分到 TCP 数据片中,经过状态机去掉 TCP 包头后再送到应用层。

表 7 - 1　传输协议的属性及特点

协议类型	TCP 协议	ISO - on - TCP 协议
传输速度	快速数据传输	快速数据传输
数据大小	大中型数据传输	大中型数据传输
协议基础	基于互联网协议(IP)	基于互联网协议(IP)
是否连接	面向连接	面向连接
传输形式	数据作为数据流传输	面向包的数据传输
传输确认性	确认数据的发送和接收	确认数据的发送和接收
传输可靠性	数据丢失被识别并自动补救	数据丢失被识别并自动补救
动态数据传输	消息的长度和信息不会被传输,发送者必须定义一个可以被接收者解释的消息结构	消息的长度和信息也会被传输
传输对象	SIMATIC S7、PC 以及非西门子设备	主要用于 SIMATIC 结构内的连接

S7 TCP 通信为面向连接的通信,需要双方都调用指令以建立连接及交换数据。客户端:主动建立连接,可以理解为主站;服务器:被动建立连接,可以理解为从站。通过配置 TCP 连接可以实现数据站与站之间(包括第三方的站)的数据交换。双方的发送和接收指令必须成对出现。数据还可以通过路由器(有路由功能的协议)传递。

3. 非实时通信指令

西门子 PLC 以太网口支持的通信服务中,实时通信的只有 ProfiNet I/O,非实时通信的有两种:Open User Communication(OUC,开放式用户通信)、S7 通信。下文将着重介绍非实时通信的通信指令。

(1) OUC

OUC 通信服务,适用于 SIMATIC S7 - 1200/1500/300/400 PLC 之间的通信、PLC 与 PC 或第三方设备进行通信,OUC 通信主要有 TCP、UDP、ISO - on - TCP、ISO 等通信连接类型。相关的通信指令如下:

1) TSEND_C 指令

如图 7 - 5 所示,TSEND_C 指令可以设置和建立通信连接。该指令在内部集成了 TCON、TSEND、T_DIAG、T_RESET 和 TDISCON 指令。设置并建立连接后,CPU 会自动保持和监视该连接。

TSEND_C 指令可以异步执行且具有以下功能:

① 设置并建立通信连接。

② 通过现有的通信连接发送数据。

③ 终止或重置通信连接。

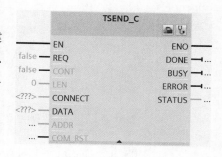

图 7 - 5　TSEND_C 指令

该指令中各参数的含义见表 7 - 2。

表 7 - 2　TSEND_C 指令的部分含义

参数	声明	数据类型	存储区	说明
REQ	Input	Bool	I、Q、M、D、L、T、C 或常量	上升沿触发"发送"作业
CONT	Input	Bool	I、Q、M、D、L	控制通信连接： 0：断开通信连接； 1：建立并保持通信连接
CONNECT	Input	Varlant	D	指向连接描述的指针
DATA	Input	Varlant	I、Q、M、D、L	指向发送区的指针，该发送区包含要发送数据的地址和长度
DONE	Output	Bool	I、Q、M、D、L	状态参数，可具有以下值： 0：发送作业尚未启动或仍在进行； 1：发送作业已成功执行。此状态将仅显示一个周期
BUSY	Output	Bool	I、Q、M、D、L	状态参数，可具有以下值： 0：发送作业尚未启动或已完成； 1：发送作业尚未完成。无法启动新发送作业
ERROR	Output	Bool	I、Q、M、D、L	状态参数，可具有以下值： 0：无错误； 1：在连接建立、数据接收或连接终止过程中出错
STATUS	Output	Word	I、Q、M、D、L	指令的状态

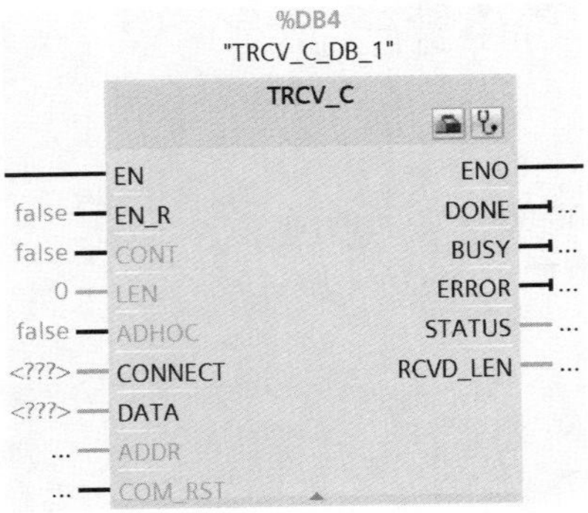

图 7 - 6　TRCV_C 指令

2）TRCV_C 指令

如图 7 - 6 所示，TRCV_C 指令主要用于建立连接并接收数据。可连接的类型与 TSEND_C 指令相同。TRV_C 指令在内部使用集成了 TCON 指令、TRCV 指令和 TDIS-CON 指令。

TRCV_C 指令可以异步执行且具有以下功能：

① 设置并建立通信连接。

② 通过现有的通信连接接收数据。

③ 终止或重置通信连接。

该指令中各参数的含义见表 7 - 3。

表 7 - 3　TRCV_C 指令的部分含义

参数	声明	数据类型	存储区	说明
EN_R	Input	Bool	I、Q、M、D、L、T、C 或常量	上升沿触发"接收"作业

续表

参数	声明	数据类型	存储区	说明
CONT	Input	Bool	I、Q、M、D、L	控制通信连接： 0：断开通信连接； 1：建立并保持通信连接
CONNECT	InOut	Varlant	D	指向连接描述的指针
DATA	InOut	Varlant	I、Q、M、D、L	指向接收区的指针,该接收区包含要接收数据的地址和长度。传送结构时,发送端和接收端的结构必须相同
DONE	Output	Bool	I、Q、M、D、L	状态参数,可具有以下值： 0：接收作业尚未启动或仍在进行； 1：接收作业已成功完成。此状态将仅显示一个周期
BUSY	Output	Bool	I、Q、M、D、L	状态参数,可具有以下值： 0：接收尚未启动或已完成； 1：接收尚未完成。无法启动新接收作业
ERROR	Output	Bool	I、Q、M、D、L	状态参数,可具有以下值： 0：无错误； 1：在连接建立、数据接收或连接终止过程中出错
STATUS	Output	Word	I、Q、M、D、L	指令的状态
RCVD_LEN	Output	UDint	I、Q、M、D、L	实际接收到的数据

（2）S7 通信

随着通信资源的大幅增加和 PLC 的 PN 接口的支持,S7 通信在西门子各型号 PLC 之间应用也越发广泛,S7 通信使用了 ISO/OSI 网络模型第七层通信协议,可以直接在用户程序中得到发送和接收的状态信息。目前 S7 通信主要有三组函数,分别是 PUT/GET、USEND/URCV 和 BSEND/BRCV,这些指令的应用方式如下。

1）PUT/GET

PUT 指令可以将数据写入一个远程 CPU,GET 指令可以从远程 CPU 中读取数据。这可以用于单方编程,不需要成对出现。参与通信的两个 PLC:其中一个作为服务器,另一个作为客户端,客户端可以对服务器进行读/写操作,在服务器侧无须编写通信程序。

2）USEND/URCV

该指令组用于双方编程的通信方式,通信方式为异步通信,两指令互为伙伴指令。

USEND 指令,意为非协调式发送数据,该指令将数据发送至 URCV 类型的远程伙伴指令。在发送过程中,无须与伙伴指令协同工作;URCV 指令,意为非协调式接收数据,该指令能够以异步通信方式接收 USEND 类型的远程伙伴指令发送的数据,并将数据复制至已经组态的接收区内。

3) BSEND/BRCV

该指令组用于双方编程的通信方式,通信方式为同步通信,两指令亦互为伙伴指令。与所有其他通信指令相比,此指令组可以进行大数据量通信。发送方将数据发送到通信方的接收缓冲区,并且通信方调用接收函数,并将数据复制至已经组态的接收区才认为发送成功。

7.1.4 任务操作——PLC CPU 之间的通信

1. 任务引入

由于 PLC 自身的数据处理量和速度是有极限的,且 PLC 的信号传输也受距离限制,如果采用一台超大型 PLC 不仅会有外接电波的干扰,还会大大增加工程成本。在实际工程中为了方便调试和维护,通常一个 PLC 只完成某种特定的功能,因此经常会采用多站点并互联 PLC 来解决这些问题。这就需要多台 PLC 通过通信从而进行数据的交互。

平台中 PLC_1 主要与仓储单元等单元模块进行直接通信,PLC_2 直接与总控单元的急停按钮、三色灯等报警装置关联。若要实现单元模块的运行状态通过 PLC_2 的报警装置显示出来,就要建立两台 PLC 之间的通信。

2. 任务内容

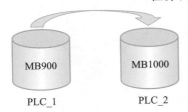

图 7-7 数据交互

如图 7-7 所示,利用 TSEND_C 指令和 TRCV_C 指令建立两台 PLC 之间的通信,以 PLC_1 的 MB900 作为数据的发送区,以 PLC_2 的 MB1000 作为数据的接收区,实现将 PLC_1 中的标志位存储区(MB900)的 int 型数据(0~255)传输至 PLC_2 的标志位存储区(MB1000)。通信建立完成后,通过修改 PLC_1 中 MB900 的存储数据(int 型)并查看 PLC_2 中 MB1000 的数据是否与其一致,以此测试数据的交互是否正常。

3. 任务实施

序号	操作步骤	示意图
		一、通信组态
1	分别将两台 PLC 的网口连接到交换机上,实现网络硬件的连接	

序号	操作步骤	示意图
		一、通信组态
2	在组态的网络视图中单击 PLC 网口,更改两台 PLC 在组态中的 IP 地址,使它们位于同一子网中	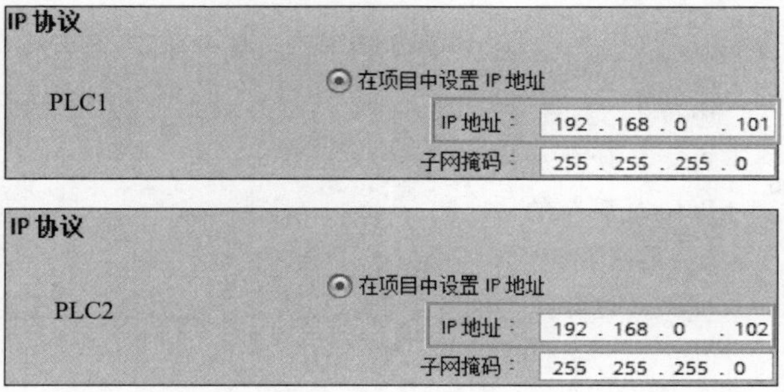
3	在设备和网络视图中,单击"连接"并选择 S7 连接,将 PLC_1 和 PLC_2 的网络端口连接到一起,完成网络连接的组态	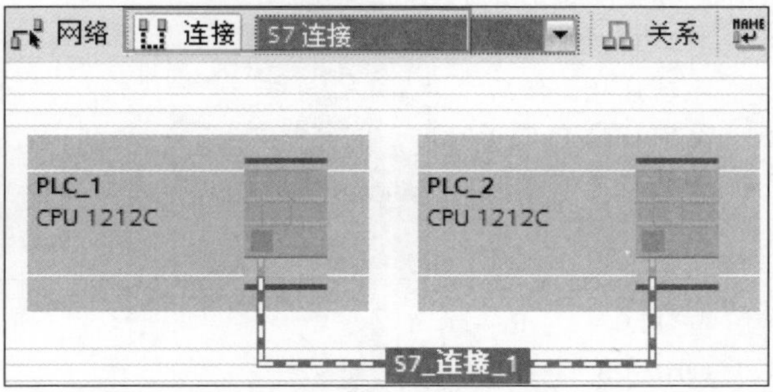
4	在 PLC_1 的组织块 OB1 中,添加通信指令组中的 TSEND_C 指令,将 PLC_1 建立为发送站	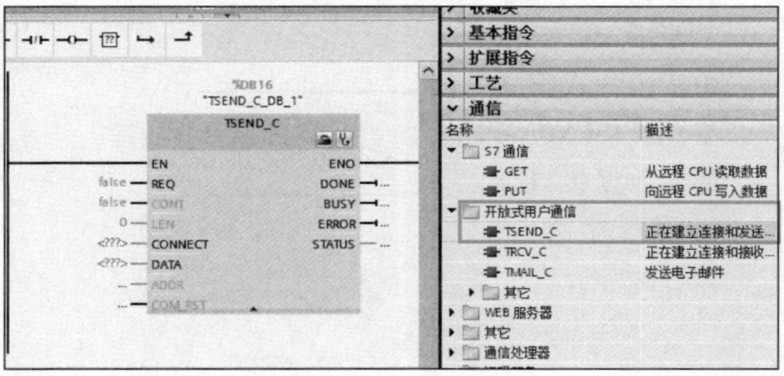
5	单击指令块中的组态设置按键,以设置 PLC 之间的连接参数	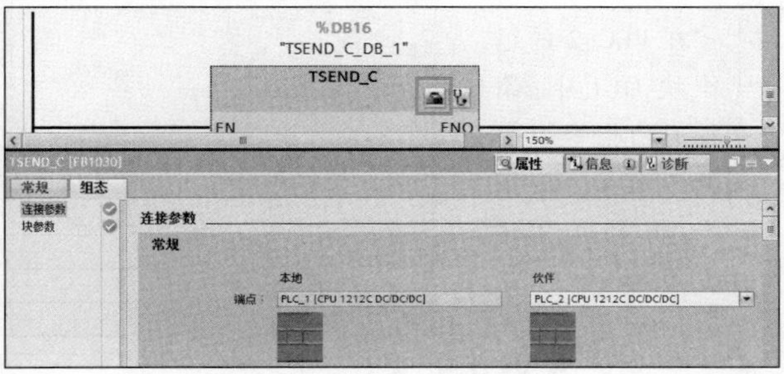

续表

序号	操作步骤	示意图
		一、通信组态
6	在连接参数中,本地选择 PLC_1,伙伴选择 PLC_2,对应的接口、子网和 IP 地址会自动出现	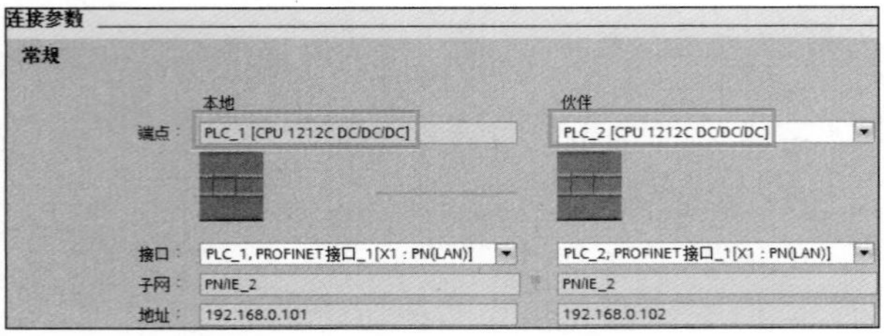
7	连接类型选择 TCP,PLC_1 建立主动连接。然后分别新建 PLC_1 与 PLC_2 的连接数据,自动出现 PLC_1_Send_DB 与 PLC_2_Receive_DB_1	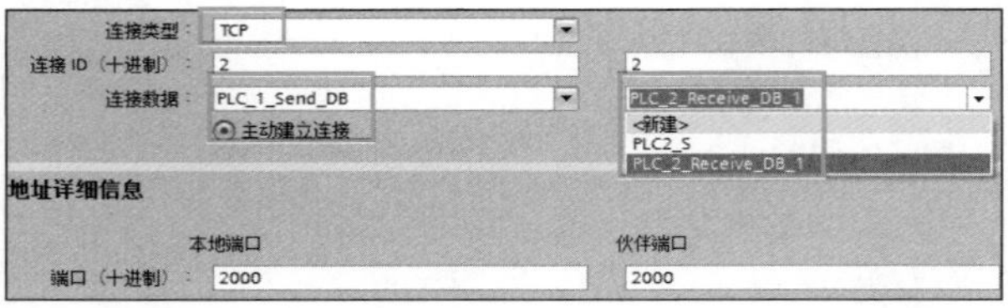
8	根据表 7-2 中所示的数据类型,为 TSEND_C 的各数据接口分配数据存储区,如右图所示	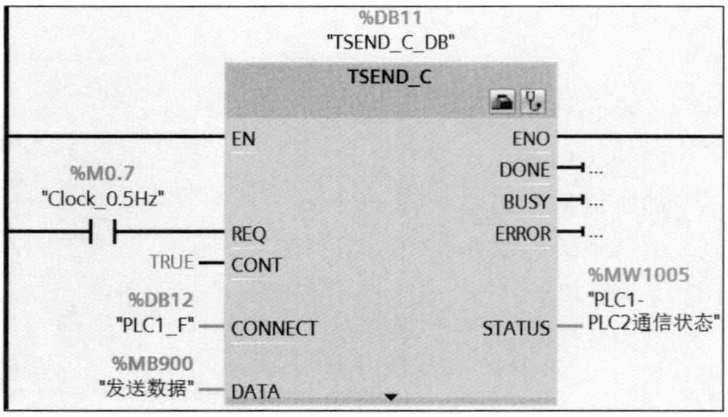
9	在 PLC_2 的组织块 OB1 中,添加通信指令组中的 TRCV_C 指令,将 PLC_2 建立为接收站	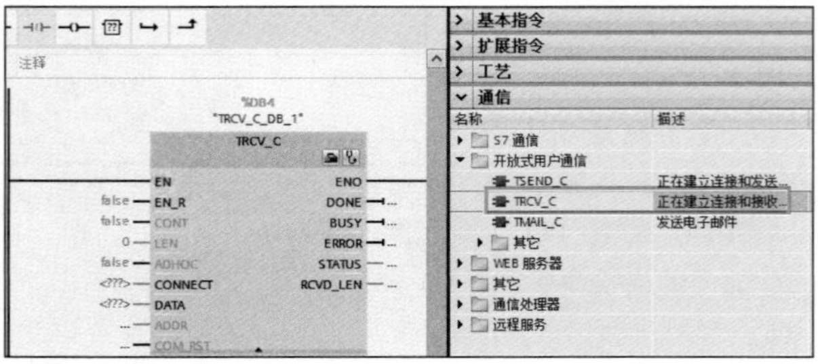

续表

序号	操作步骤	示意图
		一、通信组态
10	参考步骤 4 和 5,设置 PLC 之间的连接参数。主动建立连接依然选择 PLC_1,连接类型为 TCP,对应的连接数据与步骤 6 保持一致	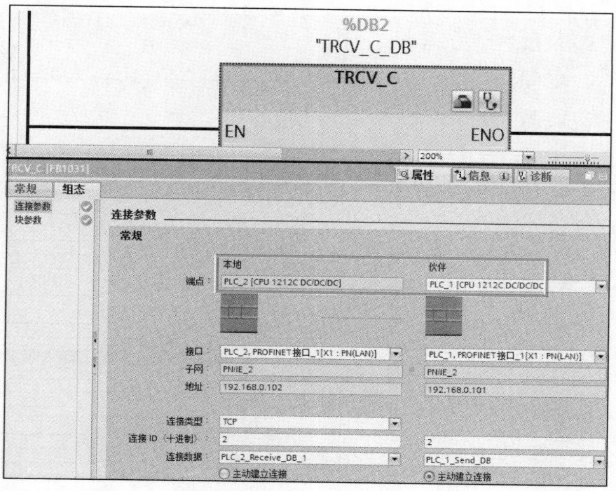
11	根据表 7 - 3 中所示的数据类型,为 TRCV_C 的各数据接口分配数据存储区,如右图所示	
		二、通信测试
12	将编制的程序分别下载至PLC_1 和 PLC_2,并启动 PLC 运行	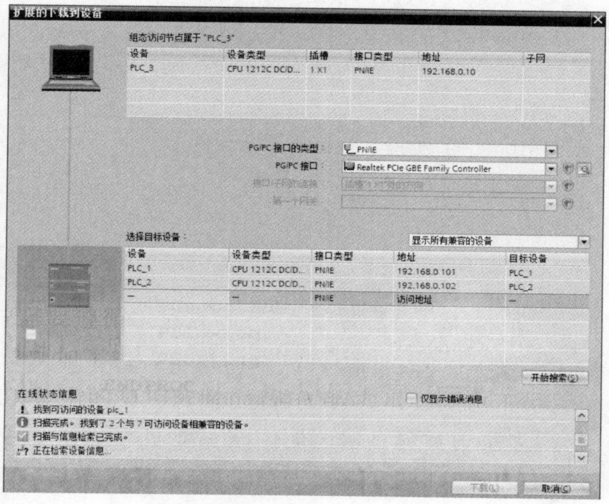

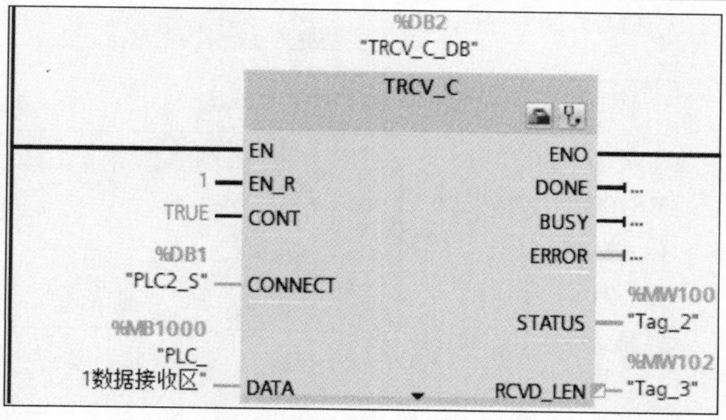

续表

序号	操作步骤	示意图
二、通信测试		
13	PLC_2 添加新的监控表，监控变量为 PLC_2 的 MB1000	
14	PLC_1 转至在线，修改 PLC_1 中 MB900 的变量值，图示修改为 "-50"	
15	查看 PLC_2 中 MB1000 的变量值，数据对应一致，则两台 PLC 通信无误	
16	再次修改 PLC_1 中 MB900 的存储数据值，可以观测到 PLC_2 中 MB1000 的数据会随之改变	

7.1.5 SCADA 组态软件 WinCC

　　组态软件主要作为 SCADA 系统及其他控制系统的上位机人机界面的开发平台，为使用者提供快速地构建工业自动化系统数据采集和实施监控的功能服务。目前市场上组态软件较多，如 InTouch、iFix 等，而 WinCC（Windows Control Center，视窗控制中心）是较为成功的 SCADA 组态软件之一，图 7－8

所示为 WinCC 组态软件界面。

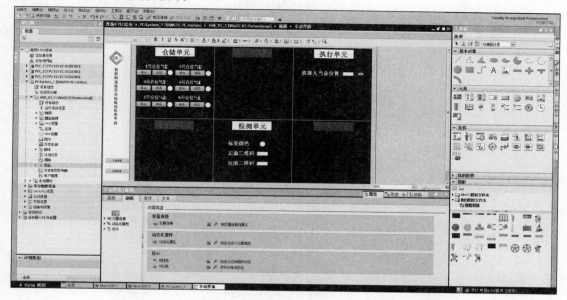

图 7 - 8　WinCC 组态软件界面

WinCC 是基于 PC 的 HMI 系统,适用于对各种行业的生产过程、生产工序、机器设备和工厂进行可视化及操作控制。该系统不仅支持简单的单站系统,同时还支持带有冗余服务器的分布式多站系统,以及基于 Web 的全球解决方案。

1. WinCC 体系结构

SIMATIC WinCC 主要包括计算机(PC)、标签管理、数据类型和资源管理器四大部分。其中计算机是对计算机进行有关的设置;标签管理是对标签进行初始化定义;数据类型是对标签所代表的的数据类型进行定义;资源管理器则为最主要的部分,如图 7 - 9 所示,主要分为以下几个部分。

(1)系统控制器

系统管理器主要负责各站之间的系统通信。对于多用户系统,系统控制器还提供整个网络范围的项目视图,以及客户机和服务器(CS 结构)之间的通信,系统控制器同时还通过终端总线进行协调工作。

① 图形管理器。WinCC 的图形管理器用来处理过程操作中所有界面上的输入信号和输出信号。图形管理器提供了一个标准图库,用户也可以制作自己的图库,还可以在图形中使用嵌入对象(OLE 对象)将在其他软件中设计的对象调到图像管理器中。所有图形对象的外观都可动态地进行控制,图形的集合形状、颜色、式样、层次都可通过过程指定或直接通过程序来定义和修改。

② 全局脚本。全局脚本就是 C 语言函数和动作的通称,用于给对象组态动作,并通过调用系统内部 C 语言编译器来处理。它为用户提供一个 C 语言的编程环境。WinCC 支持 C 脚本和 VB 脚本,脚本本质上是一段用 C 或 VB 编写的代码,用以实现一些特定的功能。利用全局脚本编译器编辑的 C 函数,可以用于 WinCC 内的任何地方,如连到监控画面的对象、数据记录、将数

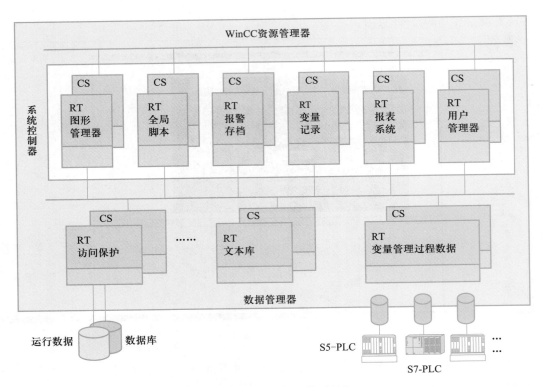

图 7-9　WinCC 体系结构

CS：客户机/服务器结构；RT：只用于特定数目的过程变量的运行系统

据上传至服务器等。

③ 报警存档。报警存档主要用于监控生产过程事件，通过 WinCC 中的报警记录编辑器，可以用来采集、显示和归档运行信息以及过程数据状态导致的报警信息。报警存档用可视、可听的方式显示所记录的事件(亦可打印)。

根据消息的级别，消息状态中发生的变化要被写入可组态的消息归档，归档分为长期归档和短期归档。其中长期归档是要由归档的消息时间跨度确定，短期归档由消息的数量确定。

④ 变量记录。WinCC 除了可以显示当前状态，还能根据需要记录经济、技术数据。通过分析和评估这些数据可以保证操作进程有一个全新的面貌。变量记录可以记录单个测量点或一组测量点的测量值。变量数据记录在硬盘中，用户可以用不同的方法来记录测量值，如可以循环记录或由事件进行触发来记录。变量记录的形式可以用趋势图或表格形式来表示。

⑤ 报表系统。WinCC 提供了集成数据接口的报表系统，用户可以方便地读取 WinCC 的归档数据和外部数据库的数据，而无需过多的编程知识。同时，在过程归档中可以较为方便地得到变量的最大值、最小值、平均值等信息。另外，WinCC 的报表系统主要是作为数据源而存在的，对于数据的分析、统计的主要工作在现场应用中很大程度上是由 MIS(信息管理)系统和 ERP(企业资源计划)系统来实现的。

⑥ 用户管理器。用户管理器主要用于分配和控制用户的单个组态和运行系统编辑器的访问权限。为防止非法访问，对于一个生产过程可以禁止登

录、操作 WinCC 系统。每建立一个用户,就设置了 WinCC 功能的访问权限并独立地分配给此用户。

（2）数据管理器

数据管理器是 WinCC 项目中处理中心任务的起点,数据管理器在每个站上都存在,并且与系统控制器密切协作,其主要的任务是进行变量管理,通信通道用于访问过程数据。

2. WinCC 的性能特点

① WinCC 包括所有 SCADA 功能在内的客户机/服务器(CS)系统。

② 可以灵活裁剪,由简单任务扩展到复杂任务。

③ 使用 Microsoft SQL Sever 作为其组态数据和归档数据的存储数据库。

④ 拥有功能非常全的标准接口,如 OLE、ActiveX 和 OPC。

⑤ 使用方便的脚本语言,如 C 脚本、VB 脚本。

⑥ 开放 API 编程接口,可以访问 WinCC 模块。

⑦ WinCC 可以进行具有向导的简易组态。此组态软件可以选择语言,支持在线语言切换。

⑧ 提供所有主要 PLC 系统的通信通道。

⑨ 可以集成到 MES 系统和 ERP 系统中。

3. WinCC 与可编程控制器的通信结构

在此之前,我们先了解 WinCC 通信过程的几个术语:

（1）通信驱动程序

在 WinCC 中,通信驱动程序也指通道。它是一个软件组织,可在自动化系统和 WinCC 中的变量管理器之间设置连接,以便能向 WinCC 变量提供过程值。在 WinCC 中有很多通信驱动程序,可通过不同的总线系统连接不同的自动化系统。通信驱动程序具有不同通道单元,用于各种通信网络。

（2）通道单元

通道单元指一种网络,或是连接类型。每个使用的通道单元必须分配给相关的通信处理器,一些通道单元需要附加系统各参数的组态。每个通道单元下可有多个连接。

（3）连接

连接是两个通信伙伴组态的逻辑分配,用于执行已定义的通信服务。每个连接有两个端点,包含对通信伙伴进行寻址所必需的信息,以及用于建立连接的附件属性。一旦 WinCC 与自动化系统建立正确的物理连接,就需要 WinCC 的通信驱动该程序和相关的通道单元来建立(组态)与自动化系统化之间的逻辑连接。

WinCC 通信结构如图 7-10 所示。

WinCC 使用变量管理器来处理项目产生的数据以及存储在项目数据库中的数据,变量管理器位于 WinCC 项目管理器的浏览窗口中,对项目所使用的变量和通信驱动程序进行管理。WinCC 的所有应用程序必须以 WinCC 变量的形式从变量管理器中请求数据,这些应用程序包括图形运行系统、报警记录运行系统和变量记录运行系统等。

变量管理器管理运行时的 WinCC 变量,通过集成在 WinCC 项目中的通

图 7 – 10 WinCC 通信结构

信驱动程序从过程控制中取出请求的变量值,这个过程通过集成在 WinCC 项目中的通信驱动程序来完成,通信驱动程序利用其通道单元构成 WinCC 与过程处理之间的接口。

WinCC 通信驱动程序使用通信处理器向 PLC(下位机)发送请求消息,然后通信处理器将回答相应消息请求的过程值反馈至 WinCC 管理器中。

7.1.6 任务操作——WinCC 设备的添加及与 PLC 之间的通信设置

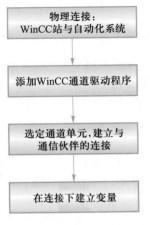

图 7 – 11 WinCC 与 PLC 之间
通信的建立步骤

1. 任务引入

任务 7.1.6 ~ 7.1.9 主要实现:利用 WinCC 组态的 SCADA 系统,对 PLC_1 控制的各执行设备进行监控。为达到监控目的,首先需要添加 WinCC 设备(PC 端)并建立其与 PLC_1 的 HMI 连接。

2. 任务内容

在已有 PLC 控制器组态的基础上,在博途(TIA)软件中继续建立 WinCC 设备组态,并完成 WinCC 设备与总控单元的 PLC_1 的通信设置。WinCC 与 PLC 之间通信的建立步骤如图 7 – 11 所示,其中连接变量的建立详见任务 7.1.8。

3. 任务实施

序号	操作步骤	示意图
1	在项目树中双击"添加新设备",选择添加"PC 系统"→"SIMATIC HMI 应用软件"→"WinCC RT Professional"	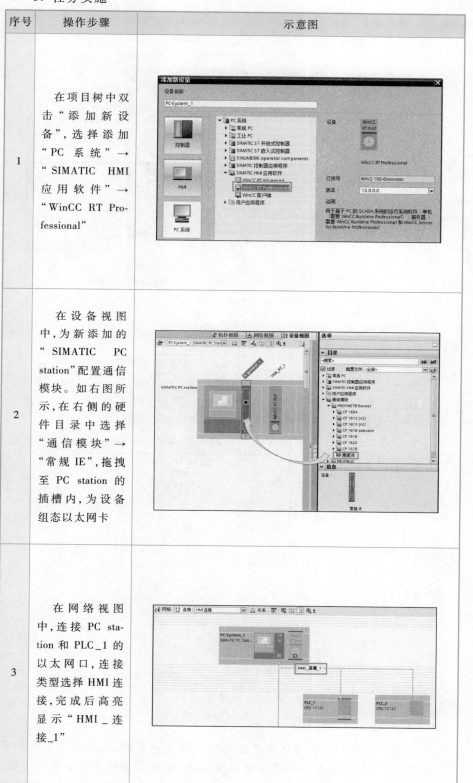
2	在设备视图中,为新添加的"SIMATIC PC station"配置通信模块。如右图所示,在右侧的硬件目录中选择"通信模块"→"常规 IE",拖拽至 PC station 的插槽内,为设备组态以太网卡	
3	在网络视图中,连接 PC station 和 PLC_1 的以太网口,连接类型选择 HMI 连接,完成后高亮显示"HMI_连接_1"	

续表

序号	操作步骤	示意图
4	在网络视图中,选择"PC‐System_1",在其属性界面的"常规"栏中,设置 PC 名称,该名称需要与实际运行 SCADA 的 PC 名称保持一致,要求为全大写字母或数字	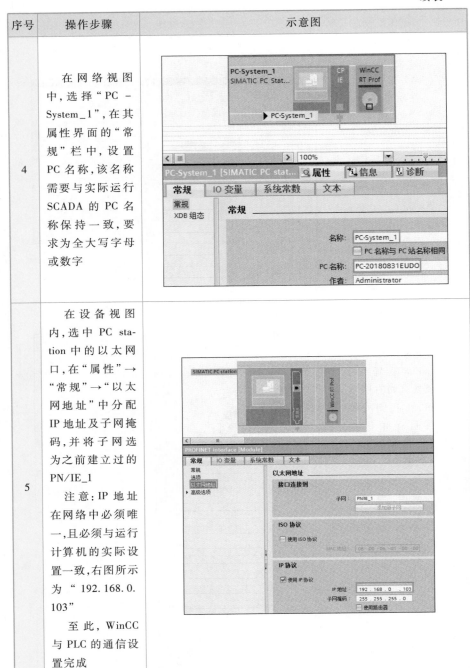
5	在设备视图内,选中 PC station 中的以太网口,在"属性"→"常规"→"以太网地址"中分配 IP 地址及子网掩码,并将子网选为之前建立过的 PN/IE_1 注意:IP 地址在网络中必须唯一,且必须与运行计算机的实际设置一致,右图所示为" 192.168.0.103" 至此,WinCC 与 PLC 的通信设置完成	

7.1.7　任务操作——监控变量转换及编程

1. 任务引入

每个变量都有一个符号名和数据类型。对 WinCC 而言,变量分为两种类型:内部变量和外部变量。外部变量是 WinCC 与 PLC 进行数据交换的桥梁,是 PLC 中定义的存储单元的映像。将 WinCC 外部变量与 PLC 变量关联之后,可以在 WinCC 中访问外部变量,其值随 PLC 程序的执行而改变;内部变量

PPT
监控变量转换及编程

存储在 WinCC 内部存储器中,与 PLC 并无连接关系,只有 WinCC 能访问内部变量。

由 7.1.6 可知,WinCC 设备主要与 PLC_1 建立通信,并对 PLC_1 的变量进行控制和监测。如果变量非 PLC_1 自身的变量,我们又该如何监控这些变量呢? 在此我们提供两种方案,一种是基于工业网络的数据传输(数控系统与 WinCC 监控),相关内容可参见 7.2 节;一种是基于 I/O 通信,如图 7 – 12 所示,即将非 PLC_1 直接控制的单元模块产生的监控变量(数控系统除外),都传输至 PLC_1 并转换(编程),然后再传输至 WinCC 设备。

图 7 – 12　WinCC 与 PLC 通信及变量关系

最终 SCADA 系统(任务 7.1.9)需要对仓储单元各仓位的推出动作、到位反馈及物料状态,检测单元当前检测出的二维码数值及标签颜色,执行单元机器人的运行目标位置进行监控。如图 7 – 13 所示,针对上述 PLC_1 主要接收两个对象的输入信号,即仓储单元和机器人。仓储单元直接由 PLC_1 控制,因此各反馈信号无须再做变量转换。又由于需要在 WinCC 中控制仓位的推出,因此需要新建 PLC 变量来触发此动作。

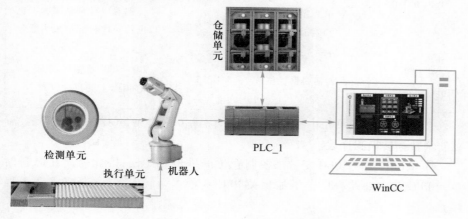

图 7 – 13　通信关系

机器人与 PLC 之间的通信依然采用组信号(ToPGroData→IB19、ToP-

GroPosition→IB16)的方式,其中组信号 ToPGroData 不同反馈值对应的信息状态较多,对于每一个信号值的监控要求有所不同,因此需要对该信号做转换处理。在此,也需要新建 PLC 变量,以将组信号 ToPGroData 各状态值分配至不同的 PLC 变量中;机器人运行位置组信号 ToPGroPosition 需要进行解压转换(乘3)处理,才能表达机器人的实际目标位置,对于转换信号亦需要新建 PLC 变量来存储状态值。

上述所有新建的 PLC 变量为与 WinCC 外部变量关联(任务 7.1.8)做准备。

2. 任务内容

由于部分 SCADA 监控变量(WinCC 外部变量)也参与了设备的控制及反馈,因此需要在相关 PLC 程序(原执行单元、仓储单元、检测单元 PLC 程序)基础上加入对应的 PLC 变量。

① 新建的 PLC 变量以及相关定义见表 7 - 4。

表 7 - 4　新建的 PLC 变量以及相关定义

对应单元	PLC_1 变量	PLC 存储地址	对应功能注释
仓储单元	WinCC_1#料仓推出	M200.1	置位控制:推出 1 号仓位
	WinCC_2#料仓推出	M200.2	置位控制:推出 2 号仓位
	WinCC_3#料仓推出	M200.3	置位控制:推出 3 号仓位
	WinCC_4#料仓推出	M200.4	置位控制:推出 4 号仓位
	WinCC_5#料仓推出	M200.5	置位控制:推出 5 号仓位
	WinCC_6#料仓推出	M200.6	置位控制:推出 6 号仓位
机器人 (ToPGroData)	WinCC_二维码 数值检测结果	MB240	"1～6"反馈对应二 维码检测结果 01～06
	WinCC_标签颜 色检测结果	MB241	"7"反馈对应检测结果为红色 "9"反馈对应检测结果为绿色
机器人 (ToPGroPosition)	WinCC_伺服目标位置	MD255	"0～760"反馈机器人 在滑台上的目标位置

② PLC 将执行单元中机器人的目标位置传输给 WinCC 的外部变量,需要新增数据转换程序段。

③ WinCC 通过 PLC 变量来控制仓位的推出和缩回,因此需要在原仓储单元 PLC 基本功能程序上添加相关 PLC 变量作为触发条件(任务 3.2.3 程序)。

④ PLC 将检测单元轮毂标签颜色信息、二维码的数值都传输给 WinCC 的外部变量,需要新增数据分配程序段。

3. 任务操作

序号	操作步骤	示意图
		一、执行单元变量反馈
1	参考 2.1.7 节对于位置值数据类型的转换和处理,得到最终的滑台目标位置值,并将该数据保存至 MD255	
		二、仓储单元变量添加
2	在任务 3.2.3 完成的基础上,将 WinCC 变量"WinCC_1#料仓伸出"也作为 1 号仓位推出的触发条件。其他仓位的推出条件均可参考 1 号仓位	
		三、检测单元变量反馈
3	当机器人传输至 PLC 的信息值(IB19)在 1～6 之间时,利用 MOVE 指令可将该信息值保存至 MB240 中,为二维码数值反馈做准备	
4	当机器人传输至 PLC 的信息值(IB19)为 7 或 9 时,利用 MOVE 指令可将该信息值保存至 MB241 中,为标签颜色的反馈做准备	

7.1.8　任务操作——添加 SCADA 系统监控变量

1. 任务引入

由 7.1.5 节可知,WinCC 使用变量管理器来处理项目产生的数据以及存储在项目数据库中的数据。WinCC 的所有应用程序必须以 WinCC 变量的形式从变量管理器中请求数据。本任务为组态 SCADA 系统监控界面(任务 7.1.9)做铺垫,对执行单元、检测单元以及仓储单元各状态进行监控,即在组态 SCADA 监控界面之前需要先构建相关的外部变量(SCADA 监控变量)。

2. 任务内容

在 WinCC 设备与 PLC 连接的基础上,为即将组态的 SCADA 监控界面构建对 PLC_1 的监控变量,相关变量的参数设置见表 7-5。

表 7-5　WinCC 监控变量及信号关联

序号	监控单元模块	WinCC 设备变量	数据类型	相关 PLC 变量	功能备注
1	仓储单元	1#料仓产品检知	Bool	1#料仓产品检知	检测对应仓位的料仓是否推出到位,并将到位状态显示值 WinCC 界面
2		2#料仓产品检知	Bool	2#料仓产品检知	
3		3#料仓产品检知	Bool	3#料仓产品检知	
4		4#料仓产品检知	Bool	4#料仓产品检知	
5		5#料仓产品检知	Bool	5#料仓产品检知	
6		6#料仓产品检知	Bool	6#料仓产品检知	
7		WinCC_1#料仓推出	Bool	WinCC_1#料仓推出	通过 WinCC 界面,控制某仓位料仓的推出或缩回
8		WinCC_2#料仓推出	Bool	WinCC_2#料仓推出	
9		WinCC_3#料仓推出	Bool	WinCC_3#料仓推出	
10		WinCC_4#料仓推出	Bool	WinCC_4#料仓推出	
11		WinCC_5#料仓推出	Bool	WinCC_5#料仓推出	
12		WinCC_6#料仓推出	Bool	WinCC_6#料仓推出	
13	执行单元	WinCC_伺服目标位置	Real	WinCC_伺服目标位置	监测机器人在伺服滑台的具体位置
14	检测单元	WinCC_标签颜色检测结果	Byte	WinCC_标签颜色检测结果	将轮毂标签颜色的检测结果显示至 WinCC 界面
15		WinCC_二维码数值检测结果	Byte	WinCC_二维码数值检测结果	将轮毂二维码的检测结果显示至 WinCC 界面

视频

WinCC 变量表的建立

3. 任务实施

序号	操作步骤	示意图
1	在 PC-System_1→HMI_RT_1→HMI 变量中，添加新变量表，可重命名为"PLC 变量"	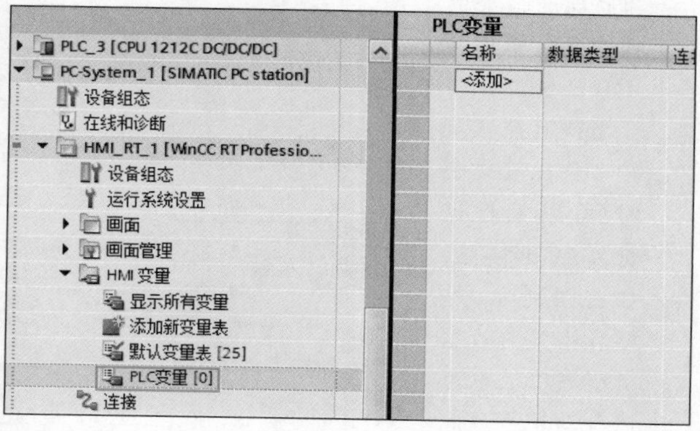
2	输入 WinCC 设备变量的名称，单击"PLC 变量"的【…】键，选择与其关联的 PLC_1 中的变量。图示选择"WINCC_1#料仓伸出"与 PLC_1 中变量"WINCC_CC_1#料仓手动推出"进行关联	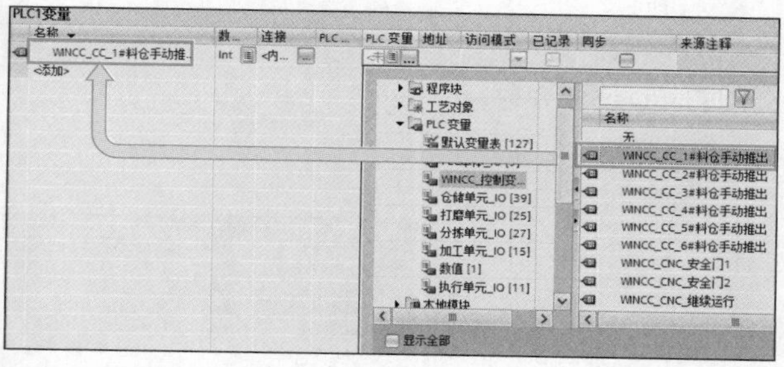
3	选定关联变量之后，相关的数据类型、连接、PLC 名称、变量在 PLC 对应的地址自动识别。在这里选择访问模式为"绝对访问"，即 WinCC 设备直接对变量的地址进行监控	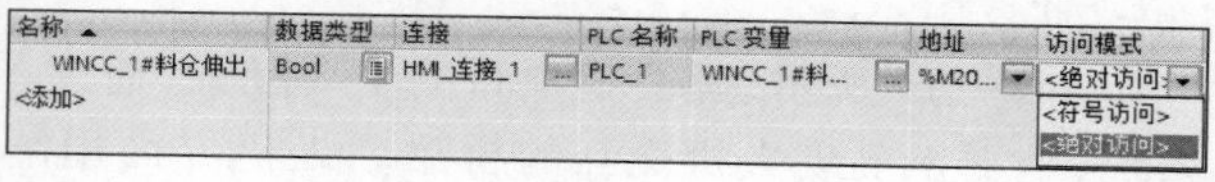

续表

序号	操作步骤	示意图
4	参考上述方法可将所有需要监控的变量添加至 HMI 变量表中。 当待监控变量较多且比较集中时,可以批量进行复制和粘贴,如右图所示,粘贴后相关的数据类型等参数也可以自动识别。此时选中所有变量,在属性界面将各变量的访问模式修改为"绝对访问" 关联后的 WinCC 设备名称亦可修改	
5	SCADA 监控变量构建完毕后,如右图所示	

7.1.9　任务操作——SCADA 系统画面组态

1. 任务引入

如图 7-14 所示,画面是项目的主要元素,通过画面可以操作和监视自动化系统,是真正实现人机交互的桥梁。人机界面用画面中可视化的画面对象来反映实际的工业生产过程,也可以在画面中修改工业现场的过程设定值。

组态画面最主要的就是组态画面对象。WinCC 运行系统提供了一系列画面对象用于操作和监视,主要包括开关和按钮、域、矢量对象、面板、库等。这些画面对象可以分为两类,分别为静态对象和动态对象。静态对象(如文本)用于静态显示,在运行时它们的状态不会变化,亦不需要变量与之关联。动态对象的状态受变量的控制,需要设置与它连接的变量,用图形、字符和数字趋势图等画面对象来显示 PLC 或 HMI 设备存储器中变量的当前状态(当前

视频

WinCC 中添加新画面

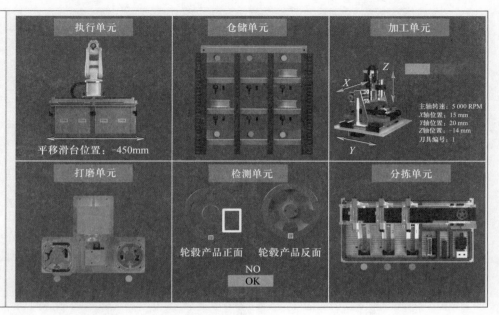

图 7 - 14　组态画面示例

值),PLC 和 HMI 设备通过变量和动态对象交换过程值以及和操作人员的输入数据。

本任务将展示使用 WinCC 进行 SCADA 系统画面组态时的两种基本操作,设置界面切换及创建制作界面。在 SCADA 画面中,将对这些元素以及对应的属性进行设置管理,对要监测和控制的变量通过各种方式进行直观的表达。

2. 任务内容

在组态界面中添加适当的画面元素,用于显示和控制表 7 - 5 的监控变量。制作欢迎界面、手动界面、监控界面,并设置各画面间的切换,各画面功能及操作对象见表 7 - 6。

表 7 - 6　画面功能及操作对象

画面	功能定义	具体操作对象
欢迎界面	系统启动界面	画面切换
手动界面	手动控制	仓储单元——控制各仓位的推出与缩回、料仓的到位反馈
监控界面	数据采集	执行单元——机器人在滑台的具体实时位置; 仓储单元——各仓位的物料存储状态; 检测单元——轮毂二维码数值、标签颜色的状态

3. 任务实施

序号	操作步骤	示意图
		一、新建画面
1	在项目树"画面"选项中双击"添加新画面"	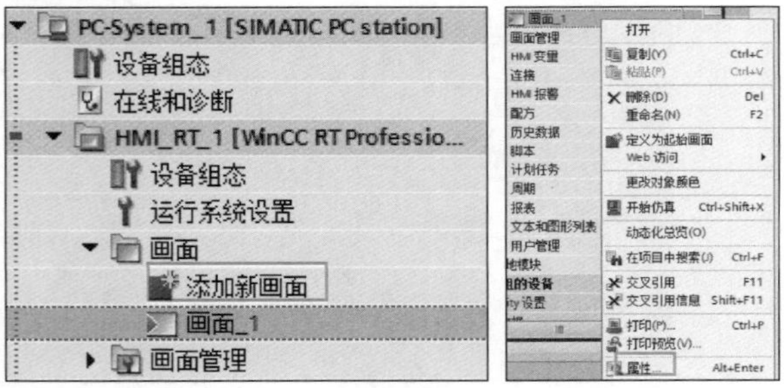
2	右击新添加的画面(步骤 1 右图),进入其属性设置界面。选择"布局",修改宽高比以匹配显示屏幕的尺寸比例,图示修改为"1920×1080"	
3	在新建的画面上右击选择"动态化总览",更改刷新画面时间为 250 ms,使得界面上的对象在信号状态变化时及时刷新	
4	单击"画面_1",将其重命名为"欢迎界面"	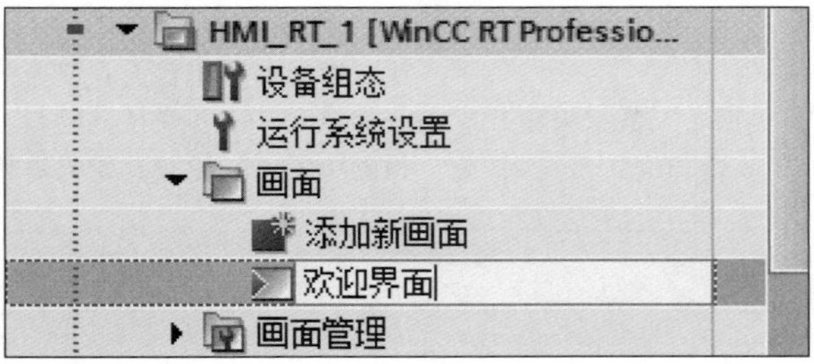

续表

序号	操作步骤	示意图
		一、新建画面
5	通过"图形"菜单栏下的"创建文件夹链接"可以批量导入需要使用的图片	
6	根据素材存储路径,选定准备好的素材文件夹。单击确定后,在"我的图形文件夹"中可以找到新添加的图片素材,将需要的背景图片拖入到主界面中	
7	参考步骤1~6,可以新建"手动界面"和"监控界面" 提示:也可以直接复制"欢迎界面",然后重命名为"手动界面"和"监控界面",如此可避免部分重复的操作	

续表

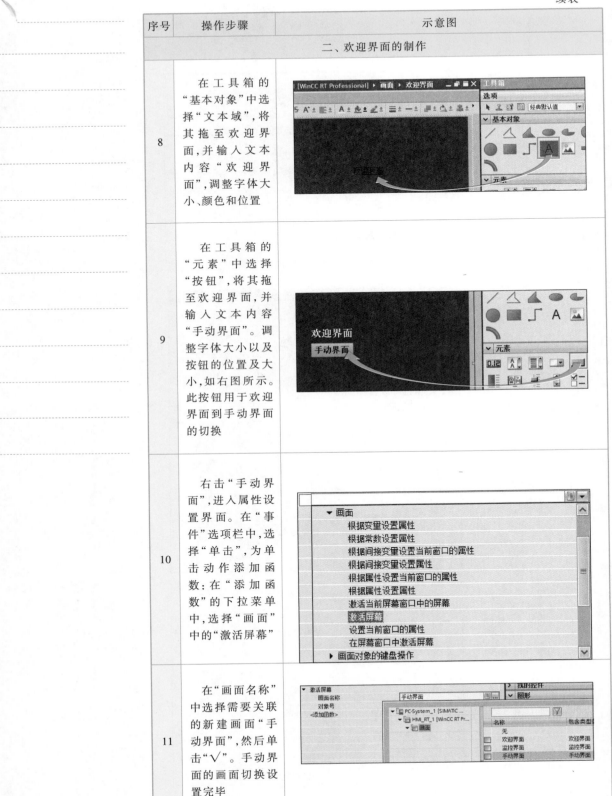

序号	操作步骤	示意图
二、欢迎界面的制作		
8	在工具箱的"基本对象"中选择"文本域",将其拖至欢迎界面,并输入文本内容"欢迎界面",调整字体大小、颜色和位置	
9	在工具箱的"元素"中选择"按钮",将其拖至欢迎界面,并输入文本内容"手动界面"。调整字体大小以及按钮的位置及大小,如右图所示。此按钮用于欢迎界面到手动界面的切换	
10	右击"手动界面",进入属性设置界面。在"事件"选项栏中,选择"单击",为单击动作添加函数:在"添加函数"的下拉菜单中,选择"画面"中的"激活屏幕"	
11	在"画面名称"中选择需要关联的新建画面"手动界面",然后单击"√"。手动界面的画面切换设置完毕	

序号	操作步骤	示意图
二、欢迎界面的制作		
12	参考步骤 9 ~ 11，构建按钮"监控界面"。也可直接复制"手动界面"按钮，然后重新命名并更改其关联的画面为"监控界面" 　　至此欢迎界面制作完毕	
三、手动界面的制作		
13	选择手动界面的背景图。利用"基本对象"中的"矩形"和"文本域"构建仓储单元的模块标题	
14	参考步骤 9，在仓储单元添加两个按钮，分别编辑为"推出"和"缩回"，以实现对仓储单元料仓动作的手动控制 　　为"推出"的单击动作添加函数，选择"编辑位"中的"置位位"；为"缩回"的单击动作添加函数，选择"编辑位"中的"复位位"	

序号	操作步骤	示意图
三、手动界面的制作		
15	为"推出"和"缩回"按钮均选择关联 HMI 变量中的 PLC 变量"WinCC1#料仓手动推出"(任务 7.1.7 中已新建),右图所示为"推出"按钮的关联	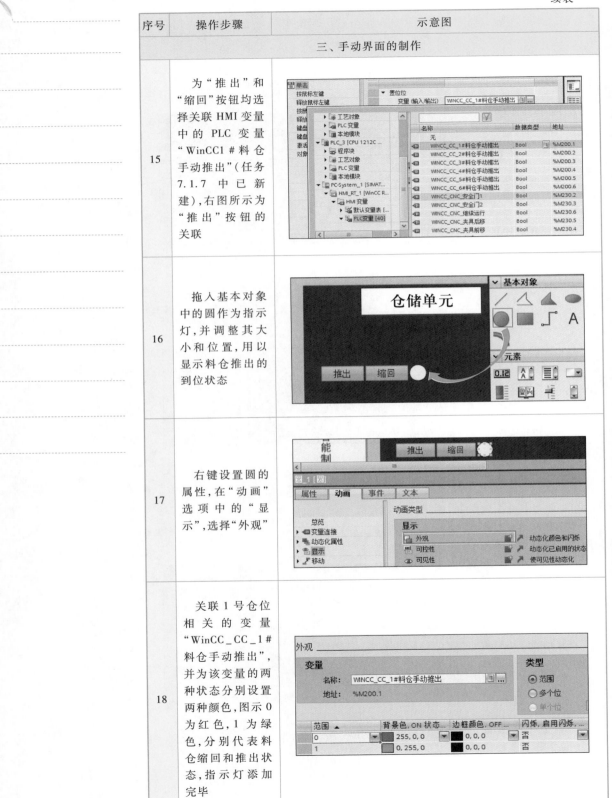
16	拖入基本对象中的圆作为指示灯,并调整其大小和位置,用以显示料仓推出的到位状态	
17	右键设置圆的属性,在"动画"选项中的"显示",选择"外观"	
18	关联 1 号仓位相关的变量"WinCC_CC_1#料仓手动推出",并为该变量的两种状态分别设置两种颜色,图示 0 为红色,1 为绿色,分别代表料仓缩回和推出状态,指示灯添加完毕	

续表

序号	操作步骤	示意图
		三、手动界面的制作
19	利用文本域为已创建的按钮和指示灯添加仓位说明，参考上述步骤，根据表 7－6 所对应的信号功能，创建 2～6 号仓位的控制按钮以及状态指示灯	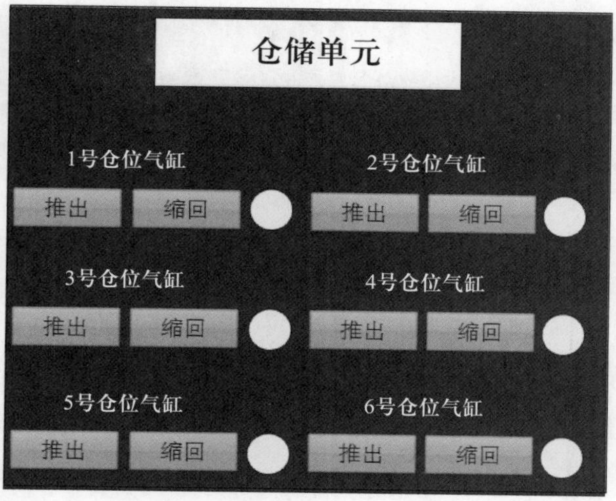
20	将"画面"列表中的"欢迎界面"和"监控界面"拖至手动界面，自动生成切换进入相应界面的按钮	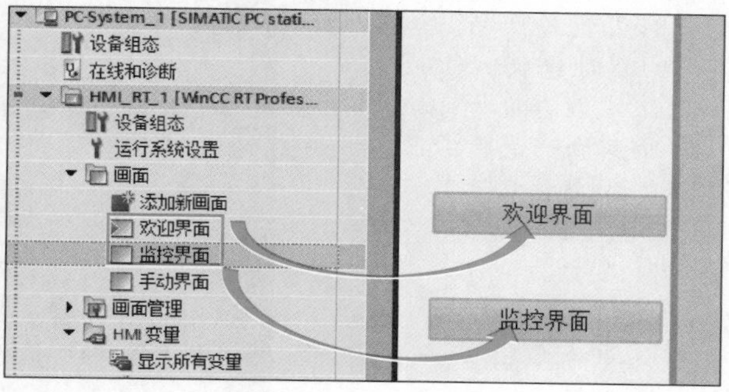
		四、监控界面的制作
21	建立仓储单元存储物料状态的监控显示元素，将料仓和轮毂图片粘贴至画面中，并调整其位置和大小，如右图所示	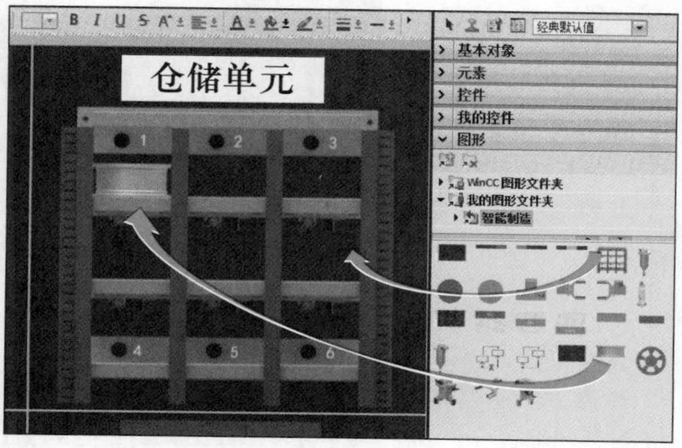

续表

序号	操作步骤	示意图
		四、监控界面的制作
22	设置有无物料的监控显示效果。选中轮毂图片，在属性窗口选择"动画"，单击"显示"，选择"可见性"，关联轮毂检知的相关变量"1#料仓产品检知"，检测范围选择"范围"，当范围值为"1～1"时，轮毂可见	
23	参考步骤 16～18，为轮毂产品检知创建指示灯。关联变量为"1#料仓产品检知"，变量为 0 显红色（料仓无料），变量为 1 时显绿色（料仓有料），将 6 个仓位的轮毂状态检知及相关指示灯全部设置完毕	
24	利用"文本域"和"圆"在界面中检测单元控制区域创建标题，为颜色标签检测结果创建指示灯。关联变量名称为"WINCC_标签颜色检测结果"，当数值为 7 时显示红色，数值为 9 时显示绿色	

续表

序号	操作步骤	示意图
	四、监控界面的制作	
25	将"元素"中的"IO 域"拖至手动界面,用来显示正面二维码的检测结果,右键新添加的"IO 域",在常规栏中,关联正面二维码的相关变量"WINCC_二维码正面检测结果",格式样式设置为 1 位("9"型),类型模式选择"输出"	
26	添加对执行单元伺服运动位置的监控显示元素,调整图片大小至与真实比例基本相符,选中机器人图片,展开"属性"进入"动画"设置界面,选择"水平移动"	
27	在水平移动的属性界面,关联机器人位置的相关变量,设置该变量的变化范围(0 ~ 760,伺服有效行程),设置机器人图片在监控界面的起始位置和目标位置,此处变量的变化范围与起始、目标位置呈线性相关。设置完成后,随着变量值的变化,机器人即显现在对应的目标位置	

续表

序号	操作步骤	示意图
四、监控界面的制作		
28	参考"IO 域"操作方式,设置执行单元中机器人的目标位置数据监测。关联变量"WINCC_伺服目标位置",格式样式设置为"999"型 参考步骤 20,自动形成"监控界面"中切换进入其他界面的按钮	

7.1.10 任务操作——SCADA 系统功能测试

1. 任务引入

组态完毕之后,需要对系统进行测试验证。测试的基本流程为:PLC 程序下载、仿真、测试。SCADA 系统可直接在 WinCC 软件环境中运行,如果在组态 SCADA 界面时并未修改原 PLC 程序以及相关变量的参数,则不需要 PLC 程序下载步骤。

2. 任务内容

① 测试欢迎界面、手动界面、监控界面三个画面之间的切换。

② 各按钮、指示灯、数值框是否正常显示。

③ 机器人位置是否会随实际位置的改变而改变。

④ 轮毂的存在状态是否在界面中正常显示。

⑤ 轮毂检测状态(标签颜色、二维码)是否可以正常显示。

3. 任务实施

序号	操作步骤	示意图
一、程序下载运行		
1	将运行 SCADA 系统的 PC 通过交换机与 PLC_1 进行网络连接	

续表

序号	操作步骤	示意图
		一、程序下载运行
2	在项目树中选择"PC - System_1",单击"编译"按钮,确定WinCC设备与SCADA界面组态无误,然后将7.1.7节改写完的PLC程序下载至PLC_1中,开始运行PLC程序	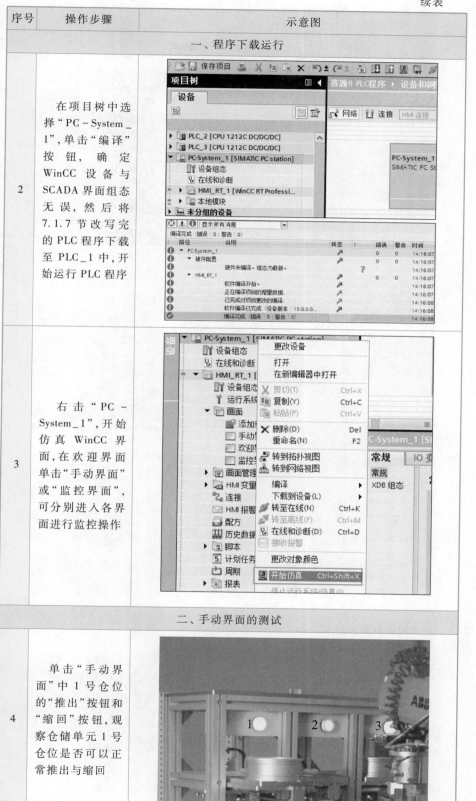
3	右击"PC - System_1",开始仿真WinCC界面,在欢迎界面单击"手动界面"或"监控界面",可分别进入各界面进行监控操作	
		二、手动界面的测试
4	单击"手动界面"中1号仓位的"推出"按钮和"缩回"按钮,观察仓储单元1号仓位是否可以正常推出与缩回	

序号	操作步骤	示意图
	二、手动界面的测试		
5	仓位动作后，查看界面对应的推出指示灯是否变化 　其余仓位均可参照上述方法进行测试	
	三、监控界面的测试		
6	运行滑台运动程序 FSlide（任务 2.2.6 编制），在运行过程中，查看监控界面中机器人位置是否随目标位置改变调整	
7	随机在仓储单元放入几个轮毂，查看轮毂显示状态、指示灯颜色与实际情况是否与实际一致	
8	操作机器人携轮毂进行标签颜色及正面二维码的检测（任务 4.4.2 程序），检测完成后查看 WinCC 界面中检测单元对应的显示状态，校验是否与实际一致	

任务 7.2　基于工业网络的数据传输通信应用

7.2.1　OPC UA 通信

PPT
OPC UA 通信

1. 什么是 OPC

OPC 规范定义了一个工业标准接口,它基于微软的 OLE/COM(Component Object Model)技术,采用客户机/服务器结构。与传统基于驱动程序的客户机/服务器模型相比[见图 7–15(a)],OPC 规范了接口函数,不管现场设备以何种形式存在,客户都以统一的方式去访问,保证软件对用户的透明性,使得用户完全从底层的开发中脱离出来,从而使控制系统、现场设备与工厂管理层应用程序之间具有更大的互操作性。

如图 7–15(b)所示,OLE/COM 的扩展远程 OLE 自动化与 DCOM(Distributed COM)技术支持 TCP/IP 等多种通信协议,可以将 OPC 客户、服务器在物理上分开,即分布于不同的网络节点。如此硬件开发商通过提供带有 OPC 接口的服务器,即可使得任何带有 OPC 接口的客户程序都可采取统一的方式存取不同硬件厂商设备的数据。

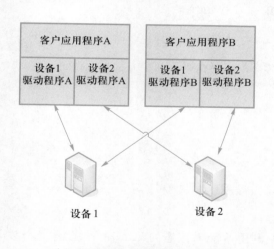

(a) 基于驱动程序的客户机/服务器模型

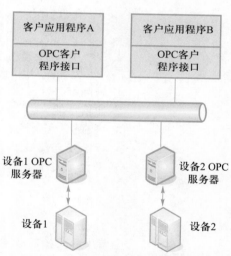

(b) 基于OPC的客户机/服务器模型

图 7–15　控制层与现场设备的数据交换

2. OPC 与 OPC UA

OPC 技术在控制级别很好地解决了监控软件与硬件设备的互通性问题,并且在一定程度上支持了软件之间的实时数据交换。然而这种传统的 OPC 规范在面向更大规模的企业用软件在互联性能上对数据通信的要求存在一定的不足,主要表现在以下几个方面。

① 微软 COM/DCOM 技术的局限性,主要表现在实现 DCOM 时的烦琐操作以及可能会存在的安全隐患。

② 缺乏统一的数据模型,大大降低了数据访问效率,导致用户使用的不便。

③ 缺少跨平台通用性,COM 技术的局限使得其平台可移植性较差。

④ 较难与 Internet 应用程序集成。

为弥补上述不足,OPC UA(Unified Architecture,即统一架构)应运而生。如图 7-16 所示,OPC UA 以统一的架构与模式,既可以实现设备底层的数据采集、设备互操作等的横向信息集成,又可以实现设备到 SCADA、SCADA 到 MES(生产工程执行系统)、设备到云端的垂直信息集成,让数据采集、信息模型化,以及工厂底层与企业层面之间的通信更加安全、可靠。

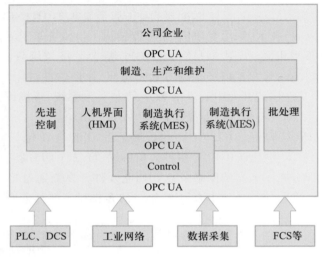

图 7-16　OPC UA 应用形式

相对于传统的 OPC 规范,OPC UA 主要在以下几个方面做了改进。

① 访问统一性。

② 通信性能。

③ 可靠性、冗余性。

④ 标准安全模型。

⑤ 平台无关性。

7.2.2　任务操作——WinCC 与数控系统的通信设置

1. 任务引入

本节中的实操任务主要实现:利用 WinCC 组态的 SCADA 系统,建立与数控系统的 OPC UA 通信。由 7.2.1 节可知,OPC UA 规范可以通过任何单一端口(经管理员开放后)进行通信,所以数控系统需要先设置网络端口的 IP 地址,才能与 WinCC 设备进行 OPC UA 通信,进而完成数据交互。

2. 任务内容

设置数控系统 X130 端口 IP 地址。此处只做方法示例,实际的 IP 地址根据具体上位机设备而定。西门子 828D 机床的 OPC UA 通信通常使用 X130 网络接口,需将其 IP 设置为与 WinCC 设备(PC)IP 在同一网段内。

PPT

WinCC 与 CNC 数控系统的通信应用

视频

数控系统网络端口设置

3. 任务实施

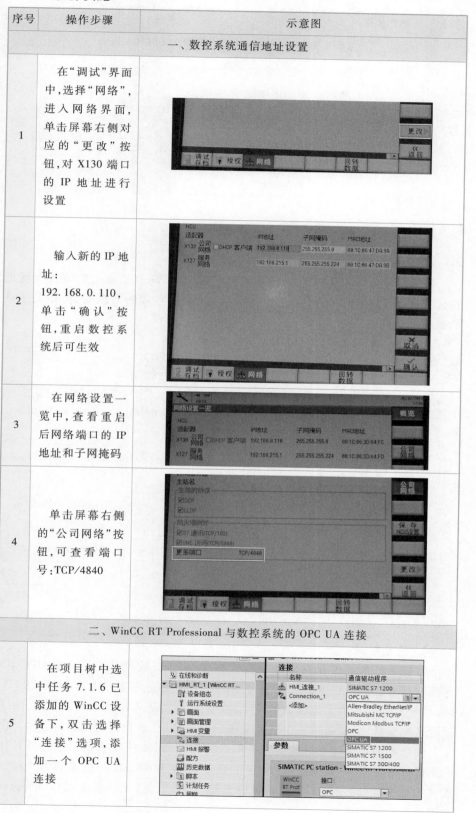

序号	操作步骤	示意图
	一、数控系统通信地址设置	
1	在"调试"界面中,选择"网络",进入网络界面,单击屏幕右侧对应的"更改"按钮,对 X130 端口的 IP 地址进行设置	
2	输入新的 IP 地址:192.168.0.110,单击"确认"按钮,重启数控系统后可生效	
3	在网络设置一览中,查看重启后网络端口的 IP 地址和子网掩码	
4	单击屏幕右侧的"公司网络"按钮,可查看端口号:TCP/4840	
	二、WinCC RT Professional 与数控系统的 OPC UA 连接	
5	在项目树中选中任务 7.1.6 已添加的 WinCC 设备下,双击选择"连接"选项,添加一个 OPC UA 连接	

续表

序号	操作步骤	示意图
	二、WinCC RT Professional 与数控系统的 OPC UA 连接	
6	在连接参数中，填写 OPC 服务器的"URL"：opc. tcp://192.168.0.110：4840，其中包括数控系统 IP 地址及其端口号	

7.2.3　任务操作——添加数控系统监控变量

1. 任务内容

WinCC 设备与数控系统通信设置完成后，便可对数控系统的监控变量进行读取和添加。在 WinCC 中选择数控系统所需要监控的数据变量，相关变量的路径可查询表 7-7。

表 7-7　数控系统变量路径

监控参数	WinCC 设备变量	地址查找路径
主轴位置	X 轴位置	Root/Objects/Sinumerik/Channel/MachineAxis/actToolBasePos[1]
	Y 轴位置	Root/Objects/Sinumerik/Channel/MachineAxis/actToolBasePos[2]
	Z 轴位置	Root/Objects/Sinumerik/Channel/MachineAxis/actToolBasePos[3]
主轴转速	主轴转速	Root/Objects/Sinumerik/Nck/LogicalSpindle/actSpeed[4]
三色灯状态	红灯	Root/Objects/Sinumerik/Plc/Q0. 2
	黄灯	Root/Objects/Sinumerik/Plc/Q0. 3
	绿灯	Root/Objects/Sinumerik/Plc/Q0. 4

2. 任务分析

数控系统监控变量的添加是建立在 WinCC 与数控系统建立的 OPC UA 连接的基础之上。在 WinCC 设备下，添加 HMI 变量，这些变量作为连接 SCADA 系统界面与数控系统参数的桥梁；变量实际上是从数控系统读取的，为了读取这些变量，需要提供一个数控系统的连接地址，来找到要读取的数值。由于三轴位置和主轴转速对应的变量形式为数组，需要从对应数组中选择具体的元素与之关联。"X 轴位置"对应的变量为 actToolBasePos 数组的第一位元素，"Y 轴位置"对应第二位，"Z 轴位置"对应第三位；主轴转速对应 actSpeed 数组的第四位元素。

3. 任务实施

序号	操作步骤	示意图
1	在 HMI 变量中添加需要监控的变量。输入变量名"X 轴位置",连接方式选择已建立起来的 OPC 连接"Connection_1"	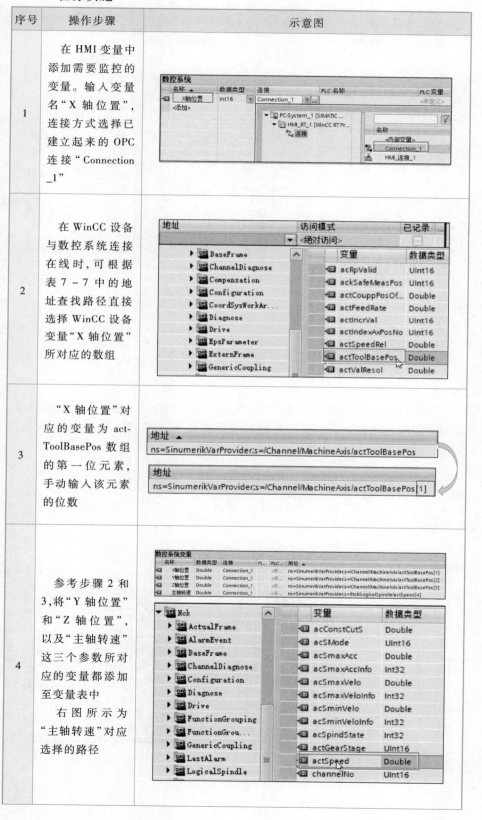
2	在 WinCC 设备与数控系统连接在线时,可根据表 7-7 中的地址查找路径直接选择 WinCC 设备变量"X 轴位置"所对应的数组	
3	"X 轴位置"对应的变量为 actToolBasePos 数组的第一位元素,手动输入该元素的位数	
4	参考步骤 2 和 3,将"Y 轴位置"和"Z 轴位置",以及"主轴转速"这三个参数所对应的变量都添加至变量表中 右图所示为"主轴转速"对应选择的路径	

续表

序号	操作步骤	示意图
5	数控系统的三色灯由数控系统 PLC 控制,反映三色灯状态的变量地址只需连接数控系统 PLC 的对应 I/O 点 右图所示为三色灯状态变量对应选择的路径。至此,数控系统监控变量添加完毕	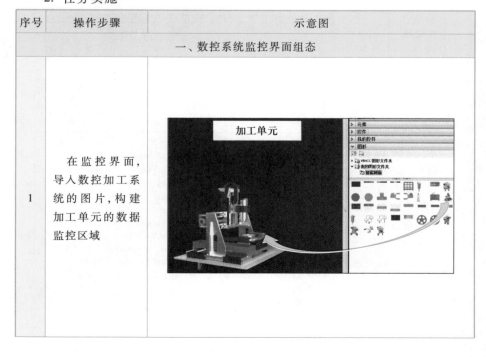

7.2.4 任务操作——数控系统监控界面组态及测试

1. 任务内容

参考任务 7.1.9 中文本域、IO 域以及指示灯的组态方法,在原监控界面,添加加工单元数控系统的监控数据显示元素,对数控系统三轴的位置、主轴的转速、三色灯状态进行监测。

2. 任务实施

序号	操作步骤	示意图
	一、数控系统监控界面组态	
1	在监控界面,导入数控加工系统的图片,构建加工单元的数据监控区域	

续表

序号	操作步骤	示意图
	一、数控系统监控界面组态	
2	参考"文本域"以及"IO 域"的创建方法，为数控系统三轴的位置以及主轴转速创建监测数据，模式均为"输出"模式	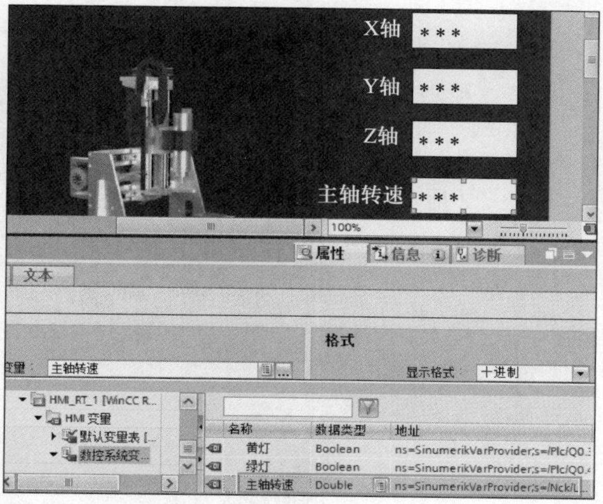
3	参考"圆形"的创建方法，为数控系统三色灯创建指示灯。关联变量为对应的数控系统三色灯，变量为 0 时显示灰色，变量为 1 时显示灯的对应颜色，表示该灯亮起。右图所示为绿色灯的创建界面	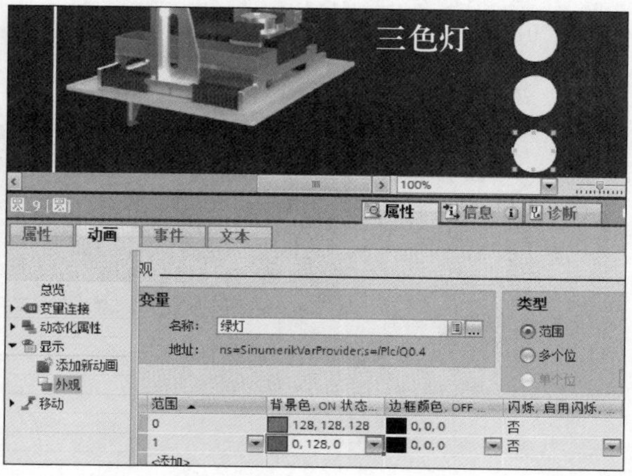
	二、数控系统监控界面测试	
4	对新建监控界面先进行编译，确认无误后，对 SCADA 系统进行仿真运行	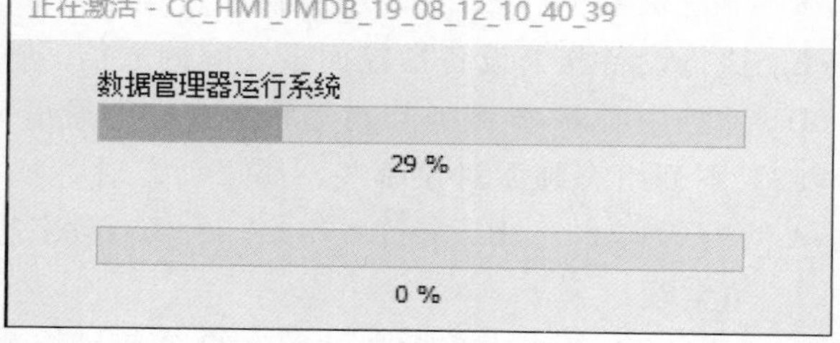

续表

序号	操作步骤	示意图
		二、数控系统监控界面测试
5	通过手轮改变机床三轴的位置,监控界面数控系统的"X 轴""Y 轴""Z 轴"即会显示当前三轴的绝对位置	加工单元 X轴 +9.842 Y轴 −40.172 Z轴 +60.143
6	运行数控程序控制主轴旋转,并设置转速为 1000 r/min,查看监控界面的"主轴转速"与实际设定值是否一致	主轴转速 +1000.000 三色灯
7	将数控系统切换至手动运行模式,此时数控系统三色灯的黄灯亮起,查看界面对应的三色灯是否显示对应状态	三色灯

知识测评

1. 选择题

(1) 以下哪种数据通信过程不包含在 SCADA 系统工作(　　)。

A. 现场测控站点仪表、执行设备与下位机的通信

B. 下位机系统与 SCADA 服务器的远程通信

C. 执行设备与其设备操控面板之间的通信

D. 监控中心 Web 服务器与远程客户端的通信

(2) 下列组态画面对象哪些不属于动态对象(　　)。

A. 图形　　　　　B. 字符　　　　　C. 数字趋势图　　D. 文本

2. 填空题

(1) SCADA 系统作为生产过程和事务管理自动化最为有效的计算机软硬件系统之一,它包含下位机系统、＿＿＿＿＿＿、＿＿＿＿＿＿三个部分。

（2）SCADA 系统的设计与开发主要包括＿＿＿＿＿＿＿＿＿＿＿＿＿＿＿＿、下位机系统设计与开发、＿＿＿＿＿＿＿＿＿＿＿＿＿＿＿三个部分的内容。

3．判断题

（1）新组态的 WinCC 界面在运行时都需要重新下载至 PLC 中。（　　）

（2）WinCC 变量分为内部变量和外部变量两种类型，其中内部变量存储在 WinCC 内部存储器中，不能由外部设备进行访问。（　　）

4．简答与操作

（1）相对于传统的 OPC 规范，OPC UA 主要有哪些特点？

（2）参考任务 7.1.4，实现两 PLC 的 DB 块数据的传输。

项目八 智能制造系统综合集成调试

学习任务

- 项目背景与目标
- 项目任务描述
- 项目实施

学习目标

■ 知识目标

- 了解智能制造实训平台的项目实施背景
- 熟悉项目实施的整体流程
- 熟悉机器人和 PLC 的编程方式
- 了解上位机、下位机与基层设备的通信关系
- 熟悉仿真调试与真机调试的基本流程
- 具备一定的安全意识

■ 技能目标

- 能够根据项目任务制订明确的工艺流程
- 能够根据工艺流程完成模块的选择以及平台的搭建
- 能够根据功能定义实施平台的通信组态以及信号分配
- 能够对平台的机器人、视觉控制器、PLC 控制器进行编程
- 掌握利用上位机进行数据采集与数据控制的技能
- 掌握仿真调试的技能
- 掌握真机综合调试的技能
- 掌握设备初始化复位的技能

■ 素养目标

- 具有守纪律、讲规矩、明底线、知敬畏的精神
- 具有协同合作的团队精神
- 具有严谨求实、认真负责、踏实敬业的工作态度

思维导图

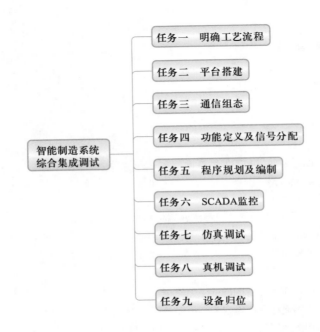

智能制造系统
综合集成调试

任务一　明确工艺流程

任务二　平台搭建

任务三　通信组态

任务四　功能定义及信号分配

任务五　程序规划及编制

任务六　SCADA监控

任务七　仿真调试

任务八　真机调试

任务九　设备归位

项目背景与目标

　　公司需要对现有轮毂零件的生产单元升级改造,以满足不同类型轮毂零件的共线生产。以智能制造技术为基础,在现有设备单元的基础上,实现柔性化生产;选用工业以太网通信方式完成设备端的控制和信息采集,实现智能化生产。请根据具体任务要求和硬件条件,完成智能制造单元改造的集成调试方案设计、安装部署、编程调试,并实现试生产验证。

项目任务描述

　　初始条件:仓储单元立体仓库摆放 >3 个轮毂,正反面随机。

1. 任务概述

① 对仓储单元中立体仓库内所存储的轮毂零件进行整理。

② 将立体仓库中的轮毂零件数量调整为 3 个,将超出数量的轮毂零件按照仓储编号由大到小的顺序将轮毂零件取出后按照分拣流程(E 流程)处置。

③ 将仓储单元剩余轮毂零件视觉检测区域 3 和视觉检测区域 4 的检测结果(OK 为 1,NG 为 0)做**异或**运算。若仓库中轮毂零件存在正面朝上情况,则可利用打磨单元实现轮毂零件的翻转(**异或**:相同为 0,不同为 1)。

④ 如果**异或**运算结果为 1,轮毂零件先执行数控加工工序(A 流程),然后进行吹屑工序流程(B 流程),最后按照放料流程(D 流程)放回仓位。

⑤ 如果**异或**运算结果为 0,轮毂零件先执行打磨工序(C 流程),然后进行吹屑工序流程(B 流程),最后按照放料流程(D 流程)放回仓位。

⑥ 新建 WinCC 项目,完成与 PLC 之间的通信以及变量关联,创建 SCADA系统完成对执行单元(滑台位置)、仓储单元(仓位动作、物料状态)、检测单元状态(检测区域颜色)以及分拣单元(分拣工位状态)的监控。

2. 各流程的具体要求

(1) 数控加工流程要求(A 流程)

① 工业机器人将所持轮毂零件上料到加工单元数控机床的夹具上。

② 工业机器人退出加工单元。

③ 数控机床完成 LOGO 加工。

④ 工业机器人将轮毂零件从加工单元数控机床的夹具上拾取出来。

(2) 吹屑流程要求(B 流程)

① 工业机器人将轮毂零件放置到吹屑工位,轮毂零件完全进入吹屑工位内,夹爪不松开。

② 吹屑 2 s,同时使轮毂零件在吹屑工位内平转 ±90°,确保碎屑完全吹除。

③ 工业机器人将轮毂零件由吹屑工位内取出。

(3) 打磨流程要求(C 流程)

① 翻转工装动作到打磨工位一侧。

② 工业机器人将所持轮毂零件放置到旋转工位上。

③ 对位于旋转工位上的轮毂零件的打磨加工区域 1 进行打磨加工。

④ 工业机器人由旋转工位将轮毂零件取出。

（4）放料流程要求（D 流程）

① 工业机器人将所持轮毂零件放回仓储单元。

② 放入的仓位编号为该轮毂零件取出时的仓位编号。

（5）分拣流程要求（E 流程）

① 将放置在传送带上的轮毂零件分拣到未存储轮毂零件的分拣工位。

② 分拣工位的使用顺序为由大到小依次使用。

项目实施

任务一　明确工艺流程

工艺识别和描述是后续一切任务实施的基础。在这里提供一种行之有效的方法，即用所熟悉的方式将产品的生产工艺更加清晰地描述出来，如果项目实施者最终能得到用户或者相关方对于工艺描述的认同，才能说明实施者对于产品生产工艺的理解是到位的。

要求 1：描述生产工艺

如图 8-1 所示，可以将项目任务描述中的工艺用流程图的形式表达出来。

对于生产工艺的表达方式还有很多，每个项目实施者对于工艺的理解也有所不同，仅用流程图形式来表达就有多种方式，此外还有示意图、工艺表等各种形式，此处要求按照自己对题目的理解来描述轮毂零件的生产工艺，形式不限。

要求 2：进一步明确工艺

在实际生产改造中，很多时候容易出现工艺沟通不清楚，导致后续硬件选型、布局、生产的品质、效率等都不符合要求。实施者有时会主观上忽视某些工艺流程，这点要在项目实施之初就克服掉。

确定工艺后，每一个小组成员都可以对制订好的工艺进行提问，并可反复讨论较为复杂的工艺流程，或者局部工艺在整个工艺流程的位置等。如，将轮毂零件翻转至正面朝上的具体动作是什么？再如，执行分拣流程的前提是哪种工况？以此种方式明确最终的实施流程。

任务二　平台搭建

1. 模块空间布局

要求 1：选择单元模块并布局

根据工艺流程所涉及的功能要求，需要将选择涉及的单元模块。我们根据所提供的硬件单元尺寸和功能，进行初步布局。

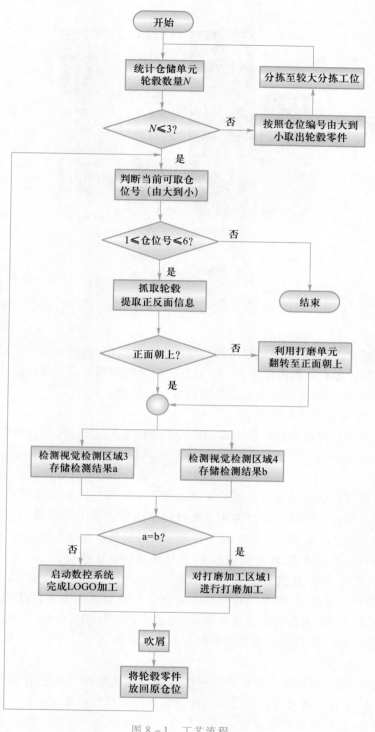

图 8－1　工艺流程

要求 2：优化布局

图 8－2 所示为初步布局后的单元模块分布图。根据 1.3.2 节中对于集成系统的布局给出的参考要求，再结合机器人的运动空间、生产节拍等，对各单元的布局分布进行优化。

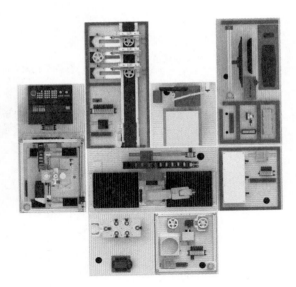

图 8 - 2 初步布局后的单元模块分布图

要求 3:拼接及固定

布局确定后,为确保应用平台之间的电气及通信,需要多个单元的底柜门板做调整。要求底柜内部连通,无门板遮挡,外侧四周全部安装门板。将各个单元的地脚升起,然后各单元通过连接板进行连接。

2. 控制系统方案设计

在对平台硬件单元功能及通信特点了解的基础上,合理设计控制系统的通信拓扑结构。

要求 4:

所选择各功能单元的远程 I/O 模块必须连接到总控单元的 PLC 上,通过绘制单元模块之间的连线图体现出所有网络通信设备的连接情况,具体形式可以参考 1.3.3 节中图 1 - 39 对于控制系统的描述。在这里建议将各硬件单元需要通信的设备 IP 地址标注出来,为后续通信设置做准备。

3. 电气、通信接线

如图 8 - 3 所示,根据系统布局方案设计和控制系统方案设计,完成各单元的电源、气源、通信线路连接和布线,完成计算机与监控终端(电视)的高清视频线缆连接,完成工业机器人示教器的线缆连接。

要求 5:

① 电源线缆由单元底柜的底板快接插头安装后通过底柜的下部线槽铺设;气源、通信线缆由设备端安装后通过底柜的上部线槽铺设。

② 单元间电源线缆未放入线槽部分,不能出现折弯,需要整齐摆放在底柜底板上。

③ 应用平台总电源线路完成连接后用临时线槽覆盖。

④ 气源线缆在台面部分必须进入线槽,未进入线槽部分利用线夹和扎带固定在台面或立柱上,要求裁剪长度合适,不能出现折弯、缠绕和变形,不允许出现漏气。

⑤ 通信线缆在台面部分必须进入线槽,未进入线槽部分利用线夹和扎带固定在台面或立柱上,不能出现折弯、缠绕和变形。

⑥ 工业机器人示教器线缆在插接时注意接口方向和旋紧螺母的使用方法,不得在未完全插入前转动快接插头。

(a) 电路连接

(b) 气路连接

图 8 - 3　连接示意图

4. 执行层设备调试

平台搭建后,需要测试各气缸、电磁阀、传感器等设备是否正常运行。

要求 6:

① 按下电磁阀的手动销,观测各气缸的动作。

如图 8 - 4(a)所示,按下仓储单元各仓位的推出气缸对应电磁阀的手动销,查看推出动作是否可以正常执行。据此,依次校验打磨单元、加工单元、执行单元(切换工具)、分拣单元是否可以正常动作。如图 8 - 4(b)所示,在操作过程中注意硬件动作的快慢,可以通过节流阀来调整进气流速,进而控制硬件动作的速度。

(a) 按手动销

(b) 调整节流阀

图 8 - 4　执行层设备调试

② 手持轮毂零件,将其放入各单元模块的对应轮毂位,观察各传感器是否正常感应。

任务三　通信组态

1. 总控单元 PLC 组态设置

要求 1:根据任务二中控制系统方案设计结果,在博途(TIA)软件中对总控单元的 PLC、各单元的远程 I/O 模块和执行单元内 PLC 进行组态配置,为每个设备设置其 IP 地址,使其建立正常通信,并分配各远程 I/O 模块的 I/O 地址。具体参数及操作方法可以参考任务 3.1.4 的操作。

2. 工业机器人组态设置

要求 2: 对工业机器人示教器进行操作,在"DeviceNet Device"中添加工业机器人的 DSQC 652 模块以及扩展 I/O 模块。具体参数及操作方法可以参考任务 2.2.2 的操作。

3. 视觉通信设置

要求 3: 根据控制系统方案设计结果,对视觉通信端口和与其完成通信的控制设备网络端口进行设置,使其可以建立正常通信并实现数据交互。具体操作方法可以参考任务 4.1.3 和任务 4.1.4 的操作。

任务四　功能定义及信号分配

1. 功能定义

如果说明确工艺流程是整个项目实施的基础,那么紧随其后的功能定义便是项目编程的基础。如图 8-5 所示,对于各单元执行层设备、控制器(机器人、PLC、视觉控制器)的功能定义不同,交互信号、数据传输、程序架构以及执行效率等也随之不同。本项目着重从两方面来考虑功能定义:由硬件决定的功能和由逻辑决定的功能。

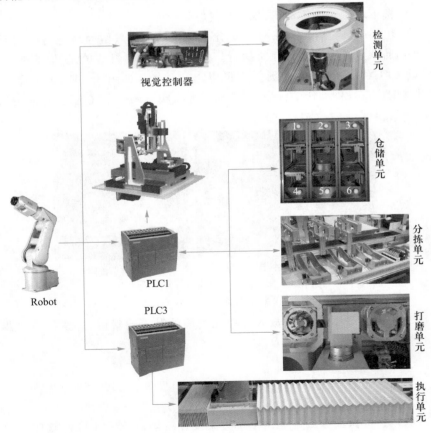

图 8-5　功能定义

(1) 硬件决定的功能

由硬件决定的功能的特点是确定、唯一。如图 8-6 所示,总控单元 PLC

通过远程 I/O 模块与仓储单元的物料传感器、到位传感器、气缸、指示灯等硬件设备连接,有关各硬件的信号反馈或动作执行,均由 PLC 直接接收和控制。

图 8 - 6　仓储单元硬件通信

（2）逻辑决定的功能

由逻辑决定的功能特点便是灵活、多变,其一方面与任务要求有关,另一方面与编程者的思维、习惯有关,如图 8 - 7 所示。以任务 3.2.2 的要求为例,即从仓储单元取出较大或较小仓位零件。取料逻辑架构可以有多种方式,此处列举几例进行说明。

方式①:由机器人主控,取料仓位号由机器人根据 PLC 提供的仓位状态信息判定,PLC 再根据机器人发送的数据、信号执行对应仓位的弹出/缩回操作,任务 3.2.2 即采用此方式。

方式②:由机器人主控,机器人只发出需要取料的请求,具体仓位号的选定、对应仓位的推出/缩回操作由 PLC 执行。

方式③:由 PLC 主控,取/放料动作由 PLC 发起,取料仓位号由 PLC 判定,机器人只根据 PLC 发送的信号以及相关参数,运动到指定仓位执行取/放料动作。

图 8 - 7　功能划分

要求 1:

如图 8-8 所示,根据视觉检测流程、数控系统通信方式、PLC 与机器人编程的特点,针对图 8-1 所示工艺流程中的各个工艺要求,初步定义视觉控制器、数控系统、总控单元 PLC 以及执行单元机器人的具体功能。在后序信号分配以及程序编制过程中,也可以根据实际编程需求调整该功能定义的划分。

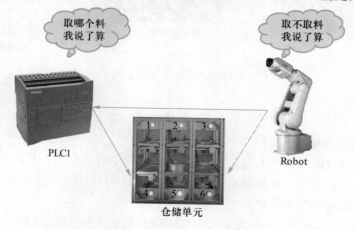

图 8 - 8　功能划分示例

2. 信号分配

信号分配关系着 PLC 与机器人之间的通信内容。对于不同的逻辑功能定义,信号分配方式也是不同的,这里的信号主要是指交互信号。以 5.2.2 节中分拣功能的实现为例进行说明。根据任务 5.2.2 中对于分拣过程的分析,轮毂需要到达的分拣工位编号是由机器人来判定的,相关硬件的信号以及交互信号也可见表 5-5 和表 5-6。

在此,如果将分拣工位判定的功能定义划分至总控单元 PLC,则机器人与 PLC 的信号交互内容会大大减少,而 PLC 的编程内容可能会适当增加。重新定义之后,机器人与 PLC 关于分拣功能的交互信号见表 8-1。

表 8-1   机器人与 PLC 交互信号(分拣功能)

信号名称	类型	PLC	释义
ToPGroData	GO(Byte)	IB19	27:执行分拣
FrPGroData	GI(Byte)	QB16	32:分拣完成
			33:分拣条件不满足

要求 2:

图 8-9 所示为检测单元的数据交互选择方式示意。根据功能定义,针对仓储单元、分拣单元、加工单元、打磨单元、执行单元、检测单元的功能,建立机器人、视觉控制器、PLC 三大控制器的交互信号表。此表将作为后序编程及调试的主要依据,如果功能定义发生变化,交互信号内容也需随之改变。

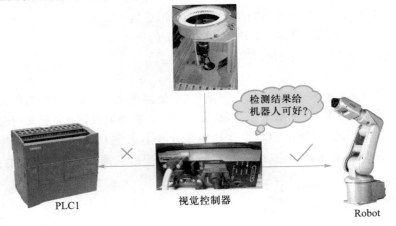

图 8-9   检测单元的数据交互选择方式示意

任务五   程序规划及编制

1. 程序规划

一个项目的程序庞大而又繁多,在编制过程中通常由几人共同完成,每人应具有明确的编程任务划分。对程序架构具有统一的认识,可以使不同人编制的程序之间衔接更加顺利。

如图 8-10 所示,常见的编程架构主要有模块化编程和结构化编程两种,模块化编程以硬件设备的功能划分作为出发点,即先为某单元模块能实现的具体功能进行编程,然后再根据任务需求进行调用;结构化编程以任务或流程的实施为出发点,其特点是可以跨越模块的概念,综合所有涉及的单元模块与任务(流程)相关的功能,为该任务(流程)进行统一编程。

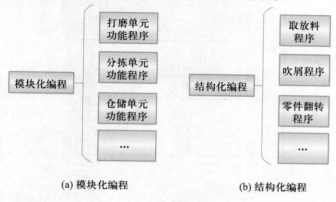

(a) 模块化编程　　　　　(b) 结构化编程

图 8 – 10　编程架构

要求 1:根据每个单元模块的功能定义,结合前序完成的信号分配,为每部分工艺的实施规划 PLC 与机器人的程序,编程者可以某种划分原则(模块化编程、结构化编程等)为准,将该项目涉及的机器人程序和 PLC 程序进行明确划分,为下一步程序编制做基础。

提示:编者建议可以根据机器人和 PLC 的编程语言特点来选择对应的程序架构。如利用 SCL 语言来编制 PLC 程序时,可优先选择结构化编程;若用梯形图来编制 PLC 程序,可优先选择模块化编程。

2. 程序编制

(1) 编程原则

① 工艺的进行是明线,数据、变量、信号等的交互处理是暗线。狭义的理解,我们可以将编程视为数据处理的方式。

② 编制程序时,有些工艺要求为显性的,而有些工艺要求为隐性的,编制程序时不可不查。

此处以分拣程序的编制为例来详述。如图 8 – 11 所示,按照分拣工艺流程,A 段程序功能即为判定当前物料的最大分拣工位编号。根据项目任务的描述,并未知当前分拣工位的状态,因此在此又加入了 B 段程序,即当前分拣工位均有物料时,反馈给上位机一个状态值表示设备不满足分拣条件。此处不满足分拣条件的信号反馈即为隐性要求。

在此,建议在编程之前,尽量详细了解本段程序运行时可能出现的各种初始条件,防止出现不可估量的错误和损失。

③ 如果某程序段既可以放在子程序 A,又可以放在子程序 B,那么优先选择能使功能更加完备的方式。若该程序段在各流程程序中可能被频繁调用,则可独立成为一个子程序。

④ 当某些程序段实现的功能或程序主体架构较为相似时,可以考虑将程序进行参数化编制,从而降低重复编程的强度。

(2) 编程分析

从编程视角来看待工艺,编程者应了解每个子程序的功能特点,充分利用

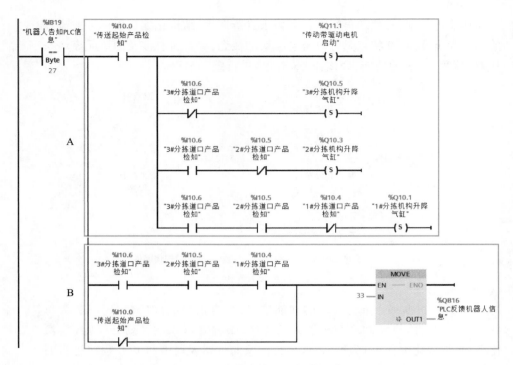

图 8 - 11　分拣功能 PLC 部分程序段

已完成项目(项目二~项目七)的程序资源(取放料程序、标签颜色检测程序、打磨程序等),根据任务的工艺要求对已有程序进行直接调用,或略加改动,再或者重新编制,以达到对程序功能的最佳匹配。此处仅列举部分可参考程序,如下所示。

① 涉及机器人的移动要求,可对项目二编制的伺服轴自动运行程序。

② 本项目是建立在取/放轮毂的基本程序上实施的,程序主体可参考项目三所编制程序。

③ 此流程要进行视觉检测区域 3 和区域 4 的检测,因此需要调用视觉检测基本程序的标签检测程序——CLabelTest(num a),程序主体可参考项目四。

④ 仓储单元中的轮毂状态正反面可能不一致,因此可能会调用打磨工序的流程程序,程序主体可参考项目 5.1.3 所编制的程序,将轮毂反面朝上调整为正面朝上。

⑤ 在调整轮毂数量时,如当前轮毂数量大于 3 个,则需要调用分拣工序的流程程序,程序主体可参考项目 5.2.3 所编制的程序,将多余的轮毂放至分拣单元。

要求 2:如图 8 - 12 所示,在检测单元提取轮毂零件视觉检测区域 3 和视觉检测区域 4 的清晰图像,对视觉控制器进行操作与检测流程编制,使其可对于轮毂零件表面所贴的视觉检测区域颜色(绿/红)进行识别,输出产品状态(绿为 OK/红为 NG),并将检测输出结果输出到工业机器人。

要求 3:针对图 8 - 13 所示的数控加工图中以及数控工艺表 8 - 2,对数控系统进行编程,完成轮毂 LOGO 的数控加工,要求加工开始和结束时主轴位置均处于机床坐标系原点。

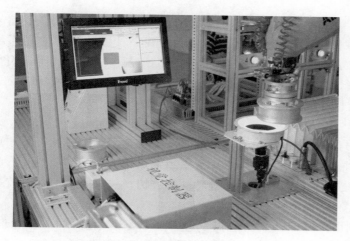

图 8-12 标签颜色检测

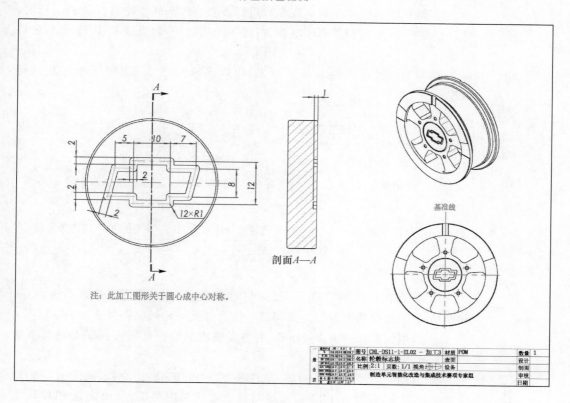

图 8-13 数控加工图纸

表 8-2 数控加工工艺表

工步	工步内容	刀具		主轴转速 /(r/min)	进给速度 /(mm/min)	切削深度 /mm
		类型	刀刃直径 /mm			
1	粗铣 a 区域	铣刀	$\phi 2$	3000	200	0.5
2	精铣 a 区域	圆柱形球头模具铣刀	$\phi 2$	3500	100	0.5

要求 4:针对图 8-1 所示的工艺流程、通信组态、功能定义、信号分配以及程序规划,为该项目编制机器人和 PLC 程序,以完成智能制造系统的基本工艺实施功能。在实际实施时,程序的规划编制、功能定义和信号分配可能需要反复进行斟酌,以优化最终编程架构,进而提高程序执行效率。

任务六　SCADA 监控

要求:根据控制系统方案设计结果,在博途(TIA)软件中建立 WinCC 工程项目,并使其与总控单元 PLC 建立正常通信并实现信号交互。参考任务 7.1.9 中文本域、IO 域、显示动画特性等方法,完成以下 SCADA 监控界面的构建。

① 利用博途(TIA)软件,在 WinCC 项目新建监控界面,可通过"欢迎界面"的相关控件打开画面,且该画面可退回到"欢迎界面"。

② 对页面属性和项目运行参数进行设置,使 WinCC 项目在仿真运行时,可以在总控单元监控终端(电视)上正常显示,不会出现信息显示不全等问题。

③ 对页面控件进行布局和开发,可以实现对表 8-3 中所示参数进行监控。

表 8-3　监控参数列表

序号	单元	参数项
1	执行单元	平移滑台实时位置
2	仓储单元	各仓位物料存储状态、各推出气缸动作
3	检测单元	颜色检测结果
4	分拣单元	各分拣工位物料分拣状态、各分拣气缸动作、传送带启停

任务七　仿真调试

要求:在程序编制完成后,要对机器人程序、PLC 程序、视觉系统流程、SCADA 系统监控功能进行仿真调试。仿真验证时轮毂状态见表 8-4。

① 借用配套软件 RobotStudio 的仿真环境来验证机器人程序是否与预期的任务流程目标一致。

② 借助西门子的博图(TIA)软件和 S7-PLC SIM 仿真软件,通过添加监控表和强制表,来验证 PLC 输入端与输出端的对应关系,从而确认 PLC 程序的准确性。

③ SCADA 系统的仿真可直接在西门子的博图(TIA)软件上运行。

提示:在仿真调试过程中,对于检测单元等需要通信类的编程语句,可直接在真机上调试。

表 8-4　仓储单元初始状态

仓位编号	朝上面	视觉检测区域 3	视觉检测区域 4
1 号仓位	正面朝上	红色	红色
2 号仓位	反面朝上	红色	绿色

续表

仓位编号	朝上面	视觉检测区域 3	视觉检测区域 4
3 号仓位	反面朝上	绿色	绿色
4 号仓位	空	空	空
5 号仓位	反面朝上	—	—
6 号仓位	正面朝上	—	—

任务八　真机调试

要求:先进行硬件检查,然后进行数控系统的对刀等操作,按照图 8-14 所示流程逐步进行真机调试。调试过程中,可能涉及程序点位、变量数据以及程序架构的调整,详见前序相关章节的具体调试部分,最终实现智能制造系统综合集成调试。

其中,调试完毕之后整理的资料主要包括以下文件:

① 工艺流程图。
② 空间布局图。
③ 通信拓扑图。
④ I/O 信号表。
⑤ 机器人点位数据、变量、程序。
⑥ PLC 程序、SCADA 监控项目文件(WinCC)。
⑦ 数控加工程序。

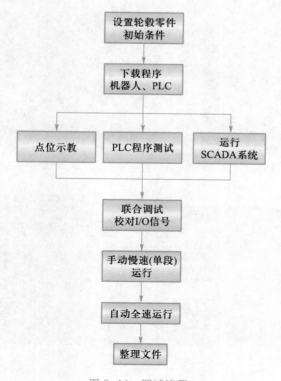

图 8-14　调试流程

视频

定制化生产过程

⑧ 个人调试经验记录。

任务九　设备归位

要求：如图 8 - 15 ~ 图 8 - 22 所示，对调试之后的单元模块进行初始化恢复，所有的管线（电缆、网线、气管）需要打包完毕，辅助工具放置妥当，具体要求如下。为便于每次调试后对设备进行恢复，这些要求可通过编写机器人、PLC 初始化程序并调用来实现。

① 工业机器人处于安全姿态，无安装工具。

② 平移滑台处于原点位置。

③ 快换工具按照需求摆放稳当。

④ 仓储单元所有仓位托盘缩回，指示灯正常指示。

⑤ 加工单元主轴停转，主轴位于机床坐标系原点，数控机床安全门关闭，夹具位于前端并松开。

⑥ 打磨单元打磨工位和旋转工位夹具松开，翻转工装位于旋转工位，旋转工位旋转气缸处于原位。

⑦ 分拣单元传送带停止，分拣机构所有气缸缩回。

⑧ 所用工具全部归位。

图 8 - 15　工业机器人

图 8 - 16　执行单元

图 8 - 17　工具单元

图 8 - 18　仓储单元

图 8 – 19　加工单元

图 8 – 20　打磨单元

图 8 – 21　分拣单元

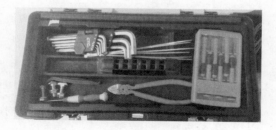

图 8 – 22　工具归位

项目评价

项目评价表参见表 8 – 5。

表 8 – 5　项目评价表

任务编号	要求	评价标准	完成情况
任务一	要求 1	工艺流程图、示意图等逻辑是否清晰、语言表达是否准确	
	要求 2	针对工艺流程是否能够提出值得讨论的问题	
		针对已经提出的问题,是否能根据项目要求,确定实施流程	

续表

任务编号	要求	评价标准	完成情况
任务二	要求1	选择的单元模块是否有必要使用	
		模块布局是否有可能发生干涉或不可达等问题	
	要求2	是否在原有布局基础上考虑了生产节拍等要素	
		是否对原有布局进行有效的优化改进	
	要求3	是否穿戴工服、手套和安全帽	
		单元模块之间是否会发生相对移动	
		地脚是否锁紧	
	要求4	各单元的通信拓扑关系是否明确	
		各控制器的 IP 地址是否明确	
	要求5	是否按照标准进行电、气、通信接线	
	要求6	是否抽样测试各气缸、电磁阀、传感器等设备	
任务三	要求1	是否为总控单元 PLC 组态各单元对应的远程 I/O 模块	
		是否根据已分配的 IP 来设置各控制器的 IP 地址	
	要求2	是否为机器人组态对应的远程 I/O 模块,并为远程 I/O 分配地址	
	要求3	是否有效设置视觉控制器的通信网口	
任务四	要求1	是否根据各单元的硬件特点明确各单元的主要功能	
		是否根据各控制器的编程方式、通信特点等,明确相互之间的逻辑功能	
	要求2	是否建立机器人、视觉控制器以及 PLC 的交互信号表	
任务五	要求1	程序架构是否清晰,是否有利于组员之间的相互配合	
	要求2	标签是否准确成像	
		是否能够辨别标签的颜色	
		是否通过流程设置自动检测并输出视觉检测结果	
	要求3	数控加工时的工艺参数是否符合要求	
		数控加工的 LOGO 图案是否与图纸一致	
		加工前后,主轴否位于原点位置	
	要求4	根据选定的程序架构,是否完善机器人和 PLC 的程序编制	

续表

任务编号	要求	评价标准	完成情况
任务六	要求	WinCC 设备是否与 PLC 实现通信	
		对各监控参数是否有意识归类、区分	
		页面切换是否正常	
		变量关联、监控参数项是否有齐全	
任务七	要求	机器人的程序功能是否满足功能定义	
		PLC 程序输入端与输出端是否满足功能定义目标	
		SCADA 系统仿真运行是否正常	
任务八	要求	是否按照调试流程进行调试	
		点位示教过程中无碰撞情况发生	
		利用 PC 以在线的形式调试各输入信号或参数对应的动作	
		视觉系统能否将检测结果回传至机器人或 PLC	
		SCADA 系统能否对实际设备进行准确的监控	
		各控制器联合调试运行,是否可以按照项目任务流程正常运行	
任务九	要求	各单元是否回归至初始状态	
		是否正确编制初始化程序	
		工具摆放是否有序,卫生是否清扫	

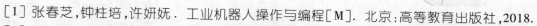

参考文献

［1］张春芝,钟柱培,许妍妩. 工业机器人操作与编程［M］. 北京:高等教育出版社,2018.

［2］夏智武,许妍妩,迟澄. 工业机器人技术基础［M］. 北京:高等教育出版社,2018.

［3］王华忠,陈冬青. 工业控制系统及应用——SCADA 系统篇［M］. 北京:电子工业出版社,2017.

［4］昝华,陈伟华. SINUMERIK 828D 铣削操作与编程轻松进阶［M］. 北京:机械工业出版社,2013.

［5］西门子(中国)有限公司. SIMATIC S7 – 1500 与 TIA 博途软件使用指南［M］. 北京:机械工业出版社,2018.

郑重声明

高等教育出版社依法对本书享有专有出版权。任何未经许可的复制、销售行为均违反《中华人民共和国著作权法》,其行为人将承担相应的民事责任和行政责任;构成犯罪的,将被依法追究刑事责任。为了维护市场秩序,保护读者的合法权益,避免读者误用盗版书造成不良后果,我社将配合行政执法部门和司法机关对违法犯罪的单位和个人进行严厉打击。社会各界人士如发现上述侵权行为,希望及时举报,我社将奖励举报有功人员。

反盗版举报电话　　(010)58581999　58582371
反盗版举报邮箱　　dd@hep.com.cn
通信地址　　北京市西城区德外大街4号
　　　　　　高等教育出版社法律事务部
邮政编码　　100120

读者意见反馈

为收集对教材的意见建议,进一步完善教材编写并做好服务工作,读者可将对本教材的意见建议通过如下渠道反馈至我社。

咨询电话　　400-810-0598
反馈邮箱　　gjdzfwb@pub.hep.cn
通信地址　　北京市朝阳区惠新东街4号富盛大厦1座
　　　　　　高等教育出版社总编辑办公室
邮政编码　　100029